トランジスタ技術 SPECIAL

No.137

見つける・求める・製作の素がいっぱい！プロの経験をソックリいただき！

今すぐ作れる！今すぐ動く！
実用アナログ回路事典250

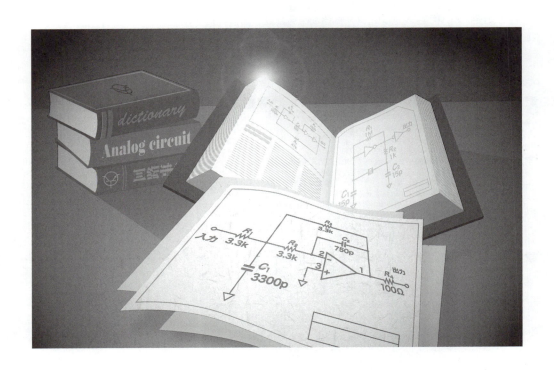

CQ出版社

トランジスタ技術 SPECIAL No.137

Introduction	実験室にこの一冊！新人エンジニアに贈る	6
第1章	**電源回路** 基準電源回路からスイッチング・レギュレータまで	8

- 1-1 基準電源回路 ... 8
- 1-2 片電源から両電源を作るバランス電源回路 ... 8
- 1-3 バンド・ギャップ・リファレンス回路 ... 9
- 1-4 温度ドリフトが低く長期に安定した基準電圧回路 ... 10
- 1-5 数 mA しか食わない回路にピッタリのチョコッと定電圧電源 ... 11
- 1-6 最大出力電圧 40 V のシリーズ・レギュレータ ... 11
- 1-7 出力電圧 40 ～ 80 V のシリーズ・レギュレータ ... 12
- 1-8 出力電圧 150 V の高圧シリーズ・レギュレータ ... 12
- 1-9 出力電圧 －32 V のシリーズ・レギュレータ ... 13
- 1-10 電圧／電流モードがスムーズに切り替わる CVCC 装置用制御回路 ... 13
- 1-11 300V 入力対応！出力電圧が入力電圧に連動する分圧レギュレータ ... 14
- 1-12 電源投入時と切断時に順序よく立ち上がる 2 出力電源回路 ... 15
- 1-13 実績の多い定番ステップダウン・コンバータ ... 16
- 1-14 ＋5 V から±10 V を出力する低ノイズ DC-DC コンバータ ... 16
- 1-15 ＋5 V から－5V を出力する DC-DC コンバータ ... 17
- 1-16 定番のタイマ IC で作る簡易負電源回路 ... 17
- 1-17 数個の部品で作れる高圧ステップ・ダウン・コンバータ ... 18
- 1-18 ＋5 V，1.5 A 出力のステップダウン・コンバータ ... 19
- 1-19 簡単に作れる 20 mA ソース／シンク型 2 出力電源 ... 19
- 1-20 5.5 V，680 mA 出力の CVCC 型 DC-DC コンバータ ... 20
- 1-21 正電源から負電圧を生成する DC-DC コンバータ ... 20
- 1-22 入力＋5 ～＋15 V，出力±15 V の絶縁型 2 出力 DC-DC コンバータ ... 21
- 1-23 電池 2 セルを 3.3V に昇圧する携帯機器用ステップ・アップ・コンバータ ... 22
- 1-24 3 端子スイッチング・レギュレータ IC を使った電池用昇圧電源 ... 23
- 1-25 電池電圧を 5 V に昇圧するステップアップ・コンバータ ... 23
- 1-26 3 端子レギュレータで作る出力電圧可変のリニア電源回路 ... 24
- 1-27 汎用ロジック IC でチョコッと昇圧する電源回路 ... 25
- 1-28 汎用ロジック IC でチョコッと負電圧を作る回路 ... 26
- 1-29 高周波 VCO 用ロー・ノイズ電源 ... 26
- 1-30 入力 24 V AC アダプタ，±12V/100 mA 出力の低雑音電源 ... 27
- 1-31 正電圧出力 3 端子レギュレータによる±5 V 低雑音電源 ... 28
- 1-32 負電圧出力レギュレータによる±12 V 低雑音電源 ... 28
- 1-33 トランジスタとツェナー・ダイオードを使った簡易電圧レギュレータ ... 29
- 1-34 高精度な正負基準電源 ... 29

第2章	**充電回路** リチウム／鉛電池／ニッケル水素電池に使える	30

- 2-1 1 直リチウム・イオン 2 次電池の充電回路 ... 30
- 2-2 リチウム・イオン蓄電池モジュールの充電回路 ... 30
- 2-3 7 個の部品で作れるリチウム・ポリマ蓄電池用充電器 ... 31
- 2-4 鉛蓄電池へのストレスが小さい充電回路 ... 32
- 2-5 バイクの発電機と組み合わせる鉛蓄電池充電回路 ... 33
- 2-6 発電機と組み合わせる鉛蓄電池充電回路 ... 33
- 2-7 定番の 3 端子レギュレータで作れる鉛蓄電池充電回路 ... 34
- 2-8 3 A 出力の高効率鉛蓄電池充電回路 ... 34
- 2-9 超定番 IC で作る太陽電池入力対応の鉛蓄電池充電回路 ... 35
- 2-10 PWM を使った Ni－MH 電池充電回路 ... 35
- 2-11 2 直ニッケル水素電池の充電回路 ... 36
- 2-12 電気二重層キャパシタ充電電源 ... 37

第3章	**フィルタ回路** LPF/HPF/BPF/BEF の出力がほしいときに	38

- 3-1 直流ドリフトの小さい 3 次バターワース LPF ... 38
- 3-2 直流ドリフトの小さい 5 次バターワース LPF ... 38
- 3-3 ひずみが少ない多重帰還型 LPF ... 39
- 3-4 f_C ＝ 60 kHz の 3 次ベッセル LPF ... 39
- 3-5 バイクワッド型 2 次 LPF ... 40
- 3-6 トランジスタ 1 石の 3 次 LPF ... 40
- 3-7 高 Q を安定に実現できるフリーゲ(Fliege)型アクティブ BPF ... 41
- 3-8 ホワイト・ノイズをピンク・ノイズに変換するフィルタ ... 41
- 3-9 四つの周波数特性が同時に得られるフィルタ回路 ... 42
- 3-10 周波数がプログラマブルなアナログ・フィルタ ... 43
- 3-11 オープン・ループ極方式によるアクティブ・フィルタ ... 44
- 3-12 電源ラインのノイズを除去する 50/60Hz ノッチ・フィルタ ... 45
- 3-13 3 ウェイ・スピーカ用の帯域分割フィルタ ... 45
- 3-14 聴覚と等価な周波数特性のフィルタ ... 46
- 3-15 0.2 ～ 35 Hz アンチエイリアシング・フィルタ回路 ... 46

CONTENTS

表紙／扉デザイン　ナカヤ デザインスタジオ（柴田 幸男）
本文イラスト　神崎 真理子

第4章　正弦波発振回路　定番のウィーン・ブリッジ型から周波数可変型まで …………… 47
- 4-1　出力振幅の安定度が高い 8 M～12 MHz の VCO … 47
- 4-2　ツェナー・ダイオードで振幅を安定化した正弦波発振回路 … 47
- 4-3　電球で振幅を安定化したザルツァ型正弦波発振回路 … 48
- 4-4　FET で振幅を安定化したザルツァ型正弦波発振回路 … 48
- 4-5　設計自由度の高い 21.4 MHz コルピッツ発振回路 … 48
- 4-6　発振安定度の高い 150 MHz のコルピッツ発振回路 … 49
- 4-7　超定番 OP アンプ 1 個で作る数 kHz, 2 Vp-p の正弦波発生器 … 49
- 4-8　汎用 OP アンプと少しの部品で確実に発振する正弦波発振回路 … 50
- 4-9　ひずみ率 0.1 %の 5 MHz 正弦波発振器 … 50
- 4-10　トランジスタで作る数十 M～数百 MHz の正弦波発振回路 … 51
- 4-11　単電源動作の 100 Hz～10 kHz ブリッジ T 型発振回路 … 52
- 4-12　低ひずみで振幅が安定している状態変数型発振回路 … 53
- 4-13　直流で振幅を調整できる 1 kHz 正弦波発振回路 … 54

第5章　信号発生器　矩形波／三角波からホワイト＆ピンク・ノイズまで …………… 55
- 5-1　ワンチップ IC で作る 10 k～10 MHz の DDS … 55
- 5-2　74 ロジック IC で作る 1 Hz～200 kHz の矩形波発振器 … 56
- 5-3　バッテリ動作のハンディ・パルス波発生回路 … 57
- 5-4　4049 を使った発振周波数 数百 kHz の簡易 VCO 回路 … 58
- 5-5　標準ロジック IC を使った水晶発振回路 … 58
- 5-6　＋5 V 単電源動作の 100 kHz のこぎり波発生器 … 59
- 5-7　単電源動作の三角波発振回路 … 60
- 5-8　直流電圧で周波数を制御できる直線性の良い弛張発振器 … 61
- 5-9　矩形波と同時に三角波も出力する電圧制御発振回路 … 62
- 5-10　レベルが 1 段ずつ大きくなる階段波信号発生器 … 63
- 5-11　定番タイマ IC を使ったワンショット・パルス発生回路 … 64
- 5-12　74HCU04 を使った簡易ファンクション・ジェネレータ … 65
- 5-13　シフトレジスタと Ex-OR によるホワイト・ノイズ発生回路 … 65
- 5-14　部屋の伝達特性も測れるホワイト＆ピンク・ノイズ発生器 … 66

第6章　増幅回路　小信号／差動出力／アイソレーション／プログラマブル・ゲイン・アンプなど ……… 67
- 6-1　定番の OP アンプ TL071 を使った増幅回路 … 67
- 6-2　定番の OP アンプ TL071 を使った交流専用の単電源増幅回路 … 67
- 6-3　微小信号を観測できる帯域 300 kHz の 100 倍プリアンプ … 68
- 6-4　微小信号を観測できる帯域 1 MHz の 100 倍プリアンプ … 68
- 6-5　微小信号を観測できる帯域 30 MHz の 100 倍プリアンプ … 69
- 6-6　電源電圧 1 V までフルスイングする片電源小信号用アンプ … 69
- 6-7　ひずみの少ない多重帰還型差動出力アンプ … 70
- 6-8　高速 A-D コンバータ用差動プリアンプ … 70
- 6-9　ゲインを 1 倍から 1000 倍まで可変できる高精度低ノイズ・アンプ … 71
- 6-10　正負入力信号を扱える単電源高速アンプ回路 … 71
- 6-11　アナログ・スイッチを使わない高速ゲイン切り替え回路 … 72
- 6-12　入力保護ダイオードのリーク電流を補正したハイ・インピーダンス・アンプ … 72
- 6-13　A-D コンバータのプリアンプ回路 … 73
- 6-14　高精度な増幅回路のインスツルメンテーション・アンプ … 74
- 6-15　設計自由度の大きいアイソレーション・アンプ … 74
- 6-16　4～20 mA 電流ループ用アイソレーション・アンプ … 75
- 6-17　直流電圧でゲイン制御するプログラマブル・ゲイン・アンプ … 76
- 6-18　1/2/4/8 ステップで 256 倍まで設定できる増幅器 … 76

第7章　オーディオ・アンプ回路　ヘッドホン／スピーカ・アンプから電子ボリュームまで ………… 77
- 7-1　2 W 出力のワンチップ・パワー・アンプ … 77
- 7-2　高域でのひずみ率が小さいオーディオ用 15 W パワー・アンプ … 77
- 7-3　トランジスタ 4 石で作るオーディオ・アンプ … 78
- 7-4　定番のワンチップ IC で作るオーディオ・アンプ … 79
- 7-5　乾電池 2 本で動作するオーディオ・アンプ … 80
- 7-6　1 W @ 8 Ω の単電源オーディオ・パワー・アンプ … 81
- 7-7　プロ・オーディオ用 OP アンプで作る低ひずみヘッドホン・アンプ … 82
- 7-8　高域まで低ひずみ！ 広帯域ヘッドホン・アンプ … 83
- 7-9　2 mm × 1.5 mm の IC による極小サイズのヘッドホン・アンプ … 84
- 7-10　専用 IC PGA4311 を使った超低ひずみ 4 チャネル電子ボリューム回路 … 85
- 7-11　サラウンドに最適！ 専用 IC NJW1151M　6 チャネル電子ボリューム回路 … 85

第8章　高周波回路　高周波アンプ／高周波スイッチ／電力分配＆合成回路まで ………… 86
- 8-1　14 MHz で利得 20～30 dB の同調増幅回路 … 86
- 8-2　1.9 GHz, ゲイン 18.6 dBm の高周波アンプ … 86
- 8-3　2 GHz 帯 NF 3 dB の広帯域ロー・ノイズ・アンプ … 87

8-4	2 GHz 帯，*NF* 0.8 dB 以下のロー・ノイズ・アンプ	87
8-5	100 MHz 帯で使えるアイソレーション特性の良い高周波バッファ・アンプ	88
8-6	10 dB @ 150 M 〜 400 MHz の 1 石高周波アンプ	88
8-7	MMIC を使ったシンプルな 2.4 GHz 帯低雑音アンプ	89
8-8	HEMT を使った *NF* 0.4 dB の 2.4 GHz 帯低雑音アンプ	89
8-9	周波数帯域が 50 M 〜 6 GHz の広帯域高周波アンプ	90
8-10	高入力インピーダンス 1 MΩ，フラットネス 50 MHz の OP アンプ増幅回路	90
8-11	入力バイアス電流 1 pA，*GB* 積 6 GHz のコンポジット・アンプ	91
8-12	高周波トランジスタのアクティブ・バイアス回路	91
8-13	PIN ダイオードで作る 1 GHz 帯スイッチ	92
8-14	MMIC で作る帯域 100 M 〜 2.5 GHz 高周波スイッチ	92
8-15	2.4 GHz 帯の高周波検波回路	93
8-16	集中定数で作る 1 GHz 電力分配&合成回路	93

第9章　変換回路　*V-I* 変換からインピーダンス変換回路まで……94

9-1	微小電流を出力できる *V-I* 変換回路	94
9-2	二つの信号の積を電流で出力する乗算型 *V-I* 変換回路	94
9-3	*C-V* 変換回路	95
9-4	チャージ・アンプ回路（電荷–電圧変換回路）	95
9-5	OP アンプの出力インピーダンスを低減する回路	96
9-6	小さな出力電流を電圧に変換するトランスインピーダンス・アンプ	96
9-7	入力雑音電圧が 6 nV/√Hz 以下のトランスインピーダンス回路	97
9-8	AC 電流センサの出力に比例した DC 電圧を出力する AC–DC 変換回路	98
9-9	最高 1 MHz 出力の電圧–周波数変換回路	99
9-10	帯域 2 MHz の RMS–DC 変換回路	100
9-11	MHz で変化する交流電流を電圧に変換できる高速プリアンプ	101
9-12	1 lx 〜 100 万 lx で高リニアリティ・キープ！照度–電流変換回路	101
9-13	*F–V/V–F* 変換回路	102
9-14	周波数の変化を直流電圧で観測できる *F–V* コンバータ	103
9-15	TTL レベル〜± 12V へのレベル変換回路	104
9-16	1 個の 74HCU04 で作れるパルス幅変調回路	104
9-17	全波整流回路と LPF を組み合わせた平均値出力回路	105
9-18	高調波ひずみの少ない周波数ダブラ	105
9-19	絶縁型 A–D 変換回路	106
9-20	高精度の長距離直流伝送が可能な D-A 変換回路	107
9-21	対数または逆対数へ変換する回路	108
9-22	定番 IC で作る LVTTL-ECL レベル変換	109
9-23	定番 IC で作る ECL-LVTTL レベル変換	109
9-24	シングル・エンド信号を差動信号に変換するアンプ	110
9-25	交流結合のボルテージ・フォロワ	110
9-26	周波数帯域を制限したボルテージ・フォロワ	111
9-27	出力駆動能力を強化したボルテージ・フォロワ	111

第10章　ドライブ回路　LED，モータ駆動からフォト・カプラ応用回路など……112

10-1	基本的な LED 駆動回路	112
10-2	白色 LED を乾電池 1 〜 2 本で駆動できる回路	112
10-3	温度安定度が良好！OP アンプで作る LED ドライバ	113
10-4	定番の 3 端子レギュレータで作る LED ドライバ	113
10-5	どこでも手に入るタイマ IC 555 で作る高効率電流ドライバ	114
10-6	AC 100 V で直接 10 〜 20 W の照明用 LED を点灯する回路	115
10-7	87 V まで最大 24 個！ヘッドライト用高輝度 LED ドライバ	116
10-8	電源電圧が変動しても明るさが変わらない LED 点灯回路	117
10-9	電流ブースタによってひずみ特性を改善したライン・ドライバ	117
10-10	ブリッジ・センサ入力の 2 線式 4 〜 20 mA トランスミッタ	118
10-11	DC 入力のフォト・カプラ・インターフェース	119
10-12	AC 100 V 入力のフォト・カプラ・インターフェース	119
10-13	差動入力のフォト・カプラ・インターフェース	120
10-14	OP アンプの出力電流を数十から数千倍に増幅するバッファ回路	120
10-15	プログラマブル高速パルス・ドライバ	121
10-16	電源 OFF でインジケータ LED を確実に消灯する回路	122
10-17	大電流リレーの ON 動作が 3 倍速まる回路	123
10-18	大電流リレーの OFF 動作が 3 倍速まる回路	124
10-19	アナログ・メータを誤差 1% 以内で駆動するアンプ回路	124
10-20	プラスとマイナスの両方を駆動できる電流ブースタ	125
10-21	ハイ・サイド用ゲート・ドライブ回路	125
10-22	駆動電圧 0 〜 20V，最大駆動電流 2A の DC モータ駆動回路	126
10-23	BCD-7 セグメント LED デコーダ/ドライバ回路	127

第11章　検出・計測用回路　電圧/電流モニタから警報/保護回路まで……128

11-1	ロー・サイド電流モニタ	128
11-2	専用 IC で作るハイ・サイド電流モニタ	128
11-3	ディスクリート部品で作るハイ・サイド電流モニタ	129
11-4	数百 V の高圧ラインに使えるハイ・サイド電流モニタ	129

11-5	簡易アナログ位相検波回路	130
11-6	ゲイン精度 0.1％のアナログ位相検波回路	130
11-7	50 Hz/60 Hz の電力量測定回路	131
11-8	AC 100 V ラインの交流電流測定回路	132
11-9	PWM を利用した簡易型電圧自乗回路	133
11-10	テスタの交流電圧の測定範囲が広がるアダプタ	134
11-11	瞬断を検出する AC 電源モニタ	135
11-12	AC 入力フォト・カプラによる商用交流電源のゼロ・クロス検出	135
11-13	パワー MOSFET が壊れていると LED が消える回路	136
11-14	パワー・トランジスタの耐圧の実力値がわかる回路	137
11-15	熱電対用冷接点補償回路	137
11-16	熱電対効果をキャンセルする高精度温度測定回路	138
11-17	検出時だけ励起電圧を印加するセンサ用ブリッジ回路	138
11-18	多チャネル焦電センサ回路	139
11-19	ON/OFF 機能付きの 1～2 A 出力定電流回路	140
11-20	低抵抗値測定用アダプタ	141
11-21	電気化学式ガス・センサを使った一酸化炭素濃度の測定回路	141
11-22	トランジスタの裸ゲインを測れる高負荷回路	142
11-23	太陽電池の出力特性が丸見え！電子負荷装置	143
11-24	リチウム・イオン蓄電池用過放電防止回路	143
11-25	鉛蓄電池用過放電防止回路	144
11-26	確実に動作する過電圧検出回路	144
11-27	スピーカを破壊から守る高信頼性保護回路	145
11-28	サーミスタを使った温度警報回路	145
11-29	光計測用高感度アンプと高速応答アンプ	146
11-30	低周波用の正極性ピーク・ディテクタ	147
11-31	電池が消耗すると LED が点滅する回路	147
11-32	リチウム・イオン電池の残量表示回路	148
11-33	アナログ IC だけを使用したピーク・ホールド回路	148

第 12 章　各種機能回路　アナログ演算，波形整形，電子負荷，セレクタ，電圧調整回路など　149

12-1	過大入力信号の電圧を制限する電圧リミッタ	149
12-2	スルー・レート可変回路	149
12-3	アナログ・マルチプライヤを使用した乗算回路	150
12-4	アナログ・マルチプライヤを使用した除算回路	150
12-5	アナログ・マルチプライヤを使用した平方根回路	151
12-6	OP アンプ反転増幅器による半波整流回路	151
12-7	OP アンプ反転増幅器による全波整流回路	152
12-8	OP アンプ差動増幅器による全波整流回路	152
12-9	OP アンプ反転増幅器による上下限リミッタ回路	153
12-10	周波数特性が良好な電子アッテネータ	153
12-11	4051 によるアナログ・マルチプレクサ／デマルチプレクサ	154
12-12	OP アンプを破壊や誤動作から守る回路	154
12-13	許容電力数 W の大電流ツェナー・ダイオード回路	155
12-14	100 V，50 mA 出力の電流増幅回路	156
12-15	数十秒の長時間リセット信号を出力する回路	156
12-16	20 A の方形波電流を引ける簡易電子負荷回路	157
12-17	数 W～数十 W を消費できる大電力可変抵抗器と定電流負荷回路	158
12-18	電流精度 0.1 % 以上の定電流発生回路	159
12-19	電源の軽負荷時の不安定動作を解消する定電力負荷回路	159
12-20	充電できる 2 次電池の容量がわかる定電流放電回路	160
12-21	雑音に対する強さを調べられるサージ・パルス発生器	161
12-22	長寿命・高安定のディジタル・テスタ校正用基準電圧発生回路	162
12-23	スイッチやリレーの ON/OFF 信号を確実に取り込む回路	163
12-24	無停電直流電源を作れる電池セレクタ	163
12-25	監視電圧を調整できる低電圧ロックアウト・スイッチ回路	164
12-26	AC 入力用高インピーダンス・バッファ回路	165
12-27	OP アンプを使ったアナログ OR 回路	166
12-28	OP アンプを使ったアナログ AND 回路	167
12-29	OP アンプを使った AND，OR による上下限リミッタ回路	167
12-30	3 バンド・グラフィック・イコライザ	168
12-31	位相差分波器に使えるオール・パス回路	169
12-32	電源遮断後の一定期間まで再起動しない安全回路	170
12-33	5 V/3.3 V 電源の電圧低下を検出するリセット回路	171
12-34	オープン・ドレイン出力のリセット IC に外部リセット信号を追加する	171
12-35	反転アンプのオフセット電圧調整	172
12-36	非反転アンプのオフセット電圧調整	172

初出一覧	173
索　引	174

▶ 本書の各記事は，「トランジスタ技術」に掲載された記事を再編集したものです．初出誌は p.173「初出一覧」に掲載してあります．

Introduction　実験室にこの一冊！新人エンジニアに贈る

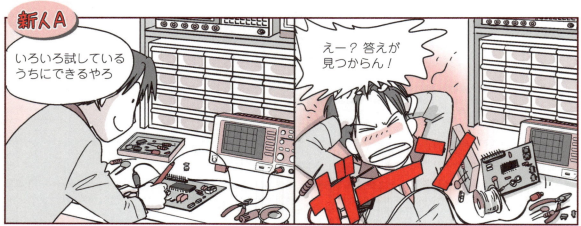

基準電源回路からスイッチング・レギュレータまで

第1章　電源回路

1-1　基準電源回路
～出力電圧を可変できる～

● 専用ICを使ったシンプルな基準電源回路

図1に示すのは，シャント・レギュレータICを使った基準電源回路です．外付け抵抗R_2とR_3の設定によって，出力電圧を+2.5～+5Vの範囲で可変できます．出力電圧V_{out} [V]は次式で求まります．

$$V_{out} = \frac{R_{2-1}+R_{2-2}+R_3}{R_{2-2}+R_3} V_{ref}$$

ただし，V_{ref}：IC_1内部の基準電源電圧 [V]

TL431以外に，μPC1093(ルネサス エレクトロニクス)，NJM2380(新日本無線)，HA17431(ルネサス エレクトロニクス)などが定番です．

● 出力電圧可変型の高精度の基準電源回路

REF-02Cのように，精度は高いけれど出力電圧を可変できない基準電源ICもたくさんあります．

このようなときは，図2に示すようにOPアンプICを追加して，そのゲインで出力電圧を可変できるようにします．可変範囲は+5～+10V，出力電流は110mAです．

〈河内 保〉

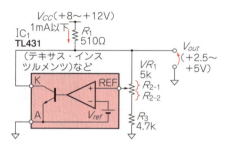

図1　シャント・レギュレータICを使った基準電源回路
(電圧精度±4%，温度変動4mV@0＜Ta＜70℃)

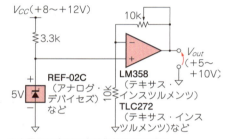

図2　出力電圧可変型の高精度基準電源回路
(電圧精度±1%，温度変動1.4mV@0＜Ta＜70℃)

1-2　片電源から両電源を作るバランス電源回路
～正負電圧が同時に立ち上がる～

バッテリ機器の電源部は，電池を使った片電源回路ですが，負電源電圧が必要になる場合があります．

図3に示すのは，片電源から正と負の安定化電源を出力できる電源回路です．このタイプの一般的な電源回路(図4)は，正電圧を基準にして負電圧を生成するため負電圧が遅れて立ち上がります．しかし，図3に示す電源回路は，正と負の電圧が同時に立ち上がります．TPS60403は，+1.4～+5.5Vの入力電圧を反転できるICです．

〈星 聡〉

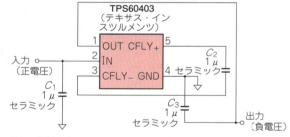

図4　極性反転DC-DCコンバータ(入力電圧2.5～5.5V，出力電圧-60mA)

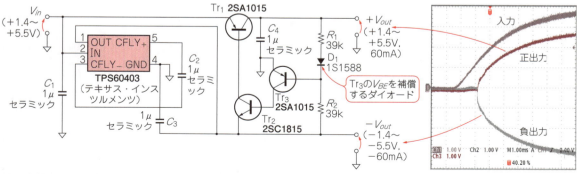

図3　片電源から正と負の電源を出力するバランス電源回路

1-3 バンド・ギャップ・リファレンス回路
～さまざまな電圧や温度特性をもった電圧を出力できる～

バンド・ギャップ・リファレンス(BGR)回路は定番ICがあります．**図5**に示すように**OPアンプと数個のディスクリート部品で作ると，ダイオードの種類や部品の定数を変更できるので様々な電圧や温度特性を持った基準電圧が作れます．**

OPアンプでV_{im}とV_{ip}が等しくなるように制御しているので，ダイオードD_1，D_2に流れる電流I_1，I_2と抵抗R_3，R_4の関係は，

$$I_1 R_3 = I_2 R_4 \cdots\cdots\cdots\cdots\cdots\cdots\cdots (1)$$

となります．また，ダイオードの電圧と電流の式から，V_{im}とV_{ip}は，

$$V_{ip} = V_T \ln\left(\frac{I_1}{I_S} - 1\right) \cdots\cdots\cdots\cdots\cdots (2)$$

$$V_{im} = V_T \ln\left(\frac{I_2}{I_S} - 1\right) + I_2 R_2 \cdots\cdots\cdots (3)$$

ただし，V_T：熱電圧($= kT/q$) [V]，k：ボルツマン定数(1.38×10^{-23}) [J/K]，T：絶対温度 [K]，q：電子の電荷(1.6×10^{-19}) [C]，I_S：ダイオードの逆飽和電流 [A]

となります．$V_{im} = V_{ip}$と式(2)，式(3)から，

$$V_T \ln\left(\frac{I_1}{I_S} - 1\right) = V_T \ln\left(\frac{I_2}{I_S} - 1\right) + I_2 R_2 \cdots (4)$$

です．逆飽和電流I_Sは通常1.0×10^{-15}Aと非常に小さな値なので，$I_1 \gg I_S$，$I_2 \gg I_S$から，

$$V_T \ln\left(\frac{I_1}{I_S}\right) = V_T \ln\left(\frac{I_2}{I_S}\right) + I_2 R_2 \cdots\cdots (5)$$

と近似でき，さらに式(1)から$I_1 = (R_4/R_3)I_2$なので，

$$I_2 = \frac{V_T}{R_2}\left\{\ln\left(\frac{I_2}{I_S} \times \frac{R_4}{R_3}\right) - \ln\left(\frac{I_2}{I_S}\right)\right\}$$

$$= \frac{V_T}{R_2} \ln\left(\frac{R_4}{R_3}\right) \cdots\cdots\cdots\cdots\cdots\cdots (6)$$

となります．式(6)の注目すべき所は電源電圧の項がどこにも入っていないことです．つまり，電流I_2は電源電圧とは無関係に決まります．

式(6)の中には温度に依存するパラメータV_Tが残っています．V_Tは温度に関して正の係数を持っているので，I_2は温度が上がると大きくなります．I_2を抵抗で電圧に変換すると温度に対して正の傾きを持った電圧が得られます．ダイオードの順方向電圧は温度に対しておよそ-2mV/℃の負の傾きを持っているので打ち消し合い，**図6**に示すように**温度が変化してもほぼ一定の電圧が出力されます．**

バンド・ギャップ・リファレンス回路は正常に起動しないことがあるので，スタートアップ用抵抗R_5とR_6を追加します．

基準部に十分な電流が流れていないとV_{ip}とV_{im}が両方ともGND付近でそろってしまい，OPアンプの出力がGND付近から上がらなくなります．抵抗R_6はOPアンプの－入力の電圧をわずかに下げて，OPアンプの出力を上げることで，BGR基準部に電流を流し込んでいます．

〈美齊津 摂夫〉

◆参考文献◆
(1) D-CLUE 匠たちのブログ，D-CLUE Technologies co.,LTD. http://blog.d-clue.com/

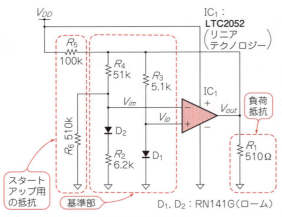

図5 バンド・ギャップ・リファレンス回路
ディスクリート部品を組み合わせると様々な電圧や温度特性の基準電圧が作れる

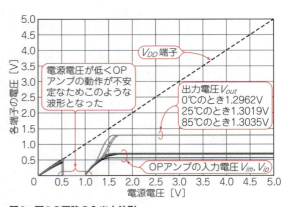

図6 図5の回路の入出力波形
電源電圧と温度が変化しても出力電圧がほぼ一定である

1-4 温度ドリフトが低く長期に安定した基準電圧回路
～バッテリで長時間動作する安定な基準電圧を作る～

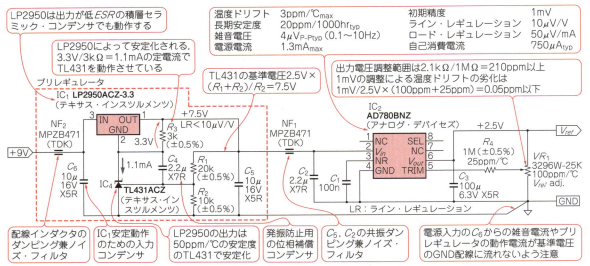

図7 基準電圧ICの電源をプリレギュレータで安定させ，電源電圧の変動が出力に影響しないようにしている

レーザ装置の結晶制御などに，温度安定度と共に長期安定度も高い基準電圧が必要な場合があります．ヒータ内蔵の基準電圧は，長期安定度は良いのですが微調整ができず，消費電力も大きいため基準電圧のバッテリ動作には適しません．埋め込みツェナー型では，雑音電圧も少ないですが，最低動作電圧が約8Vと高いためバッテリ動作にはやや不利です．バンドギャップ型基準電圧の中から長期安定度，最低動作電圧，消費電流，雑音電圧，調整のしやすさを考慮し，AD780BNZを使った基準電圧回路を図7に示します．

基準電圧ICの数$\mu V/℃$，数十$\mu V/\sqrt{kh}$といった安定度を活かすには，数十$\mu V/V$程度のライン・レギュレーションに対するバッテリの数Vの電圧変動が無視できません．そのため，図7ではプリレギュレータを3.3Vの低ドロップアウト電圧レギュレータICと2.5Vのシャント型基準電圧ICで構成しています．

● プリレギュレータでライン・レギュレーション改善

IC_1は，OUT-GND間に接続したR_3により，IC_4に対して安定な定電流源のように振る舞います．同時にIC_1の出力電圧はR_1とR_2で分圧されてIC_4の基準電圧端子に帰還され，IC_4でレギュレートされます．

IC_4の基準電圧端子への入力電流は$1.8\mu A_{typ}$なので，出力電圧の変動への寄与は約20mVで，基準電圧のライン・レギュレーションに与える影響は無視できます．

IC_1の電流パス・トランジスタはPNPのコレクタ出力なので，安定動作には出力容量が重要です．安定のため，C_5に10μF/X5R特性のセラミック・コンデンサを使います．IC_1は低ESR(Equivalent Series Resistance)の出力容量に対して安定ですが，IC_4と組み合わせた場合は位相余裕が減少し，発振する恐れがあります．そのため，位相補償用に0.33μFより大きい容量のC_4を挿入します．C_4は容量対DCバイアスや容量対温度の点でX7R特性が適しています．

プリレギュレータのライン・レギュレーションを評価したところ，常温で10$\mu V/V$以下でした．

● 基準電圧回路

IC_2は出力を2.5Vまたは3.0Vに設定できるバンドギャップ型の基準電圧ICで，雑音低減端子と電圧トリミング端子を備えています．半固定抵抗VR_1とR_4により，約0.2%の範囲で電圧調整ができます．出力電圧を1mV調整した場合，温度安定度への出力電圧の寄与は0.05ppm/℃以下と限定的です．

プリレギュレータによりライン・レギュレーションはnV/Vオーダとなり十分無視できます．しかし，IC_2のロード・レギュレーションは50$\mu V/mA$ですので，負荷電流が変動する場合は超高精度OPアンプによるバッファを別途追加します．また，温度勾配などによる熱起電力の影響も無視できないため，実装には等温設計などが重要です．

〈細田 隆之〉

$\sqrt{kh}$：ICなどの長期ドリフトは動作時間の平方根によく比例するので，この単位を用いる．X5R，X7R：高誘電率系セラミック・コンデンサの規格．温度による容量変化率±15%．X7Rの方がDC電圧による容量変化が小さい．

1-5 数mAしか食わない回路にピッタリのチョコッと定電圧電源
～定番のTL431を使った出力5V，12mAの高精度レギュレータ～

　定電圧出力を得る回路として最も一般的といえるのは，3端子レギュレータICによる定電圧回路です．しかし数mA程度の小さな負荷電流しか必要としない回路や基準電圧源として用いる場合には，3端子レギュレータICでは少々オーバ・スペックです．このような場合は部品点数が少なく安価なシャント・レギュレータ方式の定電圧回路が有効です．

　図8はシャント・レギュレータICを使用した，より高精度で自由に電圧設計ができるシャント・レギュレータ回路です．シャント・レギュレータICの許容損失による制限があるので，大きな負荷電流が必要な回路には不向きです．シャント・レギュレータICの耐電圧を超える回路には使えません．

　出力電圧は，ICのリファレンス端子に接続する分圧抵抗の抵抗比で決まり，リファレンス電圧（V_{ref}）より大きな値で自由に設定できます．設定値は次式のとおりです．

$$V_{out} = V_{ref} \frac{R_2 + R_3}{R_3}$$

　正確に出力電圧を設定する必要がある場合は，可変抵抗を使うなどして微調整します．

　出力電圧の精度は，ICのリファレンス電圧と分圧抵抗の精度でほぼ決まり，適切な部品を選定することで±1%程度の高精度な電源を実現できます．

〈梅前 尚〉

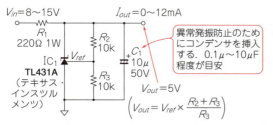

図8 シャント・レギュレータを使った部品点数が少なく安価な定電圧回路

1-6 最大出力電圧40Vのシリーズ・レギュレータ
～3端子レギュレータICでは出せない高い電圧を出力できる～

　出力電圧が24V程度までは3端子レギュレータICが使用できますが，それ以上の電圧になると，ICやディスクリート部品を組み合わせて回路を設計しなくてはなりません．

　図9に示すのは，最大+40Vまで出力できるシリーズ・レギュレータです．D_2のツェナ電圧V_{Z2}は，出力電圧の半分程度にします．出力電圧をR_7, VR_1, R_8で分圧し，この電圧がV_{Z2}と等しくなるように定数を決定します．

　R_7とR_8の値が大きすぎると，出力電圧の雑音が増加したり，発振することがあります．小さすぎると発熱してむだに電力を消費します．2k～5kΩ程度が適切です．

〈遠坂 俊昭〉

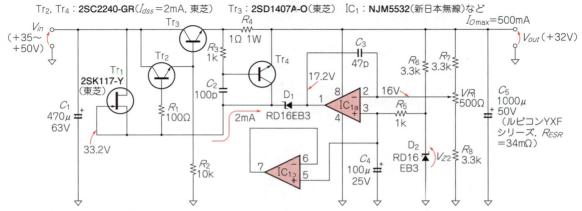

図9 出力電圧+32V，出力電流500mAのシリーズ・レギュレータ

1-7 出力電圧40～80Vのシリーズ・レギュレータ
~ディスクリート部品で高電圧出力に対応した~

図10に示すのは，+40～+80Vの直流電圧を出力できるシリーズ・レギュレータです．

出力電圧が高く，OPアンプICを使用できません．そこで，V_{CEO}が120Vの2SC2240-GRで誤差増幅器を構成しています．

Tr_5を追加し，カスコード増幅器にすることにより誤差増幅器の周波数特性を改善しています．

2SK373-Yは$V_{DS}=100$VのFETで，高耐圧の定電流源を作ります．FET以外では，石塚電子の定電流ダイオードE-202を使用できます．E-202の最大使用電圧は100V，定格電力は300mWです．

〈遠坂 俊昭〉

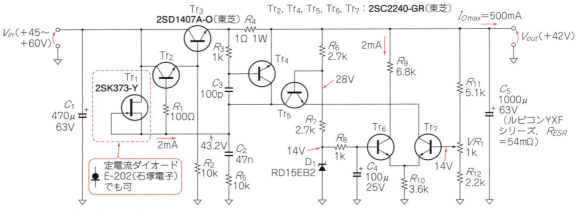

図10 出力電圧+42V，出力電流500mAのシリーズ・レギュレータ

1-8 出力電圧150Vの高圧シリーズ・レギュレータ
~出力短絡時の保護回路つき~

図11に示すのは，OPアンプ出力にベース共通の増幅回路を接続し，高電圧出力を可能にしたシリーズ・レギュレータです．

出力が短絡されるとTr_3の保護回路が動作して，Tr_2に流れる電流が120mA程度に制限されます．このとき，Tr_2のドレイン-ソース間に入力電圧がすべて加わり，20W程度の損失が生じます．

〈遠坂 俊昭〉

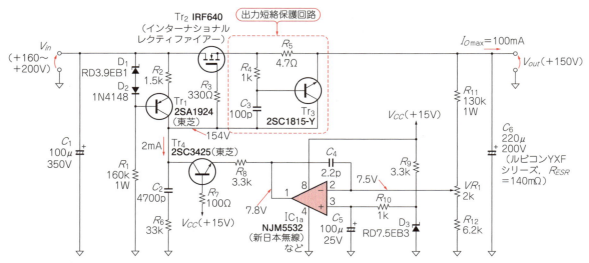

図11 出力電圧+150V，出力電流100mAのシリーズ・レギュレータ

1-9 出力電圧－32Vのシリーズ・レギュレータ
～安定した負電圧を出力する～

図12に示すのは，－32Vを出力するリニア・レギュレータです．

OPアンプは最大電源電圧が出力電圧よりも大きくて，ゲイン・バンド幅積が1M～10MHz程度のものなら代替え可能です．

Tr_1は2SK30AYも使用できますが，2SK30AYは飽和電圧が大きいので，入出力間電位差の最小電圧が少し大きくなります．

〈遠坂 俊昭〉

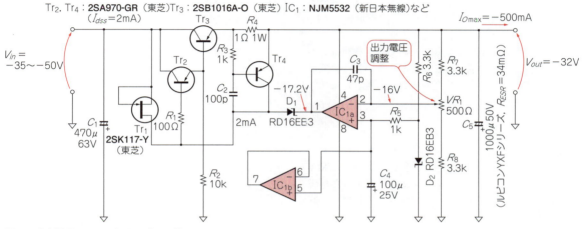

図12 出力電圧－32Vのシリーズ・レギュレータ

1-10 電圧/電流モードがスムーズに切り替わるCVCC装置用制御回路
～負荷電流や負荷電圧のオーバーシュートの発生を防ぐ～

図13に示すのは，負荷に加わる電流と電圧の検出信号で，定電圧制御と定電流制御が自動的に切り替わる回路です．

Tr_1とTr_2は，制御領域にないOPアンプの出力電圧を他方の出力電圧付近にとどめる役割があります．例えば，電圧制御領域ではD_1がONですからTr_1は動作しません．このときIC_4の出力が上昇し，Tr_2のベース電流が流れるレベルに達すると，Tr_2を通してIC_4に負帰還がかかります．その結果，IC_4の出力電圧はTr_3のベース電位よりもわずかに高い電圧に保たれます．V_{CC}まで飽和することがなく，常に相手の制御電圧よりもV_{BE}だけ高いレベルに保たれるので，電圧制御と電流制御がスムーズに切り替わります．

〈木下 隆〉

通常の電源回路などでは，電圧制御回路と電流制御回路をダイオードORで合成した構成になっている．つまり，Tr_1とTr_2がない回路である．この回路では，負荷が軽いときは，電圧制御モードにあり，IC_3がTr_2を制御している．このときIC_4の出力はV_{CC}付近に飽和している．負荷電流がI_{ref}で決まる電流値を越えると，IC_4の出力電圧が急激に低下し，D_2がONして電流制御モードに入り，IC_4がTr_2を駆動する．このとき，IC_3の出力が上昇してV_{CC}付近で飽和する．片方のOPアンプの出力はV_{CC}付近で飽和しており，電圧制御モードから電流制御モードへの切り替えに時間がかかる．その結果，負荷の急変に対して，負荷電流や負荷電圧のオーバーシュートが発生する．この問題を解決してくれるのがTr_1とTr_2である．

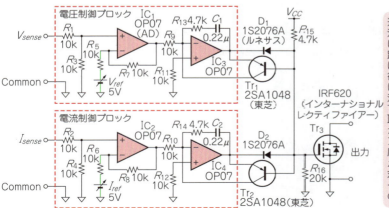

図13 電圧制御モードと電流制御モードがスムーズに切り替わるCVCC装置用の制御回路

1-11 300V入力対応！出力電圧が入力電圧に連動する分圧レギュレータ
〜2分圧型／分圧比可変型／一定電圧差降圧型の3タイプを紹介〜

倍電圧整流やブリッジ整流のセンタ電圧など，ちょうど半分の電圧を利用する回路があります．これで，1次電圧の変動を加えて動作の確認をする場合，二つの定電圧電源を用意するのが理想です．

しかし，これが300Vと150Vのような高電圧であれば，電源2台は大変です．それに，片方は半分の電圧と決まっているのに2台共設定しなければならず，面倒でもあり，間違いの元になります．

だからといって抵抗で分割したのでは，負荷電流の変動で電圧も大きく変わるか，変わらないように抵抗値を下げて発熱が増え，主電源の負荷も無駄に増大してしまいます．

● 回路
▶動作

図14に示すレギュレータを使うと，入力0〜300Vが約半分の0〜150Vに変換されます．下がった電圧分はMOSFETの発熱になりますから，それなりの放熱は必要です．

また，電流制限のR_3は，誤って負荷をショートした場合の瞬間的な破壊を防ぐためのもので，ショートや過電流が長時間続くような使い方をするには，主電源のリミット設定で対応する必要があります．

電流制限の値はR_3とツェナー・ダイオードとMOSFETの特性で決まっているので，温度などで変動します．図14の場合，約27mAになりました．

発熱量は負荷によって変わるので，そのつど必要に応じて放熱器を取り替えて使用しています．

▶応用

原理はソース・フォロワですから，バリエーションが作れます．図15は半分ではなく，任意の比率に設定できるものです．設定範囲はR_1とR_2で制限し，R_3で電流制限値を決めます．

さらに，普通のレギュレータとして一定電圧を出力したり，入力より一定電圧だけ低くなるような定差レギュレータなども考えられます．図16は出力や電圧差を固定（ツェナー・ダイオードで決まる）した場合の回路例です．

〈中野 正次〉

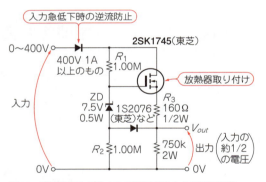

図14 高圧電源から約1/2の電圧を出力する電源回路
入力0〜300V，出力0〜150V/約27mA

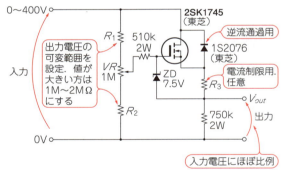

図15 高圧電源から任意の比率で電圧を出力する電源回路

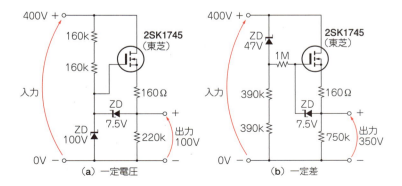

図16 高圧電源から任意の出力電圧または出力電圧差を得る電源回路

1-12 電源投入時と切断時に順序よく立ち上がる2出力電源回路
～OPアンプと汎用トランジスタで作れて雑音にも強い～

● 例えばMMIC用の電源に使える

ICには，ゲート・バイアス電源とドレイン電源の投入順序が規定されているものがあります．例えば，ワンチップ化されたマイクロ波用のIC MMIC (Monolithic Microwave Integrated Circuit)が挙げられます．

MMIC内部のディプリーション型MOSFETのゲート・バイアスが規定の電圧に達する前にドレイン電源が投入されると過大電流が流れるため，ゲート・バイアス電源よりドレイン電源を後に投入します．切るときはドレインを先に切る必要があります．

● 電源回路の構成と動作

図17に回路を示します．

電源投入制御は単純で，バイアス電圧を監視して，所定の範囲にないときはドレイン電源がOFFになるような制御をすれば良いわけです．

しかし，電源投入や切断のときは各電源自体が中途半端な電圧を出しているので，電源電圧依存性の少ない回路にする必要があります．

まず，バイアス用電源－5.2 Vがあります．この電源を使って約－1 Vのバイアス電圧を作っています．ここは単なる抵抗分圧なので，元電源－5.2 Vとバイアス電圧は比例します．バイアス電圧を直接監視する代わりに－5.2 Vがきちんと立ち上がったかを監視します．

ドレイン電圧の元は12 V電源で，このシーケンス電源で約10 Vを出力し，そのあと3端子レギュレータで所定の8 Vを得るようにしています．

バイアス用－5.2 Vの許容範囲を決め，その電圧に達しない場合は10 V電源をOFFします．ここでは約－4.9 V～－5.2 Vを正常範囲とします．

ジャンクションFET (JFET) で定電流を作り，R_6とVR_1に流します．その電圧降下によりⒶ点の電圧が0 V付近へシフトします．抵抗に定電流を流すことによってツェナー・ダイオードのような働きをさせています．抵抗値を変えることで可変電圧ツェナー・ダイオードのように使えます．

OPアンプ AD820は単電源で使っても入力電圧が－0.2 Vまで動作するので，0 Vをしきい値にした比較回路を形成できます．さらに入力電圧が電源電圧よりずっとマイナスでも壊れないし，異常な入力電流も流れません．

〈曽根 清〉

◉参考文献◉

(1) AD820 データシート，アナログ・デバイセズ㈱．

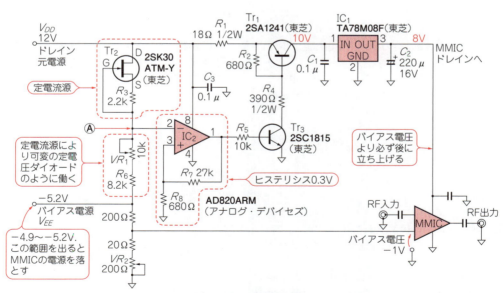

図17 電源投入時と切断時に順序良く立ち上がる2出力電源回路
バイアス用電源範囲－4.9～－5.2 Vを外れると10 V電源をOFFする

1-13 実績の多い定番ステップダウン・コンバータ
～入手しやすく低価格のICを使った～

図18に示すのは，昔からよく使われている制御ICを使った，入力電圧+8～+16V，出力+5V，0.6Aのステップダウン・コンバータです．価格が安く，入手性も良いのが特徴です．

MC34063の動作周波数を45 kHz程度に低く設定しているので，コイルやコンデンサの形状が多少大きくなりますが，そのぶん扱いやすく，プリント・パターン設計さえ注意すれば問題なく動作します．

同様なICにNJM2360A，NJM2374A(新日本無線)があります．回路構成が異なりますが，LM2574N-ADJ(ナショナル セミコンダクター)，SAI01(サンケン)なども定番です．　〈河内 保〉

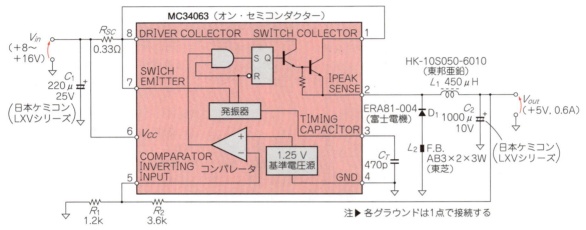

図18　定番コントローラIC MC34063を使ったステップダウン・コンバータ(入力：+8～+16V，出力：+5V，0.6A)

1-14 +5Vから±10Vを出力する低ノイズDC-DCコンバータ
～電池機器のアナログ回路用電源に最適～

電池などの片電源から，OPアンプ数個のアナログ回路用に正負の電源が必要になることがあります．それほど大きな電流は必要ないので，少ない部品で手軽に作りたいものです．

図19に示すのは入力+5V，出力±10V，10mAのDC-DCコンバータです．MAX865は，8ピンのμMAXパッケージのなかにCMOSチャージ・ポンプ・コンバータを内蔵する制御ICです．たった4個のコンデンサを外付けすれば，+1.5V～+6Vの入力電源からその2倍の正負電圧を作ることができます．コイルを使わないので，スパイク性のノイズが少ないという特徴があります．

チャージ・ポンプ用のコンデンサC_1とC_2は，等価直列抵抗が低く，耐圧が16V以上のものを使います．容量を大きくすると，リプル電圧が減り効率が上がります．

データシートには，IC内部の出力抵抗は正電圧側が90Ω，負出力が160Ω前後(5V入力時)と記載されています．5mAの負荷電流が流れると，正電圧側で0.45V，負電圧側では0.8Vの電圧低下が生じます．電圧変動が問題になる回路では，MAX865を並列に接続するか，MAX743などを使います．

V_+端子からGNDではなく，V_-端子に比較的大きな負荷電流が流れる場合，V_-回路を保護するために，GND端子とV_-端子(4番ピン)間にショットキー・バリア・ダイオードを接続します．　〈河内 保〉

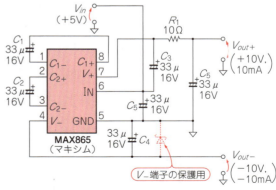

図19　片電源からアナログ回路用両電源を生成するDC-DCコンバータ(入力：+5V，出力：±10V，10mA)

1-15　＋5Vから−5Vを出力するDC-DCコンバータ
～正電源しかないシステムで負電源が必要になったときのお助け～

　小型の計測装置などで負電源が使用になることがあります．大きな電流容量が必要ないときは，コイルを使わないチャージ・ポンプによる極性反転コンバータが便利です．図20に示すのは，＋5Vを極性反転して−5V，50mAを出力するDC-DCコンバータです．MAX860は，8ピンの表面実装タイプの制御ICです．

　表1にこのタイプの制御IC一覧を示します．

　動作周波数は，6k，50k，130kHzの3種類に設定できます．小型化が必要なときは，FC端子を出力に接続して130kHzに設定し，容量の小さい小型コンデンサを使います．図20の設定は50kHzです．入力電圧範囲は＋1.5V～＋5.5V，出力抵抗は12Ω，最大負荷電流は50mAです．負荷による電圧低下を小さくしたいときはMAX860を並列接続します．

〈河内　保〉

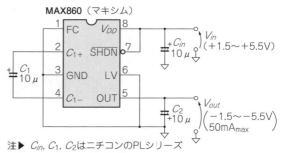

注▶ C_{in}, C_1, C_2 はニチコンのPLシリーズ

図20　入力電圧を極性反転して出力するDC-DCコンバータ
（入力：＋5V，出力：−5V，50mA）

表1　極性反転型ステップダウン・コンバータ制御IC一覧

型名	メーカ名	入力電圧範囲 V_{in} [V]	出力電圧 V_{out}	出力電流 [mA]	内部抵抗 [Ω_{typ}]	スイッチング周波数 [kHz]	パッケージ
MAX660	マキシム	＋1.5～＋5.5	$-V_{in}$ または $2V_{in}$	100	6.5	10/80	8ピンDIP/SOP
LM2660	TI	＋1.5～＋5.5		100	6.5	10/80	8ピンSOP/MSOP
LTC660	LT	＋1.5～＋5.5		100	6.5	10/80	8ピンDIP/SOP
MAX860	マキシム	＋1.5～＋5.5		50	12	6/50/130	8ピンSOP/μMAX
LM2662	TI	＋1.5～＋5.5		200	3.5	20/150	8ピンSOP

注▶TI：テキサス・インスツルメンツ，LT：リニア・テクノロジー

1-16　定番のタイマICで作る簡易負電源回路
～チャージ・ポンプ式の即席電源として使える～

● 回路の概要

　図21は定番のタイマICである555を使ったチャージ・ポンプ式の負電源回路です．555は数kHzで無安定動作させておき，この出力をダイオードで整流すると $-V_{EE}$ に負電圧が発生します．

　この回路は数Vで数mAの範囲でしか使用できずレギュレーションは良くありませんが，手軽に使えるというメリットがあります．

● ワンポイント

　ダイオード D_1, D_2 はショットキー・バリア・ダイオードを使うと損失が小さくなります．

〈西形　利一〉

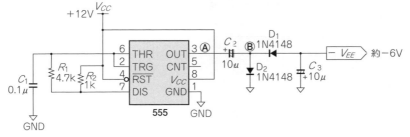

図21　タイマICで作る簡易負電源回路

1-17 数個の部品で作れる高圧ステップ・ダウン・コンバータ
～トランスを使わず100～400 Vの直流電圧を15 Vに変換できる～

図22に示すのは，100 V以上の高圧から，+15 Vを取り出すステップダウン・コンバータです．高圧電源しかないところで，トランスを使用せずに低圧を取り出すときに便利です．

仕様は次のとおりです．
- DC入力：+100～+400 V
- DC出力：+15 V，0.2 A

制御端子の電圧が5.7 Vであるため，出力電圧は5.7 V以下にはできません．

出力電圧 V_{out} [V] は，ツェナ・ダイオードの電圧を V_Z [V] とおくと，

$$V_{out} \fallingdotseq VZ + 5.7$$

で求まります．

● 便利なワンチップ制御IC MIP0222SY

MIP0222SYは，パワーMOSFETと同じ3端子パッケージの制御ICです．スイッチング電源を構成するのに必要なほとんどの機能を内蔵しています．

このICを利用すると，一般的な部品を使用した回路では実現の難しい高入力電圧用のステップダウン・コンバータがシンプルな回路で実現できます．

IC_1 の同等品として，パワー・インテグレーションズ社のTOP222Yがあります．IC_1 以外の部品は各社から同等品が出ています．

● 各部品の選定方法

コイル L_1 は，リプル電流を小さくするために1 mH以上が望ましく，L_1 を流れる最大電流は IC_1 の最大電流から0.5 Aに設定します．

D_1 と D_2 には，IC_1 がONしたとき，入力電圧が加わりますから，耐圧400 V以上必要です．ここでは，ディレーティングを考慮して600 V品とします．さらに，スイッチング損失を小さくするために，高速で高効率のローロス・ダイオードを使っています．

入力電圧がとても高いため，出力リプル電流が小さくありません．出力リプル電圧を低減するためには，出力コンデンサにできるだけ，等価直列抵抗の低いものを選ぶ必要があります．

〈馬場 清太郎〉

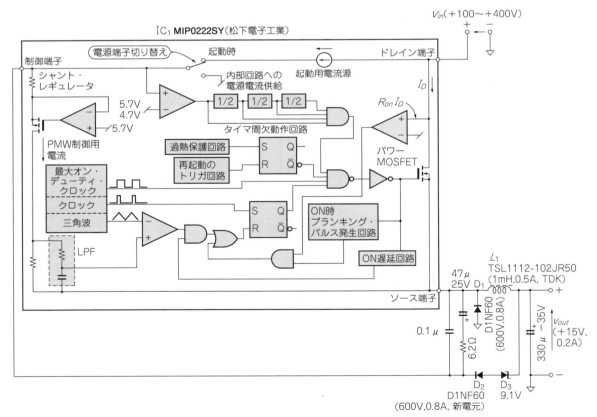

図22 トランスを使わない高圧ステップダウン・コンバータ（DC入力：+100～+400 V，DC出力：+15 V）

1-18　＋5V，1.5A出力のステップダウン・コンバータ
～ウェブ上のフリー・ツールで周辺部品を簡単設計～

図23に示すのは，モノリシック・スイッチング・レギュレータIC LM2576T-5.0を使った＋5V，1.5A出力のステップ・ダウン・コンバータです．FA用の24V電源で，5VのCPUボードを動作させたいときに最適です．

L_1とC_2の最適値やD_1のピーク電流などは，テキサス・インスツルメンツ社のウェブ・サイト(www.tij.co.jp)にユーザ登録して「WEBENCHデザイン・プログラム」というフリーのツールを利用すると簡単に計算できます．部品定数だけでなくICやダイオードなどの具体的な部品名まで教えてくれ，温度や動作のシミュレーション解析やパターン設計もできます．L_1にはトロイダル型のようにコアにギャップがないタイプか，ポット・コアのような磁気シールドを兼ねるタイプにしないと，強力な磁気ノイズを撒き散らしてしまいます．

C_2は頻繁に充放電するのが仕事ですから，低ESRの高リプル対応タイプを選定します．　〈三宅 和司〉

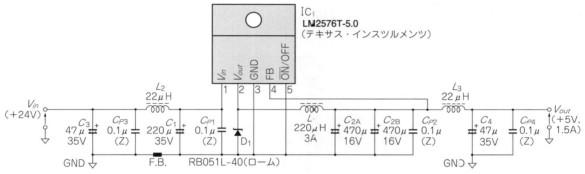

図23　＋5V，1.5A出力のオン・ボード用ステップ・ダウン・コンバータ

1-19　簡単に作れる20mAソース／シンク型2出力電源
～一つの基準電圧源から多出力の電圧を生成する～

DSPやA-Dコンバータ，D-Aコンバータを使ったようなアナログ回路とディジタル回路が混在するアプリケーションでは，複数の基準電圧源が必要になることがあります．

図24に示すのは，簡単に一つの基準電圧源から多出力の基準電圧を生成できる回路です．入力が交流信号ではなく，直流電圧になっています．

OPアンプには，標準的な単電源OPアンプが使用できます．NJM2904を使った場合，20mA程度の出力電流が得られます．

通常のリニア・レギュレータと異なり負荷電流を吸い込むことも吐き出すこともできるので，A-DコンバータやD-Aコンバータの基準電源回路に使えます．出力電圧は次式で求まります．

$$V_{out1} = \frac{R_2+R_3}{R_1+R_2+R_3}V_{ref}$$

$$V_{out2} = \frac{R_3}{R_1+R_2+R_3}V_{ref}$$

出力精度が必要な場合は，抵抗R_1，R_2，R_3に集合抵抗を使用します．必要があれば，低オフセット・タイプや高精度タイプのOPアンプを選びます．

4出力が必要な場合は，2.9×4.0×1.0mmのパッケージに入ったNJM2342が便利でしょう．

〈高橋 資人／高木 円〉

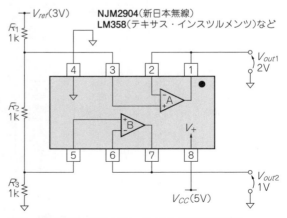

図24　簡単に作れる20mAソース／シンク型2出力電源

1-20 5.5 V，680 mA出力のCVCC型DC-DCコンバータ
~定電流制御回路を内蔵したICで作る~

図25に示すのは，定電流制御回路を内蔵したDC-DCコンバータIC NJM2340を使用した充電用CVCC電源回路です．仕様を下記に示します．

- 入力電圧：12 V
- 出力電圧：5.5 V
- 出力電流：680 mA
- 電力効率：70%

外付け抵抗に±1%の電流検出抵抗を使っても，出力電流のばらつきを±5%以下にできます．ロー・サイドで充電電流を検出するため，入出力間のグラウンドを共通にできません．NJM2340のFB端子をLレベルにすれば，スイッチングが停止します．タイマICやマイコンと組み合わせて，保護機能も実現できます．

〈高橋 資人/高木 円〉

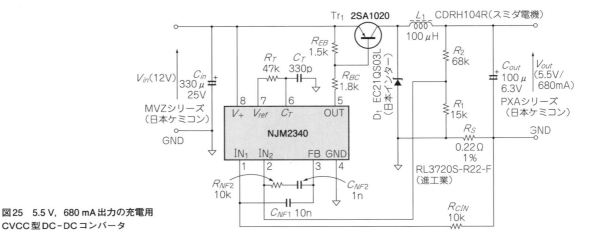

図25　5.5 V，680 mA出力の充電用CVCC型DC-DCコンバータ

1-21 正電源から負電圧を生成するDC-DCコンバータ
~出力電圧が入力電圧に依存せず高い耐圧が得られる~

図26に示すのは，定番のDC-DCコンバータNJM2360を使った正電圧から負電圧を作る極性反転回路です．チャージ・ポンプ方式と異なり，出力電圧が入力電圧に依存性しない，高い耐圧が得られるなどの特徴があります．ICに入力電圧と出力電圧の差が加わるので，ICの耐圧は40 Vは必要です．スイッチング・ノイズが気になる場合は，出力にLCのLPFを接続します．ICにはMC34063（オン・セミコンダクタ）も使えます．

〈高橋 資人/高木 円〉

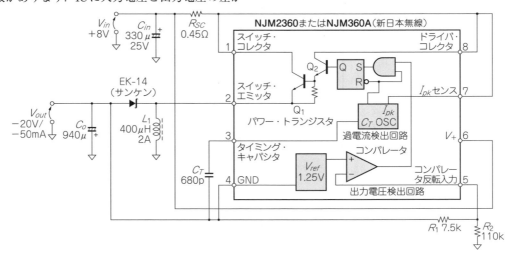

図26　正電源から負電圧を生成するDC-DCコンバータ

1-22 入力+5～+15V, 出力±15Vの絶縁型2出力DC-DCコンバータ
～絶縁された2チャンネルのアナログ回路用の電源に使える～

図27に示すのは，絶縁された2チャネルのアナログ回路用の電源です．

LTC1425は，リニアテクノロジー社の絶縁DC-DCコンバータ用の制御ICです．

LTC1425は，電流モードで動作し，発振周波数は275kHzです．電源に必要な回路はすべて内蔵しています．内蔵のスイッチング用パワーMOSFETの最大ドレイン電流は1.5Aです．

帰還をかけていないので，2次側の負荷変動は±5%ほどあります．負荷変動の精度を上げるために，3端子レギュレータを付加しています．効率は5V入力で72%，15V入力で80%です．絶縁性能はトランスの巻き線構造で決まります．

〈鈴木 正太郎〉

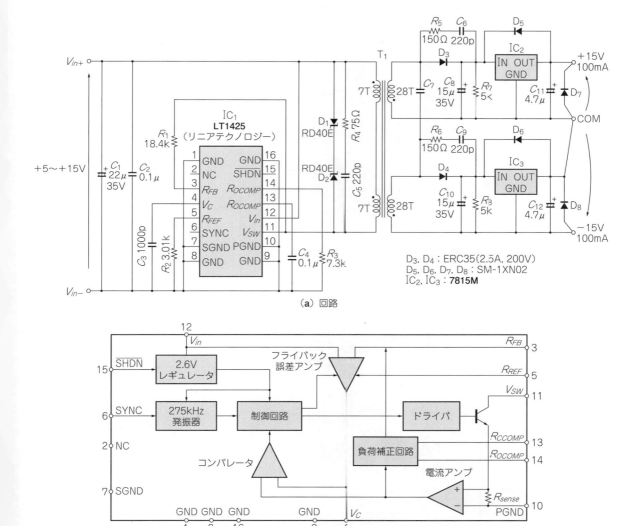

図27 入力+5～+15V, 出力±15V/100mAの絶縁型2出力DC-DCコンバータ

1-23 電池2セルを3.3Vに昇圧する携帯機器用ステップ・アップ・コンバータ
～モバイルのバッテリーに使える～

図28に示すのは，入力電圧1～5V，出力電圧3.3V，出力電流500mAのステップ・アップ・レギュレータです．電池2個の直列接続電源からロジック回路用の3.3V電源を生成できます．消費電流も38μAととても小さいのが特徴です．出力電圧はR_1，R_2にて2.6～5Vまで設定できます．LTC3401には固定周波数モードとバースト・モードの2種類のモードがあります．図29に示すように，出力電流が10mA以下の範囲ではバースト・モードのほうが高効率です．

〈鈴木 正太郎〉

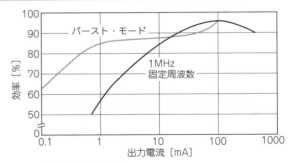

図29　出力電流-効率特性

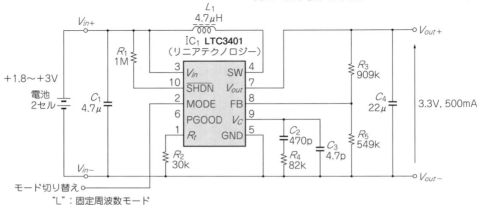

(a) 回路

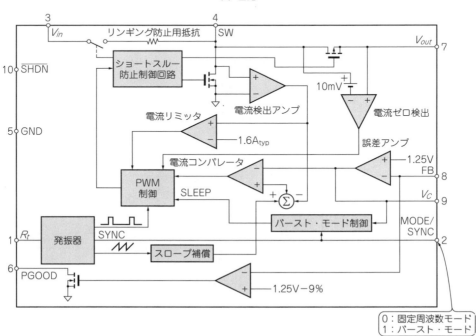

(b) LTC3401の内部ブロック図

図28　電池2セルを3.3Vに昇圧する携帯機器用非絶縁ステップ・アップ・コンバータ

1-24 3端子スイッチング・レギュレータICを使った電池用昇圧電源
～乾電池1本の電圧を5Vに昇圧する高効率DC-DCコンバータ～

図30に示すのは，HT7750Aを使った1.5V入力，5V/0.1A出力の昇圧型DC-DCコンバータです．回路方式はフライバック型です．

HT7750Aは，アルカリ・マンガン乾電池の放電終了電圧(0.9V)まで起動できるので，電池の全エネルギを引き出せます．

平滑用コンデンサ(C_2)には，等価直列抵抗ESR(Equivalent Series Resistance)が小さいタイプを選びます．メーカの資料ではタンタルが推奨されています．アルミ電解コンデンサを使う場合は，積層セラミック・コンデンサを並列に接続します．

HT7750Aは，コイルに蓄えた電磁エネルギをダイオードを通じて出力に送り出すので，コイルが磁気飽和すると効率が一気に悪化します．

飽和しにくいドラム型コアをもつタイプがおすすめです．磁気シールドのあるタイプならノイズの発生も少なくなります．トロイダル・コアのコイルは磁束漏れが少なく，ノイズ発生は少ないですが飽和はしやすくなります．

UF5400シリーズは，高速整流用です．ショットキー・バリア・ダイオードではないので損失は多めです．

〈脇澤 和夫〉

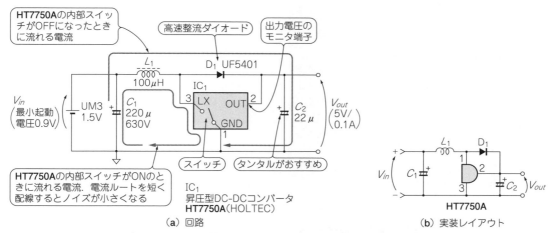

図30 DC-DCコンバータ制御IC HT7750Aを使った1.5V入力，5V/0.1A出力の昇圧型DC-DCコンバータ

1-25 電池電圧を5Vに昇圧するステップアップ・コンバータ
～電池エネルギを100％引き出せる～

携帯端末など2次電池で動作する装置は，電池電圧が低下しても，ステップアップ・コンバータで昇圧すれば，長時間動作が可能になります．

図31は，電池電圧から+5V，200mAを出力するステップアップ・コンバータです．シャットダウン端子があり，ロジック・レベルで出力をON/OFF制御できます．シャット・ダウンしても入力と出力がコイルを通してつながったままですから，入力電圧(電池電圧)がそのまま出力されます．

大きな出力電流が必要な場合は，コイルに流れるピーク電流が小さい固定周波数のPWM方式のIC(MAX1700など)が良いでしょう．

〈河内 保〉

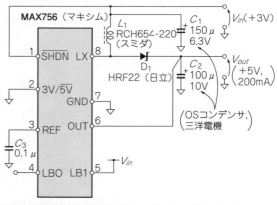

図31 電池電圧を昇圧するステップ・アップコンバータ
(入力：+3V，出力：+5V，200mA)

1-26 3端子レギュレータで作る出力電圧可変のリニア電源回路
～数百Vを入力する電源を作ることも可能～

● 出力電圧の設計

図32に示すのは，出力電圧を可変できるタイプの3端子レギュレータを使った電源です．

LM317は，出力電圧調整用端子(ADJ)と出力端子(OUT)の間の電圧を1.25 V一定に保つように動きます．基準点は電圧設定抵抗のグラウンド側で，LM317に基準点はありません．

出力電圧 V_{out} [V] は2個の外付け抵抗で自由に設定できます．出力電圧は次式で決まります．

$$V_{out} = 1.25 \times (1 + R_3 / R_2) + R_3 \times 0.0001$$

R_2 と R_3 に流す電流を小さくしすぎると，出力電圧の誤差が増えます．R_2 は200Ω程度に決めるとよいでしょう．

● 数百Vの高電圧入力電源を作れる

LM317のすべての端子は，特殊な場合を除いてグラウンドから浮いた状態で動作するため「フローティング・レギュレータ」と呼ばれています．このタイプのレギュレータはグラウンド端子をもたないので，各ピン間の最大電圧を越えないという条件が守られるなら数百Vの高電圧でも安定化させられます．

実際，LM317のデータシートを見ると，絶対最大定格に最大動作電圧の項目はなく入出力電圧差だけが規定されています．

グラウンドにつながっている C_3 と R_3 には，十分な耐電圧と許容損失のあるものを使います．LM317は入出力間の電圧が最大規格の40 Vを越えなければ壊れることがありません．

● 雑音バイパス用のコンデンサを付ける

LM317はグラウンドが端子なく，出力端子とREF端子の間が常に1.25 Vになるように動きます．内部回路は入力端子から電流を得て動いているため，REF端子に流れる電流は入力電圧に依存します．

R_3 に流れる電流のほとんどは R_2 から流れるものですが，LM317のREF端子からも最大100μAの電流が流れます．C_3 を付けて電源の雑音をバイパスするとリプル除去性能が上がります．

LM317のADJ端子とグラウンド間にリプル除去性能向上用のコンデンサ C_3 を入れるときは，ADJ端子と出力端子の間にダイオードを入れて，逆バイアス電圧が加わらないようにします．

電源をOFFしたとき，C_3 に電荷が残っていると出力端子よりADJ端子の電位が高くなってICが壊れます．

このダイオードは C_3 がないときは必要ありません．入力端子と出力端子の間にもダイオードが入っていますが，負荷側のコンデンサにたまった電荷がICを破壊するのを回避するためのものです． 〈脇澤 和夫〉

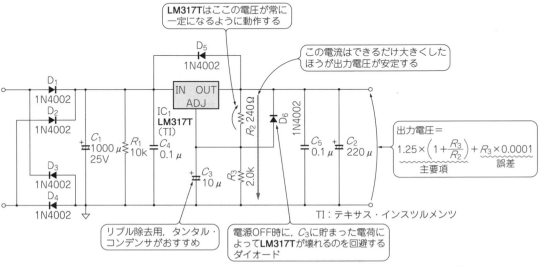

図32 出力電圧を可変できるタイプの3端子レギュレータ(フローティング・レギュレータ)を使ったリニア電源
数百Vの高電圧入力電源を作ることもできる

1-27 汎用ロジックICでチョコッと昇圧する電源回路
～5Vしかないが小電流でいいので9～12Vがほしいときに～

5V電源だけで動いている回路の中で，ちょっとだけ9Vや12Vの電源がほしいことがあります．そんなとき，手持ちに適当なモジュールや専用ICもないときに便利な回路を紹介します．

● 回路

▶あくまで実験用

図33に示します．手元にありそうなICや，基板上の余ったロジック出力を使ってちょこっとでき，実験にはおすすめです．ただし，製品や高い信頼性の必要な回路には使わないでください．かなり無理をしている回路なので簡単に壊れます．

また，段数を重ねて高い電圧にもできますが，感電や破壊には気を付けてください．電圧が高いこともあり，ショートしたりすると簡単に壊れます．また，負荷をとるとICが非常に発熱し，熱で破壊することもあります．

▶性能

図33の回路で，負荷電流を変えながら出力電圧を測定してみました．結果を表2に示します．今回は74AC14という比較的大きな負荷電流をとれるIC（最高100mA，40mAの端子もある）を選んだので，負荷を重くしても一応それなりの電圧が出力されることがわかります．

図34に負荷が一番重いとき（470Ω）のリプル電圧波形を示します．周波数が高いこともあり，約10Vの出力に対し100mVと極端に大きなリプルではありません．さらに出力電流を大きくしたいならば，余っている素子を並列にすると，さらに電流をとれます．

▶動作

動作は次のとおりです．

> Ⓑ点はデューティ比50%とします．
> (1) Ⓑ点が0Vになっているとき，C_3のコンデンサはD_1により充電され，Ⓐ点は5Vになっています．
> (2) Ⓑ点が5Vになったとき，C3には電荷がたまっているためⒶ点の電圧は（Ⓑ点の5V + C3の電圧の5V）の計10Vになります．D_1は逆バイアスされて電流が流れません．IC_{1C}は反転バッファなのでⒹ点は0Vになります．よってD_2が導通し，Ⓒ点が約10Vまで充電されます．C_4の両端には，10V加わっています．
> (3) Ⓓ点が5VになるとC4の両端には10V加わっているため，Ⓒ点は15Vになり，この電圧はD_3を通じてC_5に充電されます．

〈坂本 三直〉

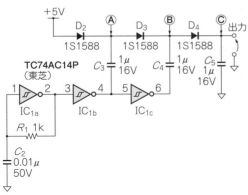

図33 汎用ロジックでチョコッと昇圧する電源回路
約12V出力．段数を重ねれば高い電圧にもできる

表2 負荷抵抗を変えたときの出力電圧の変化
電源電圧5.01V，気温31℃

負荷抵抗 [Ω]	出力電圧 [V]	半導体 温度[℃]	負荷電流 [A]
無負荷	13.98	31	0 m
15 k	12.95	32	0.86 m
10 k	12.85	34	1.26 m
4.7 k	12.57	36	2.67 m
2.2 k	12.13	39	5.50 m
1 k	11.32	41	11.3 m
470	9.92	45	21.1 m

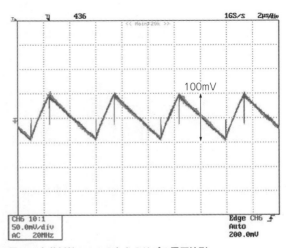

図34 負荷抵抗470Ωのときのリプル電圧波形
(50mV/div，2μs/div)

1-28 汎用ロジックICでチョコッと負電圧を作る回路
～5Vしかないが小電流でいいので−5Vがほしいときに～

図35は正電圧と同様に，負電圧もロジックICを使って生成できます．基板上で負電圧で動かしたい回路を追加して動作実験したいときに使えます．

ここでは，汎用ダイオードではなく，順方向電圧降下が小さいショットキー・バリア・ダイオードを使いました．表3に負荷抵抗をいろいろ変えて実験した結果を示します．これを見ると，負荷が5mA程度までならば，12V以上出ます．ICの温度も負荷電流5mA程度ならば上がりません．

〈坂本 三直〉

表3 負荷抵抗を変えたときの出力電圧の変化
電源電圧5.01V

負荷抵抗	正側電圧	負側電圧	半導体温度
無負荷	15.21 V	−14.99 V	29℃
2.2 kΩ	13.56 V	−13.03 V	38℃
470 Ω	10.97 V	−9.90 V	57℃

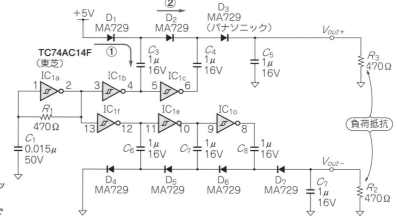

図35 汎用ロジックICでチョコッと負電圧を作る回路
出力約±15V．負荷電流は約5mAまで

1-29 高周波VCO用ロー・ノイズ電源
～電源ラインのノイズ・フィルタが不要～

通信用に使われる低電圧動作のVCOでは，低電圧動作ゆえに，電源IC自身が出すノイズがC/N特性に大きな影響を与えます．従来から，電源ラインにノイズ・フィルタを入れるのが一般的ですが，電源自身のノイズが小さければ不要です．

図36に示すのは，こんな用途でも使えるロー・ノイズ電源回路です．

出力部のデカップリング・コンデンサC_Oに，$10\,\mu F$のタンタル・コンデンサを使用したのときの雑音特性は$12\,\mu V_{RMS}$（10 Hz～80 kHzをノイズ・メータで測定）です．$1\,\mu F$のセラミックを使ったときの雑音電圧は$20\,\mu V_{RMS}$です．

〈高橋 資人／高木 円〉

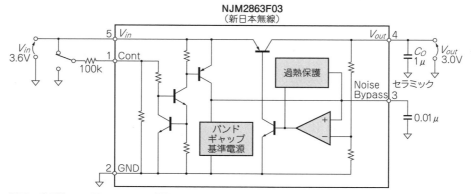

図36 高周波VCO用ロー・ノイズ電源

1-30 入力24 V ACアダプタ，±12 V/100 mA出力の低雑音電源
～しつこいスイッチング雑音を強力フィルタで抑え込む～

OPアンプを使ったアナログ信号処理回路の実験用に，雑音の小さい±12 V電源が欲しくなることがあります．低雑音を実現する方法として，商用周波数のトランスを使って整流・平滑し，3端子レギュレータで±12 Vまたは±15 Vを作ることが考えられます．しかしAC入力部分にヒューズと電源スイッチ，ノイズ・フィルタが必要になったり，トランス出力に整流・平滑回路が必要になったりすることを考えると，とてもやっかいです．

ここでは，DC24 V出力のスイッチングACアダプタが使える簡単な低雑音±12 V電源を紹介します．

● 回路構成

図37に，ノイズの多いスイッチング型のACアダプタを入力源としても低雑音な直流電圧が得られる±12 V電源回路を示します．DC24 VスイッチングACアダプタの出力に，スパイク・ノイズ除去用のコモン・モード・フィルタ，低損失リプル・フィルタとGND(0 V)電位発生用の回路(レール・スプリッタ)を入れています．信号処理用途ではそれほどの大電流は必要ないので，ここでの出力電流は最大100 mAを想定しています．

● スイッチングACアダプタが出力するノイズを除去する方法

▶スパイク・ノイズの除去

スパイク・ノイズはスイッチングACアダプタからコモン・モードで進入します．スイッチング・リプル・ノイズはノーマル・モードで進入します．高周波のスパイク・ノイズとスイッチング・リプル・ノイズを除去するには，コモン・モード・フィルタとノーマル・モード・フィルタが必要です．

コモン・モード・フィルタに，AC電源用コモン・モード・チョーク・コイルを使うと，外付けのノーマル・モード・チョーク・コイルが不要になります．

▶電源のリプル・ノイズの除去

50/60 Hz電源由来の低周波リプル・ノイズはTr_1とIC_{1a}，周辺部品で除去します．回路構成はLDO(低電圧降下)型レギュレータと同じですが，違いは基準電圧を，入力電圧を分圧しC_4で低周波リプル・ノイズを除去して得ていることです．

● 0 V電位を発生する回路レール・スプリッタ

IC_{1b}とTr_2，Tr_3，周辺部品とでGND(0 V)電位発生用のレール・スプリッタを構成しています．リプル・フィルタ出力を半分に分圧して±12 V電源の中点であるGND(0 V)電位を発生させています．負荷がバランスしていて+12 V側と-12 V側で同じであればGND電流は流れませんが，アンバランスのときのために，GND電流は±100 mA程度流せるように設計してあります．

ダイオードD_2〜D_4は電源としての保護用で，100〜200 V，1 A程度の一般整流用ならばどれでも使用可能です．コモン・モード・チョーク・コイルL_1は，10 mH，0.7 AのAC電源用でコイル-コイル間の耐電圧がAC3 kVのものです．

〈馬場 清太郎〉

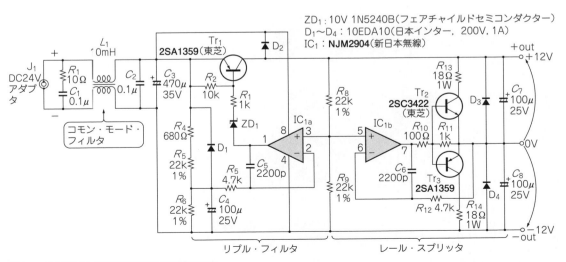

図37 ACアダプタの雑音を低減できる電源回路

1-31 正電圧出力3端子レギュレータによる±5V低雑音電源
～正電圧をOPアンプによって反転出力させる～

図38の回路は，正電圧出力の3端子レギュレータICの出力電圧を反転出力することで負電圧を得る正負電源回路です．

定番品である78シリーズや79シリーズといった3端子レギュレータの場合，一般的に78シリーズのほうが，79シリーズよりも低雑音です．したがって，低雑音な正負電源を作りたいときは，このような構成にすると負電圧側でも正電圧側並みの雑音性能が得られます．

Tr_1には，$(8V - 5V) \times 200 mA = 600 mW$程度の損失が生じますので，広いベタ・パターンを使った放熱が必要です．

IC_2のOPアンプには入出力レール・ツー・レール型を使用します．これは，$-5V$を出力するために，OPアンプの出力電圧が約$-5.6V$程度の電圧になる必要があるほか，0Vの同相入力電圧での動作が要求されるためです．

$-8V$電源で$-5.6V$電圧が出力可能な製品を使い，OPアンプの正電源端子をグラウンドではなく$+5V$から取るようにすれば，通常のOPアンプでも使用できます．

〈川田 章弘〉

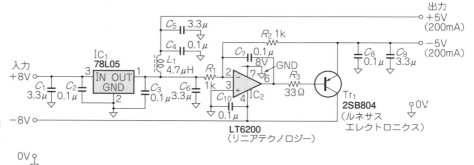

図38 正電源出力の3端子レギュレータICを使った±5Vの低雑音電源
（雑音電圧：70μV_{RMS}）

1-32 負電圧出力レギュレータによる±12V低雑音電源
～負電圧をOPアンプで反転出力する～

図39は，低雑音な負電圧出力リニア・レギュレータICを使用して正負電源を作る回路です．LT1964以外の低雑音負電圧出力のリニア・レギュレータICにはTPS7A3001（テキサス・インスツルメンツ）があります．

〈川田 章弘〉

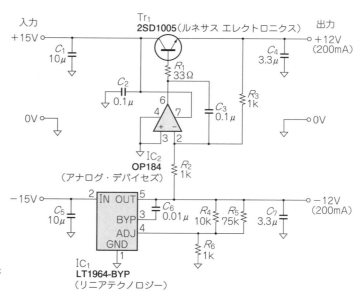

図39 負電圧出力の低雑音リニア・レギュレータICを使った±12V低雑音電源（雑音電圧：30μV_{RMS}）

1-33 トランジスタとツェナー・ダイオードを使った簡易電圧レギュレータ
～3端子レギュレータよりも安く作れる～

　図40は，汎用トランジスタとツェナー・ダイオードを利用した電圧レギュレータ回路です．出力電圧の精度が要求されない場合，3端子レギュレータICを使用するよりも，このような簡易的な電圧レギュレータ回路を使用したほうが低コストです．

　ツェナー・ダイオードから発生するノイズは，RCフィルタによって除去します．単純にツェナー・ダイオードと並列にコンデンサを挿入しても，ツェナー・ダイオードの動作抵抗が低いためにノイズは小さくなりません．したがって，雑音を小さくするためには

RCフィルタを挿入します．R_2やR_3は，トランジスタのベース電流が流れることによって電圧降下を生じますから，あまり大きくできません．

　ツェナー・ダイオードは，必要な出力電圧に対してトランジスタのV_{BE}（ベース－エミッタ間電圧≒0.6 V）だけ高いツェナー電圧の品種を選びます．ただし，R_2やR_3による電圧降下を大きめに取った場合は，その電圧降下ぶんを加算してもっとツェナー電圧の高いダイオードを選ぶようにします．

〈川田 章弘〉

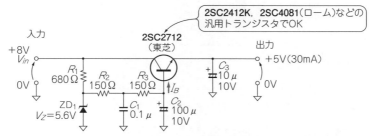

図40　トランジスタとツェナー・ダイオードを使った電圧レギュレータ

1-34 高精度な正負基準電源
～±2.5 Vの基準電圧を発生する～

　産業/計測用A-Dコンバータ回路では，その基準電圧として正負の電圧が必要になることがあります．

　図41の回路は，高精度な正電圧基準電圧ICから正負の基準電圧を発生させる回路です．IC_2には高精度OPアンプを使用し，OPアンプによる温度ドリフトが

基準電圧のゼロ電圧に与える影響を最小限にします．

　またR_1には，温度トラッキング性能の良い組み抵抗を使うことで，この抵抗の温度係数による+2.5 Vと-2.5 V間の電圧精度（フルスケール誤差）の悪化を防止します．

〈川田 章弘〉

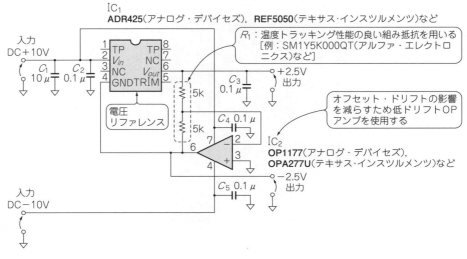

図41　高精度な正負基準電源（電圧初期精度：±0.12％以下）

リチウム／鉛電池／ニッケル水素電池に使える

第2章 充電回路

2-1 1直リチウム・イオン2次電池の充電回路
～USBインターフェースを電源とする～

図1に示すのは，1直のリチウム・イオン電池充電回路です．USBインターフェースを電源として動作します．電池電圧が+4.0V以下に低下すると，自動的に充電を開始します．

最大充電電流I_{chgmax}は，R_{SET}で設定できます．

R_{T1}とR_{T2}は充電を停止させる電池の温度を設定する抵抗です．充電時間は，IC内部で5時間45分に固定されています．

〈星 聡〉

$$I_{chgmax} = \frac{0.335 \times 2.5}{R_{SET}} = \frac{0.8375}{1.68 \times 10^3} \fallingdotseq 0.498A$$

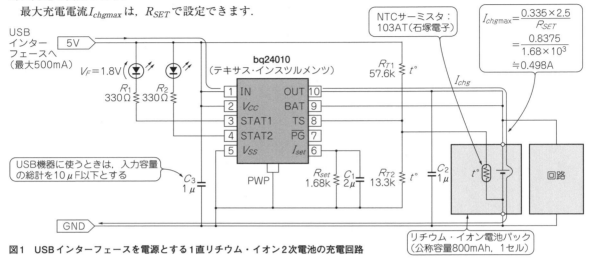

図1 USBインターフェースを電源とする1直リチウム・イオン2次電池の充電回路

2-2 リチウム・イオン蓄電池モジュールの充電回路
～専用ICで多機能制御～

1本用のリチウム・イオン蓄電池を充電するために設計した回路を図2に示します．

シンプルで多機能なICが全ての検出，制御を行います．充電電圧の設定はIC_1の内部で行っています．

ここでは4.1VのICを選択しましたが，ギリギリまでたくさん電池のエネルギを取り出せるように4.2V用もあります．

2直列用(8.2V/8.4V)も用意されているので，同様の回路構成で使えます．

最大充電電流は2Aで，充電電流は抵抗R_7で設定しています．設定したい充電電流から抵抗値を計算で求めます．

$R_7 = 0.1 \text{ V}/I_{max}$
I_{max}：設定したい充電電流 [A]

〈佐藤 裕二〉

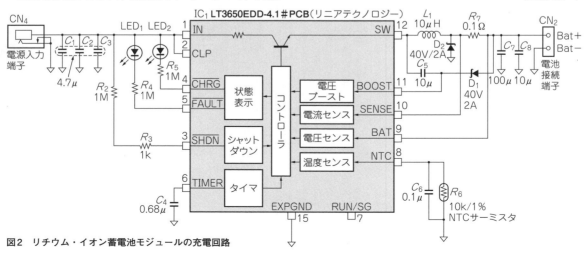

図2 リチウム・イオン蓄電池モジュールの充電回路

2-3 7個の部品で作れるリチウム・ポリマ蓄電池用充電器
~USB端子5Vから500~2000 mAhを充電できる~

● 専用ICを使わず少ない部品数で作る

最近は5Vの電源として，ACアダプタ，コンピュータのUSB端子，携帯電話充電器などがあって，どこへ行っても買えます．また，リチウム・ポリマ電池もあちこちで使われています．

しかし，その間に入る充電器がないために充電できない，ポピュラなアルカリ・マンガン乾電池のように買ってきても対応できない，という弱点がありました．

「充電電流は本当に一定電流でなければならないのか」という疑問から資料や文献を探したのですが，最大電流や標準電流の規定はあっても，より少ない電流についての規定は見当たりません．実験で電流を変化させてみても，充電時間が長くなるという以外の問題は出てきませんでした．

それなら，手に入れやすい部品で，即席の充電器が製作できます．専用ICを使わず，できるだけ少ない部品数で充電ができることが目標です．

● 回路

回路図を**図3**に示します．入力はUSBを想定します．簡易な5V，0.5 Aの電源として利用できます．また，5VのACアダプタなども電源として使えます．

充電対象は「あまり小さくないリチウム・ポリマ蓄電池×1セル」です．おおざっぱですが，500 mAhから2000 mAh程度の容量を想定します．放電時の公称電圧は3.6V，充電終了電圧は4.2Vです．

充電時間は電池次第，多少時間がかかっても，そこそこ(80%以上)充電できればよしとします．

▶ トランジスタと抵抗の選び方がポイント

電流ブースト付きの電源回路に見えますが，電流制限がかかるようになっています．

電池に流れる充電電流はトランジスタの直流電流増幅率h_{FE}倍に制限されます．この回路は充電電流の制限をトランジスタの電流飽和によって行っているのです．つまり，トランジスタと抵抗の選び方がこの回路のポイントです．

トランジスタはコレクタ電流が変化してもh_{FE}変化の少ないものが必要です．スイッチング用ではなくリニア増幅用の品種が適します．リニア用でも高周波用トランジスタや古い製造工程のもの，ダーリントン・トランジスタなどは，h_{FE}がコレクタ電流またはエミッタ電流で大きく変化するため，使えません．h_{FE}の変化が少なく，ランクが規定されていて，各定格が条件を満足していれば，問題なく使えます．これも手持ちの関係で東芝の2SC3072を使用しています．

充電終了電圧の制御を行っているのがTL431です．このICはリファレンス電圧が2.5 Vを越えるとアノード電流が流れるという，増幅素子のような動作をします．そのため，リチウム・ポリマ蓄電池の電圧を分圧してリファレンス端子に与え，アノード-カソード間で電流制御用トランジスタのベース電流を引き抜けばよいことになります．TL431のリファレンス端子の分圧抵抗の計算は，配線を簡単にするため，固定抵抗で出力が4.2 Vになるような抵抗比(15 kΩ : 22 kΩ)としています．

● 充電インジケータを追加

このままでも充電はできるのですが，やはり充電が終わったことを確認できたほうが便利です．リチウム・ポリマ蓄電池の電圧が，4.2 Vに達したあと，さらに電流が十分に減ったところで充電終了とします．IC_1のアノード電流をLED_1に流すことで充電終了電圧に達した表示をします．

充電中はIC_1に漏れ電流が流れます．LED_1を消灯しておくため，R_4で電流をバイパスします．

〈脇澤 和夫〉

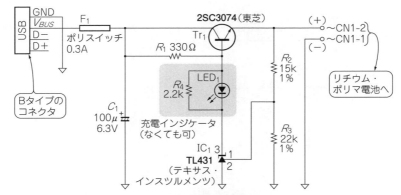

図3 7個の部品で作れるリチウム・ポリマ蓄電池用充電器

2-4 鉛蓄電池へのストレスが小さい充電回路
～電気二重層キャパシタで発電電力の変動を抑え込む～

風力発電などの自然エネルギから得られる電力は変動が激しく，そのままでは使い勝手が悪いため，蓄電池と併用するのが一般的です．しかし充電電力が急激に変動すると，蓄電池が早く劣化します．

蓄電池へのストレスは，急速な充放電が得意な電気二重層キャパシタ(EDLC：Electric Double-Layer Capacitor)を間に挿入して電力を平準化すれば軽減できます．

● キー・パーツとその動作

図4に示すのは，電二重層キャパシタから鉛蓄電池を充電する回路です．制御ICにはTL594を用い，EDLCの平準化効果を高めるためにEDLC電圧が低いときには軽負荷で，EDLC電圧が高くなるとより大きな負荷で動作するように，EDLCの電圧に応じて充電回路の入力特性を変化させる機能をもっています．

図4の回路はEDLCに蓄えられた電力を鉛蓄電池に充電するので，50～70 Aの出力電流が流れます．従ってスイッチ素子には大電流パワーMOSFET 2SK2173を使い，2チャネルとしました．

TL594からのスイッチング信号は，トランジスタTr_3, Tr_4のドライブ回路を介して高周波トランスTによってパワーMOSFET 2SK2173を駆動しています．

● 入力電圧-電流特性を2点折線制御にする

図5に入力電圧-電流特性を示します．EDLCの動作電圧が最大で25 Vですから，EDLCの電圧(V_{ED})が13～14 Vになると鉛蓄電池への充電を開始し，25 VになるとEDLCからの流出電流が約40～45 A流れるようにしました．従って，DC-DCコンバータは入力が13 Vまでは電流が流れず，13 V以上になると電流が流れ始めます．入力特性は，2点折線制御とし，16.5 V，19.5 Vで電流傾斜を変え，低風速時についても平準化しやすい特性としました．

〈久保 大次郎〉

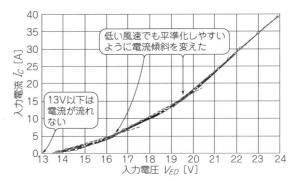

図5 電気二重層キャパシタの電力を鉛蓄電池に充電する降圧型DC-DC部の入力特性の実測値

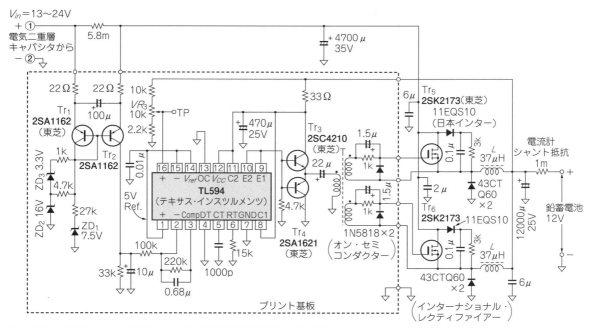

図4 電気二重層キャパシタに蓄えられた電力を鉛蓄電池に充電する降圧型DC-DCコンバータ

2-5 バイクの発電機と組み合わせる鉛蓄電池充電回路
〜回転数が上がったときの高電圧を抑え込むレギュレータ付き〜

図6に示すのは，マグネット式で定格電力390Wの発電機をもつ12V系のバイクのレギュレータです．

B-E間の電圧が高くなるとサイリスタで発電機の出力を短絡する位相を制御します．レギュレータなしで，発電機の出力をそのまま負荷に供給すると，いろいろな電装品にストレスが加わったり，鉛蓄電池が過充電されたりして信頼性が損なわれます．

図6に示す回路は，約30Wの損失を生じますから，放熱対策が必要でしょう．また，バイクの電源ラインには数十Vのサージ電圧が乗ることがあるので，耐電圧が50V程度以上の部品を使ったほうがよいでしょう．この回路は，ゼロ電流スイッチングなのでスナバは不要です．

鉛蓄電池の充電電圧の温度係数(負の係数)に合わせるには，ZD_1を13V品1個ではなく，5V以下のツェナ・ダイオードをシリーズにするのがよいでしょう．ただし，そのぶん，ツェナ・ダイオードの動作抵抗が大きくなるので，R_7を調整するか，Tr_4をダーリントン接続にしてゲインを稼ぎます．

〈西形 利一〉

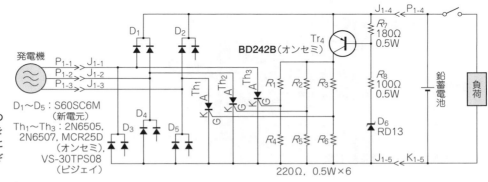

図6 390W発電機の不安定な出力電圧を安定化し鉛蓄電池に12Vを供給するレギュレータ

2-6 発電機と組み合わせる鉛蓄電池充電回路
〜専用ICできめ細かく制御〜

図7に示すのは，鉛蓄電池専用の制御IC UC3906を使った充電回路です．電池保護と充電電流を常時監視しながら，電池の短絡保護などの，きめ細かな充電管理を実現しています．電池電圧が14Vまでは定電流充電(バルク充電)，14Vを超え14.7Vまでは充電を継続し(オーバーチャージ)，電池電圧が14.7Vに達して徐々に充電電流が減少し，充電電流が10%まで低下すると13.9Vの定電圧充電(フロート充電)に移行します．三つのLEDでそれぞれの動作モードが表示されるようになっています．

〈漆谷 正義〉

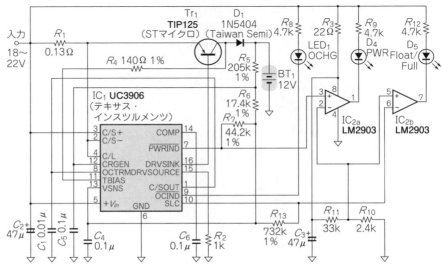

図7 発電機と組み合わせる12V鉛蓄電池の充電回路
定電圧制御，定電流制御，フロート充電回路などからなる

2-7 定番の3端子レギュレータで作れる鉛蓄電池充電回路
～トランジスタ2石でレギュレータを1A一定に制御～

図8に示すのは，鉛蓄電池の充電回路です．電圧可変型3端子レギュレータLM317を定電流動作させています．出力電圧は，鉛蓄電池の充電終止電圧に合わせます．出力電圧は分圧抵抗R_1とR_2で設定します．

R_6は出力電流を検出し，トランジスタTr_1とTr_2でIC_1の出力電圧を鉛蓄電池の端子電圧に見合った値に自動調節し，約1Aの定電流を出力します．

R_6は0.68 W（= 1A×1A×0.68Ω）の電力を消費するので，2W程度の許容消費電力が必要です．電流を検出するTr_2のV_{BE}の温度特性の影響で，検出電流値，正の温度係数をもちます．

〈吉岡 均〉

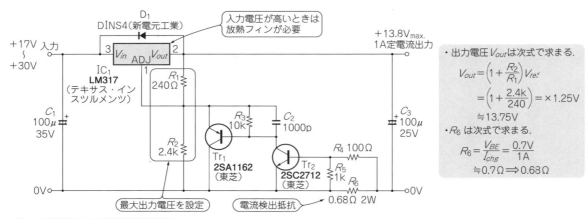

図8 出力電流1Aの鉛蓄電池充電回路

2-8 3A出力の高効率鉛蓄電池充電回路
～パワー素子内蔵のワンチップDC-DCコンバータで作る～

図9に示すのは，汎用の電圧可変型ステップ・ダウン・コンバータ制御ICを使った鉛蓄電池の充電回路です．

SI-8050Sはスイッチング・トランジスタと制御回路を内蔵しています．分圧抵抗R_1とR_2で設定する出力電圧が，鉛蓄電池の充電終止電圧になるようにします．本回路の場合は13.72 Vです．抵抗R_5で出力電流を検出し，トランジスタTr_1とTr_2でIC_1の出力電圧を鉛蓄電池の端子電圧に見合った値に自動調節し，約3Aの定電流動作をします．電流を検出するTr_2のV_{BE}の温度特性の影響で，検出電流特性は正の温度係数をもちます．R_5は1.98 W（3 A×3 A×0.22 Ω）の電力を消費するので，5 W程度の許容消費電力が必要です．

〈吉岡 均〉

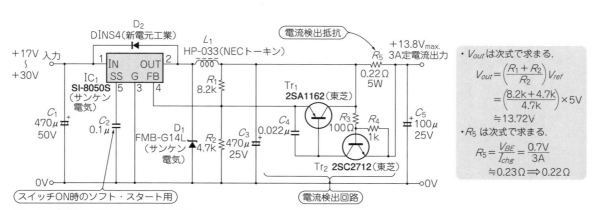

図9 鉛蓄電池用の3A出力高効率充電回路

2-9 超定番ICで作る太陽電池入力対応の鉛蓄電池充電回路
～100 Wの中型パネルもOK！～

図10に示すのは，スイッチング電源制御ICの定番中の定番TL494を使った太陽電池から鉛蓄電池を充電する回路です．

TL494はエラー・アンプを2系統内蔵しています．一つは定電圧制御用に，もう一つは太陽電池の出力電圧が最大電力点付近にする制御に利用します．

太陽電池の発生電力を最大限活用するには，MPPT（Maximum Power Point Tracker）と呼ばれる制御方式が一般的ですが，マイコンを必要とするなど回路や制御が複雑になります．しかし太陽電池の特性をよく見ると，最大電力点での出力電圧はほぼ一定なので，太陽電池の出力電圧が開放電圧の約80％程度になるように充電器の動作を制御すれば，太陽電池の能力を十分に生かした充電ができます．

VR_1で，充電電流が最大となるように動作点を調整し，この簡易MPPTを実現しています．充電電圧の調整はVR_2で行い，13.5～14 Vになるよう設定します．

〈久保 大次郎〉

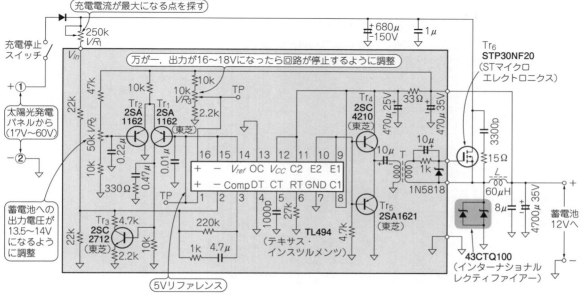

図10 数W～100 Wの太陽電池を入力とする鉛蓄電池充電回路

2-10 PWMを使ったNi-MH電池充電回路
～マイコンを使って手軽に充電管理～

開発装置自体には必ずといってよいほどマイコンも搭載されるので，ここではマイコンを使ってNi-MH電池の充電管理ができないかと考えました．充電回路を図11に示します．

マイコンからは，PWMによりV_bの電圧を調整し，I_Cを常に一定に制御する定電流型充電回路です．

充電を停止したい場合は，PWM出力を0 Vとします．急速充電の場合は，V_{bat}の電圧値が変化しなくなったか，若干低下した場合に充電を停止します．

ここでは，電源電圧が5 Vで，Ni-MH電池が2本直列だったので，電力制御用トランジスタにNPN型を使いました．

〈渡辺 明禎〉

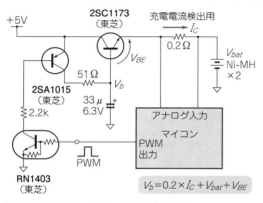

図11 PWMを使ったNi-MH電池充電回路

2-11 2直ニッケル水素電池の充電回路
～USBインターフェースを電源とする～

図12に示すのは，USBを電源とする2直のニッケル水素2次電池の充電回路です．充電中に電池電圧が $-2.5\,\mathrm{mV}$/セル低下したとき満充電を検出して充電を停止します．最大充電時間160分で，タイマが動作します．電池温度が60℃に達すると充電を停止します．急速充電が完了した後，$C/32$で160分間補充電を行い，その後$C/64$でパルス・トリクル充電を無期限に継続します．

充電器が$-\Delta V$や$\Delta T/\Delta t$による満充電を検出すると1セルあたりの充電電圧は約1.6Vになります．主電源は5Vですから，本回路で3直(4.8V)を充電するのはぎりぎりでしょう．図13に示すのは本回路の充電特性です．充電電圧が2直で最大3Vまで上昇しています．1直あたり1.5Vですから，3直ならば4.5Vまで充電電圧が上昇します．なんとか3直まで充電できそうです．システムにこの回路を組み込む場合，システム駆動電流と配線抵抗によって発生するノイズを満充電信号と誤検出することがあります．これを回避するには，パワー・グラウンドとシグナル・グラウンドを分離して配線します．　　　〈星 聡〉

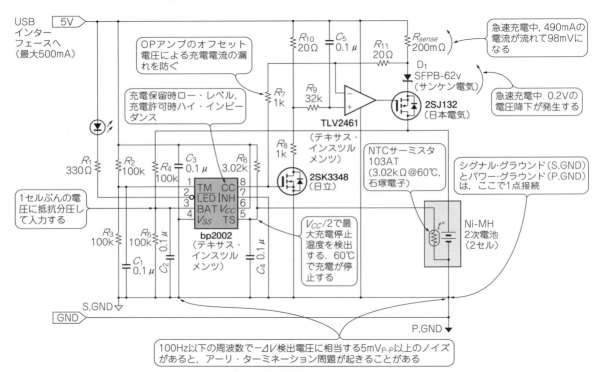

図12　USBインターフェースを電源とする2直ニッケル水素2次電池の充電回路

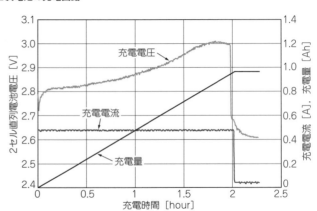

図13　図12の回路のニッケル水素2次電池の充電特性

2-12 電気二重層キャパシタ充電電源
～太陽電池の発電効率を最大限にキープする～

● 効率よく充電するしかけ

太陽電池から得られる最大電力は，最適動作電圧（V_{pm}）と最適動作電流（I_{pm}）で決まります．

ここで使用する太陽電池の最適動作電圧（V_{pm}）は，5～6Vの間になります．充電回路は太陽電池の出力電圧がこの範囲になるように負荷電流を調整すれば効率よく電力を取り出せます．

太陽電池の出力電圧が5V程度になるように，放電回路（DC-DCコンバータ）に流れる電流と電気二重層キャパシタの充電電流を合計した電流を調整します．DC-DCコンバータに流れる電流は一定なので，余った電流を電気二重層キャパシタの充電に回します．太陽電池の出力電圧が低くなったら，電気二重層キャパシタの充電を止めて，電気二重層キャパシタから電流を供給します．

晴れた日の昼間の照度は十万lxを超えることがあります．このとき，使用する太陽電池の発電能力は，最大6V，13.5mWです．この条件で電気二重層キャパシタを充電すると定格電圧を超えてしまうので，過電圧を防止する回路も必要です．

● 実際の回路とふるまい

これらの機能を満足する回路（図14）を考えてみました．1個のPNPトランジスタと基準電源IC，3個のダイオードで構成しています．

▶動作モード①太陽電池の出力電圧が高いとき

太陽電池の出力は逆電流防止ダイオードD_1を通じてDC-DCコンバータの入力部に接続されています．この回路からTr_1を通じて電気二重層キャパシタC_1を充電します．Tr_1のベースは基準電圧IC NJM2825（新日本無線）で4.73Vの定電圧となるように制御されます．Tr_1のエミッタ電圧が4.73V＋V_{BE}（0.5V）＝5.23Vより高くなると，Tr_1のベースに電流が流れてTr_1が導通し，電気二重層キャパシタC_1に充電電流I_2を供給し始めます．

充電電流I_2が流れて，太陽電池の出力電流I_1が増えると太陽電池の内部抵抗が高いためにTr_1のエミッタ電圧が下がります．

充電回路の出力電流は，電気二重層キャパシタC_1への充電電流I_2とDC-DCコンバータへの出力電流I_3の合計（$I_2+I_3=I_1$）です．このとき，太陽電池の出力電圧が5.23Vでバランスするように，電気二重層キャパシタC_1への充電電流を制御します．太陽電池の出力電流をDC-DCコンバータが消費した残りが電気二重層キャパシタC_1の充電電流になります．したがって，DC-DCコンバータが太陽電池の出力電流をすべて消費すると充電されません．

▶動作モード②電気二重層キャパシタが満充電になると過充電防止回路がはたらく

電気二重層キャパシタC_1の電圧がどんどん高くなっていき，合計5.33V（Tr_1のベース電圧（4.73V）＋過充電防止ダイオードD_2の順方向電圧（0.6V））を超えると，過充電防止ダイオードD_2が導通します．電気二重層キャパシタC_1の電圧をクランプして，これ以上充電しないようにします．クランプ電流はIC_1のカソードからアノードを通してグラウンドに放電されます．

▶動作モード③太陽電池の出力電圧が低下したとき

太陽電池の出力電圧が4.93V（電気二重層キャパシタC_1の電圧5.23V－放電バイパス・ダイオードD_3の順方向電圧0.3V）より低くなると放電バイパス・ダイオードD_3が導通して電気二重層キャパシタC_1の電圧が負荷に供給されバックアップを開始します．

〈並木 精司〉

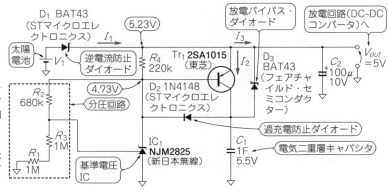

図14 太陽電池の発電効率を最高状態にキープする簡易MPPT機能と過充電を防止する機能をもつ電気二重層キャパシタの充電回路を製作（消費電力は18.6μW）
太陽電池の出力電圧が約5.23Vより高くなると電気二重層キャパシタに充電電流が流れ始め，太陽電池の出力電圧を一定に保つ．約5.23V以下の電圧では充電をしない

第3章　フィルタ回路
LPF/HPF/BPF/BEFの出力がほしいときに

3-1　直流ドリフトの小さい3次バターワースLPF
～OPアンプの直流ドリフトの問題を解決した～

図1に示すのは，検波回路の後段にある平滑回路などに使用できるLPFです．カットオフ特性は5Hzで-3dB，50Hzで-60dB，100Hzで-78dBです．

IC_{1a}とIC_{1b}の出力は，R_1やR_3の信号の直流成分が流れるラインに直流結合せず，C_1で直流成分をしゃ断しています．その結果，OPアンプから出力される直流ドリフトがそのまま出力されることがありません．

周波数特性は，R_1，R_2，R_3，C_1，C_2，C_3の6個で決まります．R_4とR_5はカットオフ周波数にかかわらず固定値です．

カットオフ周波数を1kHzに変更したい場合は次の順序で計算します．
① 23.5nFをE6系列から22nFに変更
② R_2とR_3に(23.5/22)を乗じて，9.646kΩ，3.621kΩを算出する
③ E24系列1%誤差の抵抗を組み合わせて定数を決定する

R_1などの抵抗値は，E24系列の1%誤差程度の抵抗を2本組み合わせて実現します．R_1の場合は10kと160Ωを直列接続します．コンデンサはすべて同容量の5%誤差程度のフィルム・コンデンサを使います．

OPアンプ出力には入力交流信号振幅の2倍程度の交流電圧が生じます．したがって，交流信号の最大入力電圧はOPアンプICの最大出力電圧の1/2です．OPアンプはFET入力タイプで，利得1でも安定に増幅できるものを選びます．

信号源インピーダンスはR_1に比べ十分低く，また負荷はR_1+R_3の値にくらべ十分高い必要があります．

〈遠坂 俊昭〉

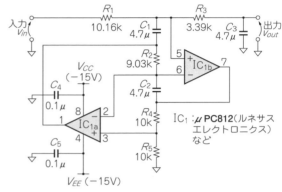

図1　直流ドリフトの小さい3次バターワースLPF

3-2　直流ドリフトの小さい5次バターワースLPF
～急峻な減衰特性がほしいときに便利～

図2に示すのは，図1と同じくOPアンプICの直流ドリフトが出力されないLPFです．

5次なので，5Hzで-3dB，50Hzで-100dB，100Hzで-130dBととても急峻な特性が得られます．

平たん性が重要な場合は，コンデンサの容量誤差を1%程度に押さえる必要があります．

ただし，すべて同じ容量なので5個のコンデンサのばらつきが抑えられればよく，5%誤差のコンデンサの中から同じ容量のものを5個選べば，平たん性が確保されます．

〈遠坂 俊昭〉

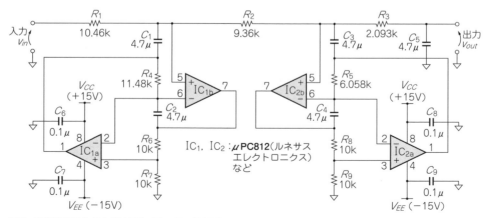

図2　直流ドリフトの小さい5次バターワースLPF

3-3 ひずみが少ない多重帰還型LPF
～オーディオ用途に適したフィルタ～

図3の回路は，C_2による局部帰還とR_3による帰還がかかるので多重帰還型LPFと呼ばれます．OPアンプの反転入力端子が仮想接地なので，OPアンプの入力容量の電圧依存性に起因する非直線ひずみがなく，負帰還理論どおり帰還量に比例してひずみが減少します．したがって，利得帯域幅積の大きなOPアンプを使うと，ひずみがとても小さくなります．

3個の抵抗の値を$R_1 = R_2 = R_3 = R$とすると，フィルタの伝達関数$G(s)$は次式で表されます．

$$G(s) = \frac{V_{out}}{v_{in}} = -\left(\frac{\omega_0^2}{S^2 + \frac{\omega_0}{Q}S + \omega_0^2}\right)$$

ただし，$\omega_0 = \dfrac{1}{R\sqrt{C_1 C_2}}$　$Q = \dfrac{1}{3}\sqrt{\dfrac{C_1}{C_2}}$

これは2次遅れフィルタで，カットオフ周波数f_Cは，

$$f_C = \frac{\omega_0}{2\pi} = \frac{1}{2\pi R\sqrt{C_1 C_2}}$$

となります．

図3は$f_C = 30$ kHzの2次バターワース特性LPFです．つまり$f_C = 30$ kHz，$Q = 0.7071$の2次遅れフィルタです．定数の計算法を次に示します．

① まず，Rの値を与えます．$R = 3.3$ kΩとします．
② 補助変数$C = \sqrt{C_1 C_2}$ を導入します．すると，$f_C = 1/(2\pi RC)$が成り立つので，Cを逆算します．

$$C = \frac{1}{2\pi f_C R} = \frac{1}{6.2832 \times 3 \times 10^4 \times 3300} = 1607.6 \text{ pF}$$

③ 次式でC_1とC_2を計算します．

$$C_1 = 3Q \times C = 3 \times 0.7071 \times 1607.6 \text{ p} = 3410.2 \text{ pF}$$
$$C_2 = \frac{C}{3Q} = \frac{1607.6 \text{ p}}{3 \times 0.7071} = 757.8 \text{ pF}$$

④ 素子値を丸めます．$C_1 = 3300$ pF，$C_2 = 750$ pF

〈黒田 徹〉

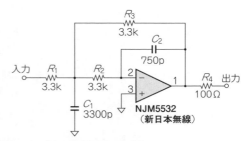

図3　ひずみが少ない多重帰還型LPF

3-4 $f_C = 60$ kHzの3次ベッセルLPF
～Geffe型回路を使って最少部品で構成する～

図4はサレン・キー型LPFの前にRとCの1段LPFを置いた3次フィルタで，Geffe型回路と呼ばれます．Geffe型回路は，サレン・キー型回路よりコンデンサの容量比が大きいのでQの高いフィルタには不向きです．主に，ベッセル特性やバターワース特性フィルタに向いています．

図4(a)は，3 dBカットオフ角周波数=1 rad/sの正規化LPFです．

実際のCの値は以下の計算で算出します．ここでは，$f_C = 60$ kHzの3次ベッセルLPFの設計例を示しました．実用値は，図4(b)のように丸めます．

$$C_1 = \frac{0.99139}{2\pi f_C R} = \frac{0.99139}{2\pi \times 6 \times 10^4 \times 1500} \fallingdotseq 1753.2 \text{ pF}$$

$$C_2 = \frac{1.42844}{2\pi f_C R} = \frac{1.42844}{2\pi \times 6 \times 10^4 \times 1500} \fallingdotseq 2526.0 \text{ pF}$$

$$C_3 = \frac{0.25476}{2\pi f_C R} = \frac{0.25476}{2\pi \times 6 \times 10^4 \times 1500} \fallingdotseq 450.5 \text{ pF}$$

〈黒田 徹〉

	ベッセル特性	バターワース特性
C_1	0.99139F	1.392647F
C_2	1.42844F	3.546818F
C_3	0.25476F	0.202451F

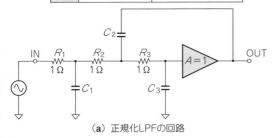

(a) 正規化LPFの回路

(b) 実用回路（$f_C=60$kHz，ベッセル特性）

図4　Geffe型3次LPFの回路

3-5 バイクワッド型2次LPF
～差動入出力のアクティブ・フィルタ～

図5に示すのは，差動入出力のバイクワッド型2次LPFです．

$R_6 = R_7$とすることで，v_{out3}と$-v_{out2}$から差動出力を取り出すことができます．

$R_1 = R_3 = R_5 = R_8 = R$，$C_1 = C_2 = C_3 = C$，$1/R_2 + 1/R_8 = 1/R_4$とすると，

$$\frac{v_{out2}}{v_{in1} - v_{in2}} = \frac{\left(\frac{1}{CR}\right)^2}{s^2 + s\frac{1}{CR_2} + \left(\frac{1}{CR}\right)^2}$$

ただし，$s = j\omega$

が成り立ち，

$$\omega_0 = \frac{1}{CR}, \quad Q = R_2/R, \quad G = 1$$

となります．ω_0はカット・オフ周波数[rad/s]，Qはクオリティ・ファクタ，Gはゲイン[倍]です．

C_2とR_7を入れ換えると，v_{out1}とv_{out2}が差動のバンド・パス出力になります．v_{in1}とv_{in2}の入力インピーダンスは高くないので，場合によっては，初段をインスツルメンテーション・アンプのような構成にする必要があります．
〈細田 隆之〉

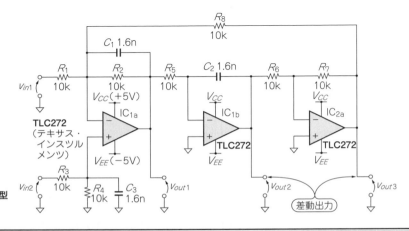

図5　差動入出力のバイクワッド型2次LPF

3-6 トランジスタ1石の3次LPF
～コスト要求が厳しいときや実装スペースが少ないときに～

コスト要求が厳しいときや実装スペースが少ないときなど，困ったときのためにトランジスタ1石でできる3次LPFを紹介します．

図6に示すのは，3次のチェビシェフLPF(リプル0.25 dB)を元にSPICEを使って，パラメータ・フィッティングを行ったものです．周波数特性のシミュレーション結果を図7に示します．
〈細田 隆之〉

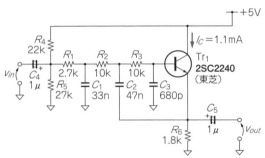

図6　トランジスタ1石で作る3次のチェビシェフLPF（リプル0.25 dB）

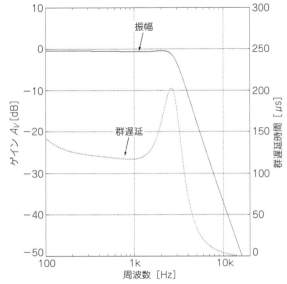

図7　図6の周波数特性をSPICEでシミュレーションした結果

3-7 高Qを安定に実現できるフリーゲ(Fliege)型アクティブBPF
～中心周波数を決定するCとRに同じ値のものが使える～

図8のフリーゲ型BPFの特徴は，多重帰還型では困難な数十程度までのQを安定に実現できることと，Qを一つの抵抗で決められ，中心周波数を決定するコンデンサと抵抗にすべて同じ値のものが使えることです．また，出力がアンプ出力であるため低インピーダンスなのも利点の一つですが，直流結合しているためオフセット電圧に気を付けます．

$R_2 = R_3 = R_4 = R_5 = R$, $C_1 = C_2 = C$とすると，中心周波数$f_C = 1/(2\pi RC)$, $Q = R_q/R$, 電圧増幅度$A_v = 2$になります． 〈細田 隆之〉

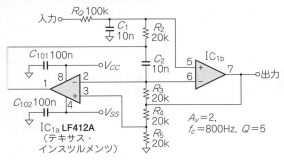

図8 フリーゲ型アクティブBPF

3-8 ホワイト・ノイズをピンク・ノイズに変換するフィルタ
～オーディオ機器などの特性測定にも使える～

あらゆる周波数成分を均等に含む雑音をホワイト・ノイズと呼びます．ホワイト・ノイズは，スピーカなどの周波数特性を測定するときに信号源として使うことができます．

ホワイト・ノイズをバンド・パス・フィルタに入力すると，フィルタの出力雑音電圧はフィルタの帯域幅の平方根に比例します．

したがって，ホワイト・ノイズを図9のようなオクターブBPFや1/3オクターブ・フィルタに入力すると，各BPFの出力雑音電圧は，各BPFの中心周波数の平方根に比例します．すなわち，出力雑音電圧は3 dB/octで増加します．

そこで，あらかじめホワイト・ノイズを－3 dB/oct.の周波数特性のフィルタを通しておいて，これを信号源とすると，オクターブBPFの出力雑音電圧対周波数特性が平たんになり，測定値を容易に評価できます．

ホワイト・ノイズに－3 dB/oct.のウェイティングを施した雑音は低域成分が多くなり，光のスペクトルにたとえると赤味が増すので，これをピンク・ノイズと呼んでいます．図10は，ホワイト・ノイズをピンク・ノイズに変換するフィルタです． 〈黒田 徹〉

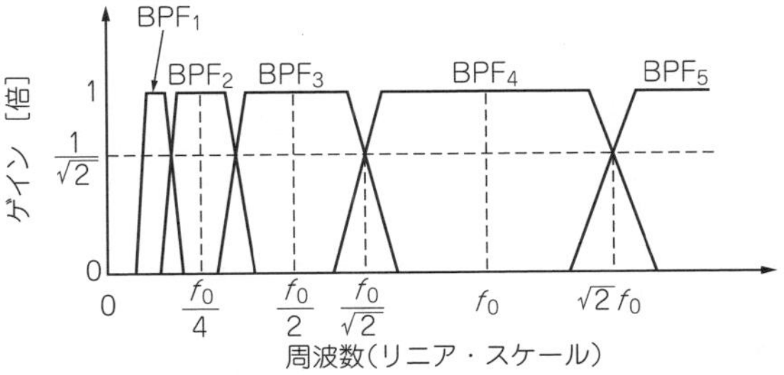

図9 オクターブBPFの特性

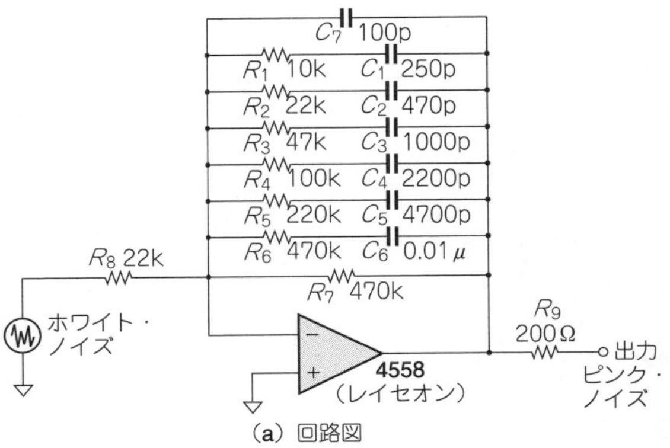

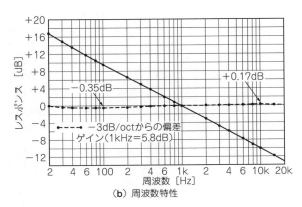

図10 ホワイト・ノイズをピンク・ノイズに変換する－3 dB/oct.フィルタ

3-9 四つの周波数特性が同時に得られるフィルタ回路
〜LPF/HPF/BEF/BPFの出力フィルタ〜

● 回路の概要

OPアンプを使用したフィルタには2組の積分回路を応用したものがあり，バイクワッド型フィルタと呼ばれています．

図11は，そのなかでも特徴のあるフィルタの一つで，一度に四つの出力を得ることができます．

図12に$Q=0.7$の特性を示します．ω_0を決定する部分とQを決定する部分が独立しているため，計算がしやすくなっています．

一つの回路で同時に四つの出力が得られるといっても，バンド・パス・フィルタはQによって利得が変わるため，ハイ・パス・フィルタ，ロー・パス・フィルタを同時に使用することはできません．あくまでも同じ回路が使えるということであって，同時に使えるという意味ではありません．

この回路の場合，図11のVR_3の値を変えることにより，ほかのパラメータ（Qおよび利得）をあまり変化させずにf_0の微調整ができます． 〈飯田 文夫〉

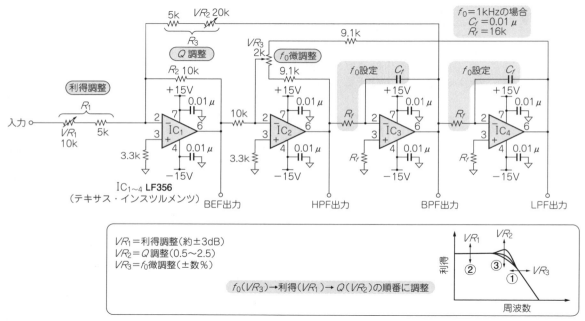

図11 同時に四つの特性の得られるフィルタ回路

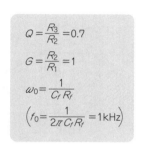

図12 $Q=0.7$のときの特性

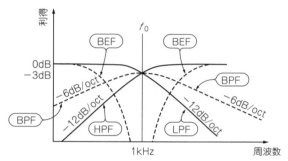

3-10 周波数がプログラマブルなアナログ・フィルタ
~ディジタル値で周波数を可変できる~

● 回路の特徴と仕様

図13に示すのは, ディジタル値の設定で周波数を可変できる2次の状態変数型アクティブ・フィルタです. A-Dコンバータを使用したデータ収集システムで, フィルタの特性周波数(f_0)を変えたいときに便利です.

IC_2 の2チャネル12ビット・マルチプライングD-Aコンバータおよび OP アンプ IC_3 と IC_4 を使って, IC_1 の周波数設定抵抗を実現しています.

周波数可変範囲は 0 Hz ~ 12.24 kHz, 分解能は 2.99 Hz/1 LSB です. 図13 中の式(1)を参照してください.

最大周波数は 10 kHz, Q は 0.707 です. このとき R_F = 15.912 kΩ です. 式(2)を参照してください. 周波数設定分解能は 10 kHz ÷ 4095 となります.

R_2 の値は, 2次のフィルタでバターワース応答を示すように設定しています. DAC7800 によって設定される f_0 は, Q には影響しません. バターワースにおける f_0 は -3 dB 点になります.

ロー・パス, ハイ・パスおよびノッチの通過帯域ゲインは1ですが, バンド・パスは -3 dB です. Q を変えたい場合は式(3)を使用してください.

対象信号が低周波の場合は, ロー・パスのカットオフ周波数を下げて S/N を向上させることができます. また, 周波数軸に分布するナロー・バンドの複数の信号に対して, バンド・パスの f_0 を掃引することで高い S/N が得られます.

● UAF42の特徴

ディスクリートで組んだ状態変数型のフィルタは回路が複雑で嫌われがちですが, 各アンプの出力ノードから図のように4種類のフィルタ・タイプが得られることと, CR定数の誤差に対する f_0 のずれが小さい(素子感度が低い)などのメリットがあります.

周波数を決める内部コンデンサの容量誤差が 0.5 % と小さく, 設定誤差は DAC7800 の分解能のほうが支配的です. 〈中村 黄三〉

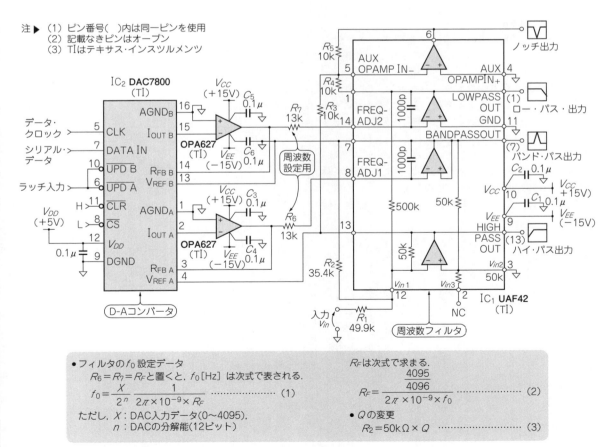

図13 ディジタル値で周波数調整が可能なアナログ・フィルタ

3-11 オープン・ループ極方式によるアクティブ・フィルタ
～高域でも減衰率が良好で高周波用フィルタに使える～

図14に示すのは，通過帯域のリプルが0.2dB，5次のチェビシェフ・ローパス・フィルタです．しゃ断周波数は，図15に示すように10MHzです．

このフィルタの特徴は，信号の伝達経路に配置された抵抗とコンデンサで形成されるフィルタの極が帰還ループに入っていない点です．

信号は，IC_1内部にある双方向性トランジスタのベースからコレクタ，そして2次の極を通過した後，IC_2のベースからコレクタへと一方通行で伝達されます．この構成は，しゃ断領域での減衰率をクローズド・ループ設計より高く維持できるため，高周波用フィルタで威力を発揮します．

また，高次のチェビシェフは切れが良いので，A-Dコンバータのアンチ・エイリアシング・フィルタに適しており，ホワイト・ノイズなどを効率良く除去できます．ただし，信号がパルス波形の場合は，バターワースやベッセルなどに比べてオーバシュートが大きく，セトリング時間も長いので不向きです．

● OPA660の概要

IC_1とIC_2のOPA660は，電流帰還型アンプの前段アンプと後段のバッファ段をあえて分離し，応用上の自由度を高めたものです．

入力段にある双方向性トランジスタは，OPアンプの入出力をトランジスタの機能に見立てたものです．OPアンプの反転入力はベース，非反転入力はエミッタ，本来のバッファへ内部接続される出力はコレクタとして引き出されています．このトランジスタは，$V_{BE}=0V$，$V_{CE}=0V$で動作し，コレクタ電流が双方向という理想的なものとして扱えます．

本回路では，このトランジスタをエミッタ帰還で使っています．通過帯域におけるゲインは1です．

● オープン・ループ極方式によるアクティブ・フィルタは高域でも減衰率が良好

たとえチップ上のアンプが1GHzのゲイン帯域幅をもっていたとしても，ボンディング配線を含むパッケージのリード・インダクタンスが10nHあれば，500MHzでのインピーダンスは31Ωにも達します．このインピーダンスは，バッファ出力にも直列に寄生し，出力インピーダンスを増加させる要因となります．

クローズド・ループ極方式のアクティブ・フィルタは，この直列インピーダンスを含めて極が構成されるため，フィルタ・バランスが崩れて図15の破線で示す特性のように，しゃ断領域で減衰率が悪化します．

オープン・ループ極方式では，バッファの出力インピーダンスが直接フィルタの構成要素にならないため，高域でも高い減衰率を維持できます．　〈中村 黄三〉

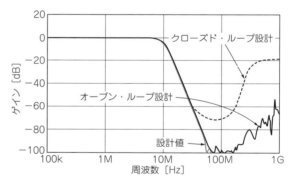

図15 オープン・ループ極方式なのでクローズド・ループ極方式よりしゃ断特性が良い

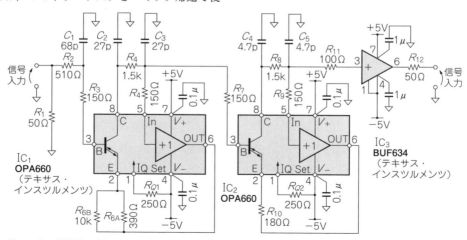

図14 しゃ断特性が良好なオープン・ループ極方式によるアクティブ・フィルタ

3-12 電源ラインのノイズを除去する50/60 Hzノッチ・フィルタ
~微小な信号を高インピーダンス回路で受信したいとき~

医療用の生体センサのように信号源インピーダンスが高く微小なセンサ信号を，インピーダンスの高い回路で受けるような回路や，信号の伝送路の近くにACラインがある環境などでは，50 Hzや60 HzのACライン・ノイズが信号に乗ってしまい，測定誤差になることが多くあります．

図16に示すのは，50 Hzや60 Hzの周波数信号をスポット的に取り除くアナログ・フィルタです．あらかじめライン周波数だけを取り除くアナログ・フィルタをA-Dコンバータの前に設置すれば，微小な信号を十分な大きさまで増幅してA-D変換できます．

ディジタル・フィルタでは，ノイズが大きいとき，A-Dコンバータの入力ダイナミック・レンジがノイズ・レベルにとられてしまい，必要な信号のディジタル変換値の分解能が落ちてしまいます．

〈藤森 弘己〉

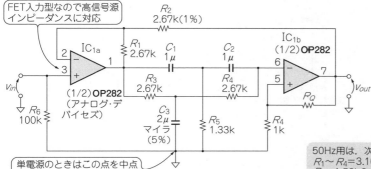

Q	R_Q [kΩ]	除去率 [dB]	ゲイン [倍]
1.0	2.0	35	1.5
1.25	3.0	30	1.6
2.5	8.0	25	1.8
5.0	18.0	20	1.9
10.0	38.0	15	1.95

ゲインとQの設定

50Hz用は，次のように定数を変更する
$R_1 \sim R_4 = 3.16\,k\Omega$
$R_5 = 1.58\,k\Omega\,(3.16\,k\Omega \times 2並列)$

図16 電源ラインのノイズを除去する50/60 Hzノッチ・フィルタ

3-13 3ウェイ・スピーカ用の帯域分割フィルタ
~LPF/HPF/BPFの出力が同時に得られる~

低/中/高音スピーカで構成する3ウェイ・スピーカ・システムは，スピーカを負荷とするLCフィルタで帯域分割するのが一般的ですが，スピーカのインピーダンスは周波数とともに変化するためフィルタの設計は容易ではありません．また，LCフィルタに大きな電流が流れるため，大型のコイルとコンデンサが必要で，これらは音質に影響します．

低/中/高音用の各スピーカを3台の専用パワー・アンプでドライブすれば，上の問題は一挙に解決します．帯域分割フィルタはパワー・アンプの前段に挿入します．

状態変数フィルタを使った帯域分割フィルタを図17に示します．LPF, HPF, BPFの各伝達関数は，

$$G_{LPF(S)} = \frac{-\omega_0^2}{s^2 + 3\omega_0 s + \omega_0^2}, \quad G_{HPF(S)} = \frac{-s^2}{s^2 + 3\omega_0 s + \omega_0^2}$$

$$G_{BPF(S)} = \frac{-3\omega_0 s}{s^2 + 3\omega_0 s + \omega_0^2}, \quad ただし\,\omega_0 = \frac{1}{R_1 C_1} = \frac{1}{R_2 C_2}$$

となります．LPFとHPFとBPFの伝達関数を加算すると，$G_{LPF(S)} + G_{HPF(S)} + G_{BPF(S)} = -1$ となります．

〈黒田 徹〉

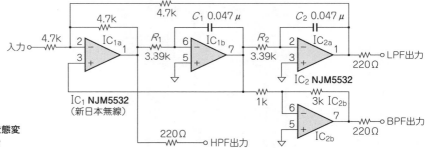

図17 低/中/高音スピーカ用の状態変数フィルタによる帯域分割フィルタ

3-14 聴覚と等価な周波数特性のフィルタ
～1k～5kHzの耳で感じる音を強調する～

人の聴覚にも周波数特性があります．人の聴覚は100 Hz以下や10 kHz以上の音に対して鈍感な反面，中域周波数である1k～5kHzの音に対しては敏感です．したがって，聴覚と等価な周波数特性のフィルタを通して雑音を測定すると，耳で感じる雑音の大小と測定値の大小がよく合います．

このフィルタを聴感補正フィルタと呼びます．その周波数特性は，米国のInstitute of High Fidelity Inc.が定めた「IHF標準低周波増幅器試験法(IHF standard Methods of Measurement for Audio Amplifiers)」の中で規定されたAカーブ周波数特性を使うことになっています．

聴感補正フィルタの実現回路を図18に示します．その周波数特性は50 Hz～20 kHzにおいてIHF-Aカーブとよく合っています．

〈黒田 徹〉

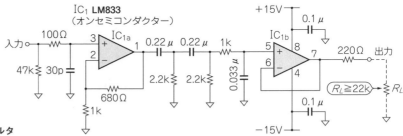

図18 聴覚と等価な周波数特性のフィルタ

3-15 0.2～35 Hzアンチエイリアシング・フィルタ回路
～24時間連続動作する心電計などに使える！～

図19に心電計用アンチエイリアシング・フィルタ回路を示します．

心電計の仕様では，周波数特性が0.2～35 Hz±3 dBなので，A-Dコンバータのサンプリング周波数を高くするとその分アナログ・フィルタの設計が楽になります．

しかしながら，ホルター心電計のように，24時間連続動作を強いられる装置では，小型でロー・パワーという要求が生じます．そのため，A-Dコンバータのサンプリング周波数をむやみに高くすることができません．消費電流が増えてしまうからです．どちらかというと，A-Dコンバータのサンプリング周波数を下げて，ロー・パワー化するのが一般的です．

そこで，A-Dコンバータのサンプリング周波数を150 Hzと低くし，その分75 Hz(ナイキスト周波数)成分を40 dBほど減衰させることにしました．A-Dコンバータにはマイコン内蔵のものを使用します(分解能は8～10ビット程度)．

〈松井 邦彦〉

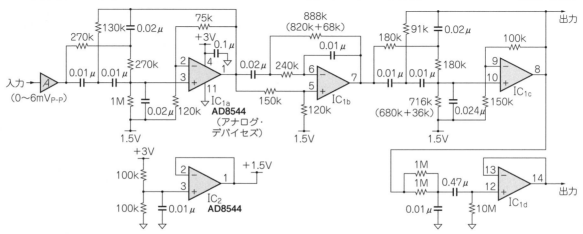

図19 心電計用アンチエイリアシング・フィルタ回路

第4章 正弦波発振回路
定番のウィーン・ブリッジ型から周波数可変型まで

4-1 出力振幅の安定度が高い8M～12MHzのVCO
～コレクタ同調発振回路にAGCを組み合わせて作る～

図1に示すのは，コレクタ同調発振回路を利用したVCOです．Tr_1のコレクタ電流をTr_2で制御することにより，Tr_1の発振振幅を安定化しています．

出力信号をD_2で検波して直流電圧に変換し，この直流電圧が一定になるようにAGC(Automatic Gain Control)が動作します．VR_1の中点は$-0.6V$になり，R_{14}とR_{15}に流れる電流が等しくなるように出力振幅が一定値に制御されます．発振周波数はL_1, C_2, D_1の静電容量の和，そして浮遊容量で決まります．同調回路のQが高く間欠発振するときは，Qを下げるかR_{11}にCRの直列回路を並列接続して制御位相を進ませます．
〈遠坂 俊昭〉

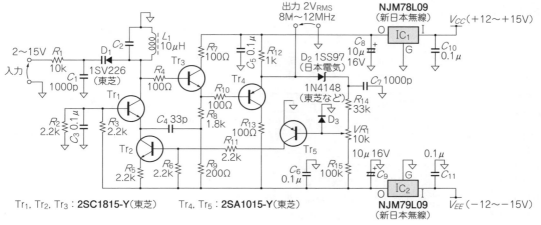

図1 出力振幅の安定度が高い8M～12MHz VCO

4-2 ツェナー・ダイオードで振幅を安定化した正弦波発振回路
～出力電圧が温度によらず一定なウィーン・ブリッジ型～

図2はツェナー・ダイオードで振幅を安定化したウィーン・ブリッジ型正弦波発振回路です．$R_1=R_2=R$, $C_1=C_2=C$とすると，発振周波数f_O［Hz］は，$f_O=1/(2\pi RC)$となります．LF356の出力端子から反転入力端子に戻る負帰還量が発振振幅に応じ自動的に変わり振幅が安定化されます．発振振幅が小さいときはツェナー・ダイオードDは非導通で，負帰還の帰還率βは次式で与えられます．

$$\beta = (R_3+R_{VR})/(R_4+R_3+R_{VR})$$

βが1/3より少し小さくなるようR_{VR1}を設定しておくと，電源ONと同時に発振が始まり振幅が増えていきます．振幅が成長しツェナー・ダイオードが導通すると，R_5とツェナー・ダイオードの動作抵抗が，R_4と並列につながり，帰還率βが増加します．そして$\beta=1/3$となったところで発振振幅が安定化します．ピーク・ツー・ピーク出力電圧V_{OP-P}は，

$$V_{OP-P} = 1.5(V_Z+V_F)$$

ただし，V_Z：D_1のツェナー電圧，V_F：D_1の順電圧．V_Fは約$-2mV/℃$の負の温度係数をもちます．一方ツェナー・ダイオードの温度係数はツェナー電圧V_Zが5.5V以上で正になります．V_Zが6～7Vのツェナー・ダイオードを使うと，V_Zの温度係数が約$+2mV/℃$なので，(V_Z+V_F)の温度係数がほぼゼロになり，出力電圧V_{OP-P}が温度によらず一定になります．

出力電圧はR_{VR1}によって調整できます．出力電圧が低いほど低ひずみになりますが，振幅が不安定になります．ひずみ率が1%ぐらいの出力電圧に設定してください．
〈黒田 徹〉

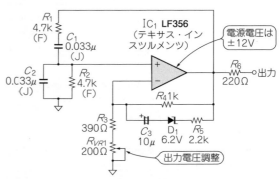

図2 ツェナー・ダイオードで振幅を安定化したウィーン・ブリッジ型正弦波発振回路

4-3 電球で振幅を安定化したザルツァ型正弦波発振回路
~温度によって変化するフィラメントの抵抗を利用する~

図3は電球のフィラメントの抵抗値が温度によって変化することを利用し，振幅を安定化する正弦波発振回路です．つまり，電球とR_4の分圧回路によって正帰還をかけています．何らかの原因で出力振幅が増えると，電球のフィラメント抵抗R_3の消費電力が増えてフィラメント温度が上昇し，R_3が増加します．その結果，正帰還率が下がり出力振幅の増加が減殺されます．発振周波数f_Oは，

$$f_O = \frac{1}{2\pi\sqrt{R_1 C_1 R_2 C_2}}$$

となります．C_1とC_2の比は$C_2 = 4C_1$を目安に定めますが，厳密に4倍にする必要はありません．〈黒田 徹〉

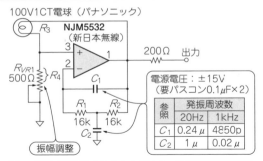

図3 電球で振幅を安定化したザルツァ型正弦波発振回路

4-4 FETで振幅を安定化したザルツァ型正弦波発振回路
~ゲート電圧によって変化するFETの抵抗を利用する~

図4はNチャネルFETで振幅を安定化した正弦波発振回路です．1S2076AとC_3で出力正弦波を整流し，そのDC電圧でFETのゲート端子を制御します．FETは可変抵抗器として働きます．何らかの原因で出力電圧が増えると，FETのゲート電位が上昇してドレイン-ソース間抵抗が減少し，OPアンプ5532の非反転入力端子に戻る正帰還の帰還率が低下します．その結果，発振振幅が減少し元の振幅に戻ります．

FETは2SK30AのGRランクが適当です．R_{VR1}は正帰還の帰還率を微調整するものです．発振状態で2SK30AのV_{GS}が0VになるようR_{VR1}を調整します．出力電圧は4V_{RMS}程度になります．

R_6とR_{VR2}，R_7で2SK30AのV_{DS}の1/2をゲートに帰還します．これによってFETの直線性が飛躍的に改善されます．〈黒田 徹〉

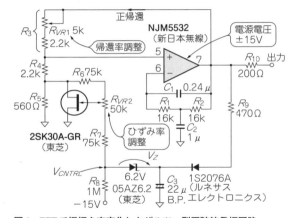

図4 FETで振幅を安定化したザルツァ型正弦波発振回路

4-5 設計自由度の高い21.4MHz帯コルピッツ発振回路
~周波数可変範囲の広いVCXOにも使える~

図5に示すのは，21.4MHz帯のコルピッツ発振回路です．通常コルピッツ発振回路は，コレクタ側の同調回路を最大出力付近より低い周波数側に離調し，出力レベルが下がります．

図のように，C_1とR_1による位相シフト回路を追加すると，同調回路を出力最大の周波数に調整できます．つまりコレクタ側が抵抗性や誘導性になっても発振条件を満たすことができます．

発振周波数を変える場合は，21.4MHzの水晶発振子と周辺部品の定数を調整します．またC_1を可変容量ダイオードに置き換えると周波数可変範囲の広いVCXOとして機能します．〈長澤 総〉

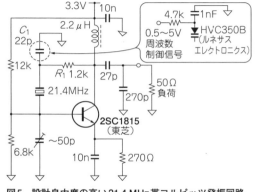

図5 設計自由度の高い21.4MHz帯コルピッツ発振回路

4-6 発振安定度の高い150 MHz帯のコルピッツ発振回路
～温度変化や電源電圧変動に強い～

図6に示すのは，150 MHz帯のコルピッツ発振回路です．エミッタと帰還容量の間に挿入した68 Ωの抵抗がミソです．この抵抗を追加することで，コレクタ電流の導通角を大きくできます．つまり発振周期のほぼ1周期にわたって，コレクタ電流が流れるようになり，温度変化や電源電圧変動に対して発振周波数が安定するようになります．

また，負荷変動による周波数変動（ロード・プリング）や電源電圧変動による周波数変動（サプライ・プッシング）が改善されます．さらに出力の高調波が減り，またC/Nが良くなります．この抵抗値は実験しながら調整し確認してください．

〈長澤 総〉

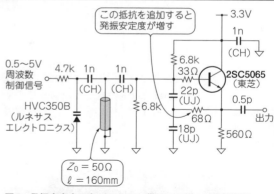

図6 発振安定度の高い150 MHz帯のコルピッツ発振回路

4-7 超定番OPアンプ1個で作る数kHz，2 V_{P-P}の正弦波発生器
～手作りオーディオのテストにピッタリ～

図7は，OPアンプと抵抗，コンデンサ，LEDといったおなじみの部品だけで構成したウィーン・ブリッジ型発振回路です．電源には±15 Vの両電源を用います．この回路の発振周波数f_{osc}は，$R_6 = (R_5 + VR_2) = R$，$C_1 = C_2 = C$とすると，

$$f_{osc}\,[\mathrm{Hz}] = \frac{1}{2\pi RC} \quad \cdots\cdots\cdots\cdots\cdots (1)$$

によって求めることができます．VR_2は，発振周波数の微調整用の半固定抵抗です．図7の回路は，発振周波数がだいたい2 kHzになるように設定されています．VR_2を調整することで，希望する発振周波数に合わせます．オーディオ周波数帯であれば，RとCの値を変更して発振周波数を変えられます．

VR_1では，発振振幅を調整します．OPアンプの反転入力端子に入力する信号が，小さすぎると発振が安定せず，大き過ぎると波形がひずんでしまいます．VR_1を調整し，安定に発振し，かつ$THD+N$が最も小さくなるよう，測定ポイントの波形を見ながら合わせこみます．

VR_3は，出力振幅の調整用です．この回路では，新日本無線のNJM4558を使っていますが，GB積が数MHz程度の汎用OPアンプであれば，何でも使えます．2個のLEDは発振振幅を制限するために挿入していますが，同程度の順方向電圧降下を持つ赤色LEDなら，どのメーカのものを使っても大丈夫です．V_Fを合わせれば，小信号ダイオードでも代用できます．

〈川田 章弘〉

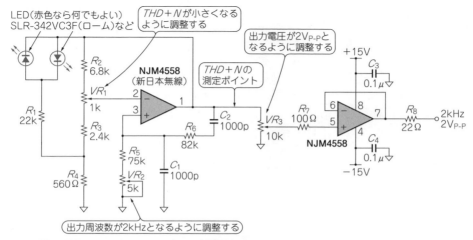

図7 発振周波数2 kHzのウィーン・ブリッジ型発振回路

4-8 汎用OPアンプと少しの部品で確実に発振する正弦波発振器
～10 Hz以下の低周波でも安定動作～

図8に示すのは、ウイーン・ブリッジ方式の正弦波発振器です。$R_1=R_2=R_f$, $C_1=C_2=C_f$とすると、発振周波数f_0は次式で決まります。

$$f_0 = 1/(2\pi R_f C_f)$$

クリップ方式で振幅を安定化しているため、ひずみは少し多いですが、10 Hz以下の低周波に切り替えても短時間で振幅が安定します。図の定数でVR_1を調整して、出力電圧を5 V_{RMS}に設定すると、C_1とC_2だけの変更で、10 Hz～100 kHzまで0.7～0.9%のひずみ率が得られました。出力電圧を3 V_{RMS}程度に調整すると、0.1%のひずみ率になります。しかし、温度変化などにより発振が停止する危険があります。C_1とC_2を切り替えて周波数を可変する場合は、C_1とC_2の容量の相対誤差が小さいものを選びます。写真1に示すのは、1 kHzの発振波形とひずみ成分です。ひずみ率計の読み値は0.75%でした。

〈遠坂 俊昭〉

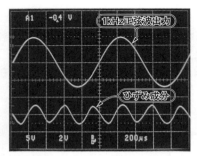

写真1　1 kHz正弦波出力信号とそのひずみ成分
上：5 V/div.、下：2 V/div.、200 μs/div.

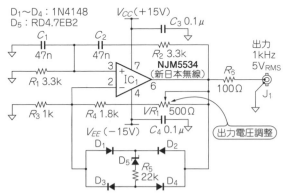

図8　汎用OPアンプと少しの部品で確実に発振する正弦波発振器

4-9 ひずみ率0.1%の5 MHz正弦波発振器
～CRとOPアンプで作れて電源±5～±16 Vで使える～

図9は、発振周波数5 MHzの正弦波発振回路です。本格的な正弦波発振器は、サーミスタなどの可変のリニア素子でゲイン・コントロールを行いますが、この回路は入手しやすいCRとダイオード、OPアンプだけで作成できます。

オーディオ帯域よりもはるかに高い周波数の領域では、発振器といえばLC共振回路を使うか、水晶発振器を使うのが一般的ですが、コイルを巻くのも面倒ですし水晶発振器も標準品以外の周波数のものは調達に時間が掛かります。高周波をCRで発振させることができるなら、部品の心配もなくなります。

この回路のキー・パーツは、高速OPアンプLM6172です。電源電圧は、±3.0～±16 Vの間で使えますが、5 V以下ではひずみが増え、周波数が下がります。5 V以上ならほとんど変化しません。高調波は-65 dBを以下となっており、ひずみの少ない正弦波が得られています。

ただ、周波数が高いため、特にコンデンサが小さな値となっており、OPアンプの入力容量などの影響を受けて、発振周波数は理論値から若干ずれます。

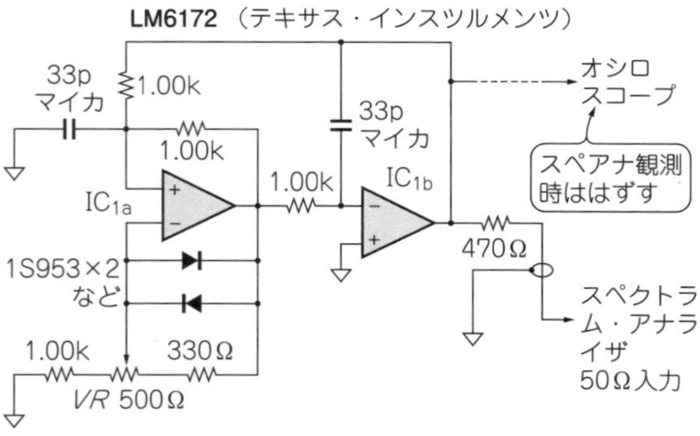

〈中野 正次〉

図9　発振周波数5 MHzの正弦波発振回路

4-10 トランジスタで作る数十M〜数百MHzの正弦波発振回路
〜FMワイヤレス・マイクの局部発振に使える〜

● 用途とスペック

図10に示すのは，受信機の局部発振に使える400MHz帯のアナログ発振器です．テレビ，ラジオ，FMワイヤレス・マイクなどに利用できます．今どきの部品ならUHFでも使えます．

3.3Vの電源を加え，50Ωの負荷をつないで出力信号のスペクトラムを観測すると，440MHz，0dBm以上(1mW以上)で発振します．

部品はすべて普通に手に入るものばかりです．浮遊容量や配線のインダクタンスなどをどれだけ減らせるかがポイントです．1608のチップ部品を使えば期待した性能を得やすいでしょう．

● 回路の説明

発振用トランジスタ(Tr_1)はベース接地回路を構成していて，C_1で高周波的にバイパスされています．エミッタはR_2でグラウンド(高周波的なベース電位)からは浮いています．コレクタ側に接続された共振回路(L_1+C_2)の電源側はC_4でバイパスされているので，高周波的にはベース電位と同じです．トランジスタは反転増幅素子，並列共振回路は両端の位相差が180°なので，合わせるとトランジスタに正帰還がかかって発振します．

固定コイルと固定コンデンサで作りましたが，共振系に可変容量ダイオードを使えば，VFO(電圧制御型発振器)になります．

▶変形コルピッツ回路

コルピッツ回路をベース接地に変形したものです．コレクタ容量の影響を受けるため，PLLなどの周波数安定化の技術が必要です．その特徴を利用すればベースに変調信号を入力することで，FM変調をかけることも可能です．

発振周波数はL_1とC_2で決まりますが，コレクタ出力容量とC_3，次段の入力容量の影響も受けます．

▶バッファ回路

Tr_2は後の回路が発振に影響を与えないためのバッファ回路で，フィルタ(L_2とC_6)と出力が50Ωに近づくようマッチングを行う回路(L_3とC_8)が付加してあります．

発振回路の出力にバッファ回路(Tr_2)を付加します．普通のエミッタ接地型バッファで，コレクタから出力を取り出しています．C_7は，直流カットのカップリング・コンデンサ，L_3とC_8で出力(50Ω)へのマッチングをとっています．計算どおりのマッチング回路ではありませんが，基板の浮遊容量の影響を検討した結果，この定数になっています．

▶バイアス回路

単純な固定バイアスです．高周波回路では部品をできるだけ減らして，サイズと浮遊容量をできるだけ小さくします．

▶コイルとコンデンサとQ値

実際のコイルやコンデンサは，インダクタンス成分や容量成分に加えて，わずかな抵抗成分や損失成分を含んでいます．Qとは，コイルやコンデンサの部品としての純粋さを表す数値で，Quality Factor(クオリティ・ファクタ)の略です．おおざっぱに言うと，その周波数におけるリアクタンスの絶対値と抵抗の比です．

コイルとコンデンサを接続した共振回路においてもQ値が規定され，共振の強さを表します．Qが低ければ，帰還部分の損失が大きいことになり，発振条件を満たさなくなります．コイルを小さくしてコンデンサを大きくすると，安定度は上がりますが，限界はあります．

〈脇澤 和夫〉

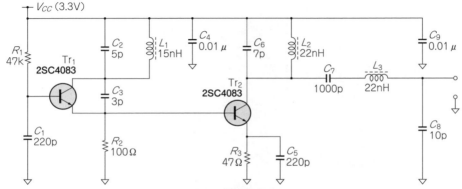

図10 440MHz，出力1.0dBmのトランジスタ正弦波発振回路

4-11 単電源動作の100 Hz～10 kHzブリッジドT型発振回路
～回路が簡単でオーディオ機器の試験に使える～

● 回路の特徴と仕様

図11は，トランジスタによる中点電圧発生回路を採用した単電源動作のオーディオ周波数帯の正弦波発振回路です．

発振振幅の制御にLEDを使用したクリップ回路を使うことによって回路を簡略化しました．そのため，THD(Total Harmonic Distortion)特性は，1 kHz以下の周波数(Low-Band)で0.3%以下，15 kHz以下では0.7%以下とそれほど低ひずみではありません．しかし，回路が簡単であることから，簡易的なオーディオ試験信号発生回路として使用できるでしょう．

発振周波数f_{OSC}は，$C_1 = C_2 = C_3 = C_4$, $C_5 = C_6 = C_7 = C_8$, $R_6 = R_7 = R$としたとき，

$$f_{OSC}\,[\text{Hz}] = \frac{1}{2\pi (VR_3 + R)C}$$

という式で決まります．発振周波数の調整が必要な場合はRとCの値を変更します．

● キー・デバイスの特徴と仕様

発振回路と出力バッファ回路に，テキサス・インスツルメンツのOPA2134を使用しています．手持ちの関係でこのOPアンプを使用していますが，AD8620などのJFET入力OPアンプや，他の汎用OPアンプ(NJM4580など)も使用可能です．

LEDには，ロームのSLR-342VC3F(赤色)を使用しました．このLEDも，赤色LEDであれば他社の製品も使用可能です．トランジスタやダイオードなど，ほかのデバイスは汎用品で問題ありません．

2連ボリュームは，大型のしっかりしたものを使用することをお勧めします．安価な2連ボリュームでは，2連の可変抵抗器間の回転角-抵抗値変化の誤差に大きなものがあり，発振停止などに陥りやすくなります．

東京コスモス電機のRV24YG-20SB203X2というボリュームや，このほかにもアルプス電気のデテント・ボリュームなど，ギャング誤差の小さな2連ボリュームがあります．

〈川田 章弘〉

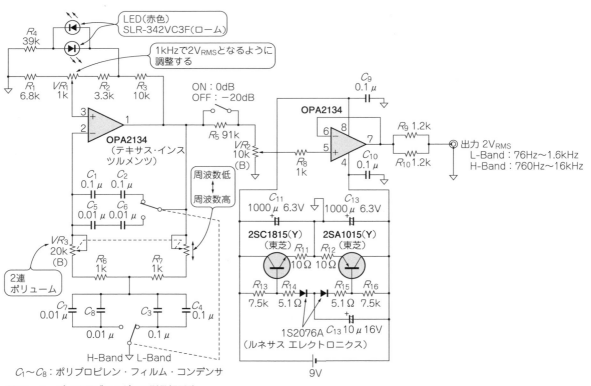

図11 オーディオ用ブリッジドT型発振回路

4-12 低ひずみで振幅が安定している状態変数型発振回路
~ウィーン・ブリッジの1/10のひずみ率が得られる~

状態変数型発振器は，定数がばらついても振幅の変化が小さいという特徴があります．

状態変数型発振器は，状態変数型フィルタの出力を入力に正帰還したものです．状態変数はシステムの振る舞いを表す独立変数の集合です．状態変数の個数は，(多くの場合)回路に含まれるエネルギー蓄積素子のコイルとコンデンサの総数に等しくなります．

図12に示すのは出力2 V_{RMS}，発振周波数1 kHzの状態変数型発振回路です．出力インピーダンスは600 Ωです．

コイルはなくコンデンサは2個ですから，状態変数は2個です．具体的にはC_1の両端電圧とC_2の両端電圧を状態変数に選ぶことができます．しかし，各コンデンサはOPアンプの仮想接地である反転入力端子に接続されているので，OPアンプの出力電圧を状態変数に選ぶことができます．

各OPアンプの出力電圧をV_1, V_2, V_{out}とすると，R_3とR_4の値を等しく設定したとき，次式が得られます．

$$V_1 = -V_{out} + kV_2 \quad \cdots\cdots (1)$$

ただし，

$$k = \frac{R_6}{R_6 + R_7} \times \frac{(R_2 \| R_5) + R_4}{(R_3 \| R_5)} - \frac{R_4}{R_5} \quad \cdots (2)$$

$$V_2 = \frac{-V_1}{R_1 C_1 s} \cdots (3), \quad V_{out} = \frac{-V_2}{R_2 C_2 s} \cdots (4)$$

式(1)(3)(4)から，次式が導かれます．

$$(R_1 C_1 R_2 C_2 s^2 + k R_2 C_2 s + 1)V_{out} = 0 \cdots (5)$$

これは2階線形常微分方程式の特性方程式で，$k = $ 0のとき，式(5)の根は，純虚数$s = \mp j\omega_0$，ただしω_0は次式となります．

$$\omega_0 = \frac{1}{\sqrt{R_1 C_1 R_2 C_2}} \quad \cdots\cdots\cdots\cdots (6)$$

そして，振幅一定の正弦波を発振します．$R_1 = R_2 = R$と，$C_1 = C_2 = C$が成り立つときは，発振周波数f_0は次式で与えられます．

$$f_0 = \frac{1}{2\pi RC} \quad \cdots\cdots\cdots\cdots (7)$$

式(5)の根が，

$$s = a \mp jb$$

ならば，出力波形は次のようになります．

$$V_{out} = Ae^{at}\cos(bt + \theta) \cdots\cdots (8)$$

Aとθは初期条件によって定まる実定数です．

aが正ならば振幅は指数関数的に増加し，負ならば振幅は指数関数的に減少しゼロに収束します．つまり発振が停止します．

インピーダンス整合回路がないとき，約150 msで振幅が安定します．最初は指数関数的に振幅が増えていきますが，ツェナー・ダイオードが導通すると一定の振幅になります．また，フーリエ解析結果から高調波ひずみ率は約0.06%です．ウィーン・ブリッジ型のひずみ率の1/10程度です．

C_2を0.015 μF→0.016 μFに変更したときの出力振幅は6.489 V_{RMS}→6.284 V_{RMS}に減少しますが，振幅の変動はごくわずかです．

〈黒田 徹〉

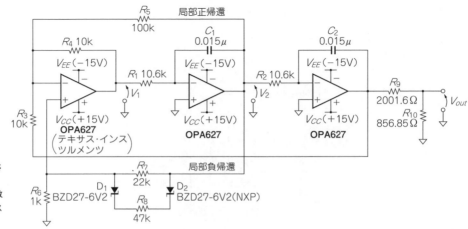

図12 振幅の変動が小さい状態変数型発振回路
出力2 V_{RMS}，発振周波数1 kHz，出力インピーダンス600 Ω

4-13 直流で振幅を調節できる1kHz正弦波発振回路
～低周波アンプのダイナミック・レンジや過渡応答を調べられる～

アンプに正弦波を入力してそのレベルを上げていくと，あるレベルで出力が飽和します．測定するときは，オシロスコープの波形を見ながら低周波発振器の出力レベル調整つまみを回しますが，手動では選別など測定個数が多いと大変です．

そこで，外部から直流電圧を加えると振幅が変わる1kHz正弦波発生回路を作りました．外部から三角波やのこぎり波を加えると，試験用の正弦波信号発生回路を作れます．正弦波の振幅が大きくなったとき，どのレベルで出力が飽和するのか(正のピークなのか負側なのかなど)波形を見て動的に判断できます．低周波アンプのダイナミック・レンジや過渡応答を調べるとき便利に使えます．

● 回路

図13に振幅可変の正弦波発生回路を示します．

4.096MHzの水晶発振子を74HC4060で発振させて分周(1/4096)し，1kHzちょうどの方形波を得ます．この信号を元に正弦波を作ります．

トランジスタTr_1のベースを1kHzの方形波で駆動すると，逆位相の方形波がコレクタに現れます．その振幅は振幅制御入力電圧に比例します．1kHz方形波をキャリアにして，Tr_1のコレクタに供給される電圧で振幅変調されます．Tr_1のコレクタがR_4を通して振幅制御入力となり，加えた正電圧に比例した振幅の1kHz方形波が出てきます．振幅制御入力電圧が0Vなら0V，5Vなら5V$_{P-P}$の方形波が得られます．

その1kHz方形波をC_3で交流結合し，4次ロー・パス・フィルタに通します．方形波に含まれている高調波を除去して正弦波に変換するのです．フィルタ回路は両電源で動作させます．フィルタの定数は，E12系列の数値に合わせて選んだので，厳密なものではありません．

周波数は1kHz固定です．直流入力に比例した振幅の正弦波が得られます．

● 動かしてみる

図14に出力波形を示します．1.5～5Vと変化する16ms周期のパルス波を加えたもので，8波ずつ振幅変調された正弦波が出力に並んでいます．

結合コンデンサC_3の値を大きくすると，制御入力波形のエッジ(微分波)が出力に現れ，1kHz信号のオーバーシュートとアンダーシュートが目立つようになりますから，LPFの入力インピーダンスでカットオフ周波数(1kHzが通過するよう)を決めます．

〈下間 憲行〉

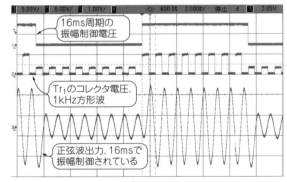

図14 図13各部の波形(2ms/div)
振幅制御電圧(Tr_1のコレクタに加わる振幅制御入力電圧)：5V/div，正弦波出力：1V/div．振幅制御電圧によって正弦波出力の振幅が変わっている

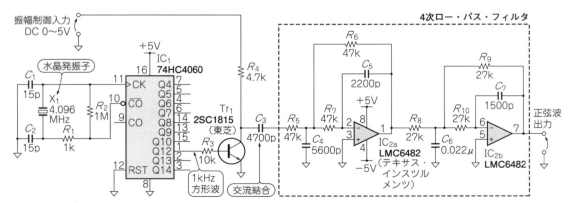

図13 直流で振幅を調節できる1kHz正弦波発振回路

第5章 信号発生器

矩形波／三角波からホワイト＆ピンク・ノイズまで

5-1 ワンチップICで作る10k～10MHzのDDS
～ディジタル・データで周波数を設定できる～

信号発生器や信号処理回路など，周波数を細かく設定できる基準クロック発振器が必要な場合があります．

図1に示すのは，10k～10MHzの範囲で，約0.0149Hz単位で方形波を出力するDDS(Direct Digital Synthesizer)方式のクロック発生器です．ディジタル・データで出力周波数などを設定できます．

● 出力段のLPFが信号品質を決める

本回路は，余裕をもってf_oの最大値を10MHzとしています．方形波出力だけを使用するので，フィルタは振幅特性や位相特性より切れの良さに重点を置いて，帯域約16MHzの7次チェビシェフ型としました．

コンデンサには低誘電率チップ型を使用し，プリント・パターンの寄生容量を見込んで値を決めました．

調整のためコイルに低透磁率のコア入りを使用しましたが，除去すべき周波数成分が高いので，自己共振周波数には要注意です．

理論上の最低周波数は$f_r/2^{23}$までですが，D-Aコンバータの分解能に見合った別のフィルタが必要です．

● 性能を100％引き出すためのプリント基板設計

プリント・パターンの良否がジッタや低周波出力時のハザードなどに如実に現れます．

GNDやV_{CC}は，この回路専用のベタ・パターンを準備します．ディジタル系／アナログ系／フィルタ＋コンパレータのパターンはスリットを入れて分割します．RM_1とRM_2は，ダンプとアイソレーションを兼ねています．

● 周波数制御値の設定

基準クロック周波数をf_r，出力したい周波数をf_oとすると，周波数制御値(T_W)は次式で算出できます．

$T_W = 2^{32} f_o / f_r$

AD9850内部のレジスタにこの値(T_W)を書き込みます．通信方法には，シリアル方式と8ビット・パラレル方式がありますが，いずれの場合も制御ビットを含めた40バイトぶんを決められた順番で一括で書き込みします．

書き込み後，FQ_UD端子に正のパルスを与えることでデータは32ビット幅のPA(Phase Accumulator)に入力されて有効となります．

〈三宅 和司〉

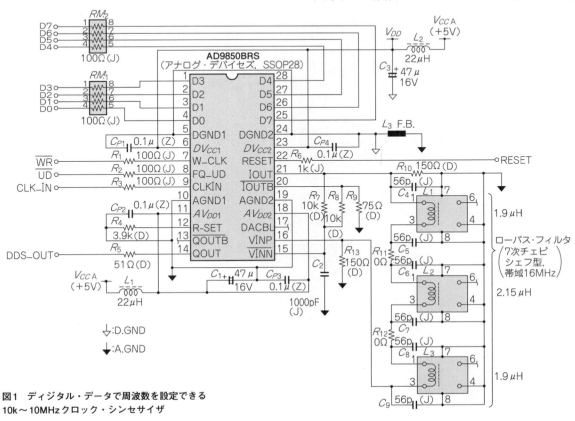

図1 ディジタル・データで周波数を設定できる
10k～10MHzクロック・シンセサイザ

5-2 74ロジックICで作る1Hz～200kHzの矩形波発生器
～可変クロック源やアンプの周波数特性測定に使える～

図2は，1Hz～200kHzの矩形波が得られるクロック・ジェネレータです．ロジック回路では多くの場合，クロック信号源は高精度である必要なく，この回路でも十分実用に耐えます．また，増幅器の動作チェックや高域および低域の周波数特性の簡易チェックにも使えます．

可変抵抗VR_1で約3倍の周波数を連続で可変でき，JP_1にジャンパを接続するかしないかで周波数レンジを切り換えることができます．

図3に示した74HC4060は，CRまたは水晶発振を外付けすることで発振源を構成して，その出力を分周します．

IC_2の信号出力用のバッファには，74HC04，74AC04，74HC541，74AC541などのインバータICが使えます．74ACシリーズのほうが立ち上がりが速く，出力インピーダンスも低くなります．CRを変えながら発振周波数を測定した結果を図4に示します．

〈遠坂　俊昭〉

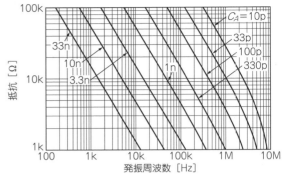

（a）抵抗R_A-発振周波数特性（実測）

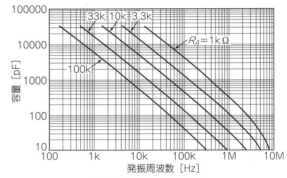

（b）容量C_A-発振周波数特性

図4　バイナリ・カウンタ（TC74HC4060）の外付けコンデンサ，抵抗の値と発振周波数

図2のC_1，C_2とR_1，VR_1が相当．インバータにより出力周波数が変わる

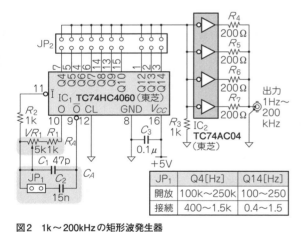

JP_1	Q4[Hz]	Q14[Hz]
開放	100k～250k	100～250
接続	400～1.5k	0.4～1.5

図2　1k～200kHzの矩形波発生器

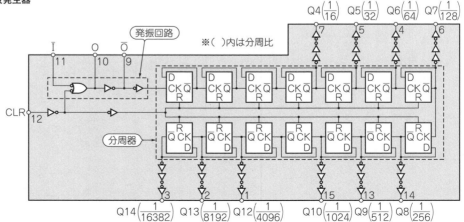

図3　バイナリ・カウンタIC TC74HC4060の内部回路

5-3 バッテリ動作のハンディ・パルス波発生回路
～30Hz～840kHzをOPアンプ1個で生成する～

プリアンプやプローブ，絶縁回路などのアナログ回路を作ったら，その応答特性が要求を満たしているかどうか確認が必要です．

アンプの過渡特性は，パルス信号を加えて調べるのが有効です．このとき波形発生器が必要ですが，波形発生器の多くはコンセントから電源を取るタイプばかりで，現場にコンセントがないと実験できません．

パルス波ならタイマIC 555で簡単に作れます．しかし出力振幅が15 Vでは足りない場合や，振幅を可変にして，負荷の影響を最小限に抑えるにはバッファ用のOPアンプを追加しなければなりません．

デュアルOPアンプを使えば，IC 1個でパルス信号源を作れます．消費電流も少ないので，通常はこの発振回路の信号を受け取る回路から電源を融通してもらえます．OPアンプに加える電源は，ノイズや負荷変動が小さいものを用意する必要があります．

このパルス発生器の回路を利用すると，OPアンプの消費電流や交流特性を測定できます．可変電源を使った場合に動作できる最低の電源電圧もわかります．ICソケットでOPアンプを変更できるようにしておくとよいでしょう．

図5に回路を示します．きれいなパルス波の生成には，レール・ツー・レール出力のOPアンプが有利です．ここでは，±15 Vで使えるOPアンプの中でも特に周波数特性の良いLM6152をテストしてみました．

表1は電源電圧を±0.8 Vから±15 Vまで変えて測定した結果です．±0.8 Vはメーカの動作保証外ですが，抵抗値R_fが大きければ一応の動作をします．

測定はR_f＝35 kΩまで行いました．R_fは1 MΩでも動作しますから，1 MΩの可変抵抗を使えば8.5 k～430 kHzの連続可変が可能です．ただしデューティ比が50%からずれて，周波数の安定度も下がります．

デューティ比は，正負の電源を非対称にすれば替えることができます．デューティ比と電圧比に比例関係はなく，周波数も変化します．

図6に回路を示します．

5 Vまででよければ，それなりの特性をもつOPアンプが見つかります．ここでは，CMOSの高速OPアンプ OPA2350を試してみました．デューティ比は50%に固定しています．

測定結果を表2に示します．840 kHzではOPアンプのスルーレートによる限界で，パルス波というより台形波になります．

CMOS入力やFET入力のOPアンプでは，R_fの値はほぼ制限がなく，100 MΩでも動作します．

ノイズの影響を受けにくくなるように，分割抵抗は10 kΩにしました．分割抵抗と時間を決めるR_fはOPアンプの負荷になり，消費電流を増大させます．抵抗値を大きく，コンデンサC_fを小さくすれば消費電流は減少しますが，安定度も下がります．OPアンプの駆動能力にも限界があり，OPアンプに見合った抵抗値を選ぶ必要があります．

〈中野 正次〉

表1 図5の回路の電源電圧や帰還抵抗R_fを変えたときの発振周波数

電源電圧 [V]	R_f [Ω]	C_f [F]	周波数 [Hz]	デューティ [%]	電源電流 (約) [A]
±0.8	35 k	390 n	37.6	47.4	1 m
±1.5	35 k	390 n	31.4	49.5	2 m
±5.0	5.0 k	390 n	206.2	50.2	3 m
±10.0	5.0 k	390 n	207	49.9	4 m
±15.0	5.0 k	390 n	207.8	49.8	6 m
+14.0, -1.0	35 k	390 n	20.4	18.37	4 m
±15.0	35 k	68 p	135.4 k	49.7	5 m

表2 図6の回路の電源電圧や帰還容量C_fを変えたときの発振周波数

電源電圧 [V]	R_f [Ω]	C_f [F]	周波数 [Hz]	デューティ [%]	電源電流 (約) [A]
2.5	5.0 k	250 p	292.1 k	50.7	8 m
5	5.0 k	250 p	294.7 k	50.3	10 m
5	5.0 k	60 p	840.6 k	49.7	16 m

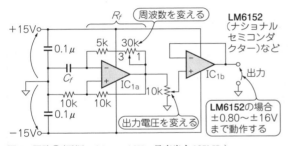

図5 回路①（電源±0.8～±16V，最高出力135kHz）
レール・ツー・レールのデュアルOPアンプを使用．発振周波数はC_fとR_fで設定．デューティ比は正負電源のバランスで調整可能

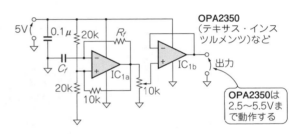

図6 回路②（電源電圧0～5.0V，最高発振周波数840kHz）
単電源の高速OPアンプを使用．デューティ比は常に約50%

5-4　4049を使った発振周波数　数百kHzの簡易VCO回路
～チョコッと矩形波がほしいときに～

● 回路の概要

発振周波数の安定性，直線性などがあまり要求されない発振器(PLL用など)として使える簡易VCO回路を紹介します(図7)．

入力電圧 V_{in} とⒷ点の電圧，出力の状態(0VかV_{CC})によってCへの充電電流が決定され，またⒶ点の電圧がゲートのスレッショルド電圧付近で状態が反転するため，発振が継続します．

最大発振周波数は，$V_{in} \fallingdotseq V_{CC}/2$ のときに得られ，その周波数，およびデューティは図中の式で求めることができます．図の定数の場合，最大発振周波数は図中の表のようになります．Cが小さくなると計算式とのずれが大きくなりますが，これは，浮遊容量とゲートの内部容量の影響です．

● ワンポイント

入力電圧による発振周波数の変化幅は，図の定数では20～30%程度です．

変化幅を大きくしたい場合は，R_1 の値を小さくします．$R_1 = R_2$ とした場合，変化幅はもっとも大きくなり，最小発振周波数をほぼ0にすることができます．

〈渡辺　明禎〉

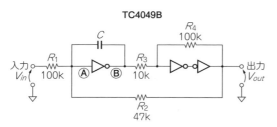

C	発振周波数
1μ	50Hz
0.1μ	500Hz
0.01μ	5kHz
0.001μ	50kHz
100pF	300kHz
10pF	500kHz
0pF	650kHz

最大周波数は $V_{in} \fallingdotseq \dfrac{V_{CC}}{2}$ のとき

周波数
$$f = \dfrac{R_4}{4CR_2R_3} \times \left[1 - \left(\dfrac{2R_2}{R_1}\right)^2 \left(\dfrac{V_{in}}{V_{CC}} - \dfrac{1}{2}\right)^2\right]$$

デューティ
$$D = \dfrac{1}{2} - \dfrac{R_2}{R_1}\left(\dfrac{V_{in}}{V_{CC}} - \dfrac{1}{2}\right)$$

図7　4049を使用した簡易VCO回路

5-5　標準ロジックICを使った水晶発振回路
～最大発振周波数50MHz程度まで動作する～

発振回路が内蔵されているICは，CMOSインバータを使ったものが一般的です．発振回路が内蔵されていないICで発振回路が必要な場合は，標準ロジックのインバータを使って容易に製作することができます．

図8はアンバッファード・タイプの74HCU04を使った例で，広く使われています．帰還抵抗 R_f はゲートをリニア動作させ，入力端子にバイアス($V_{DD}/2$)を与えるために必要です．このリニア・アンプがゲインをもつことにより発振が生じます．4000Bシリーズでは数MHz，74HCでは50MHz程度が最大発振周波数となります．

ダンピング抵抗 R_d はループにおけるゲインを抑え，発振回路のスプリアスを減らすために挿入します．発振周波数は水晶振動子と C_1，C_2 で決定されます．表3に回路定数を示します．

〈渡辺　明禎〉

◆引用文献◆
(1) ㈱多摩デバイス，水晶発振回路と回路定数例．
http://www.tamadevice.co.jp/cmos-cirkits-1.htm

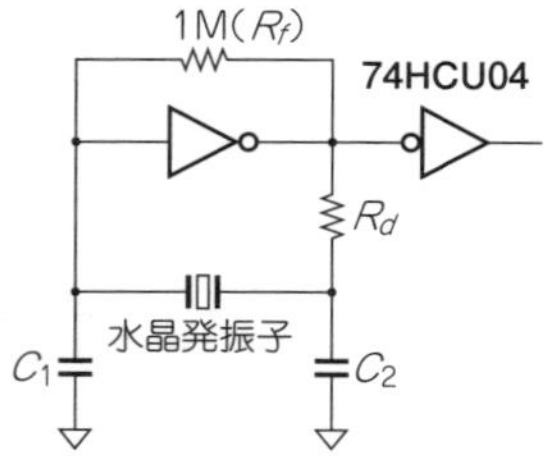

図8　74HCU04を使った水晶発振回路

表3[(1)]　図8の回路定数(C_L：負荷容量)

周波数範囲	R_d	C_1，C_2			
		$C_L = 12$ pF時	$C_L = 16$ pF時	$C_L = 18$ pF時	$C_L = 30$ pF時
3～4 MHz	5.6 kΩ	—	22 pF	27 pF	47 pF
4～5 MHz	3.9 kΩ	—	22 pF	27 pF	47 pF
5～6 MHz	2.7 kΩ	15 pF	22 pF	27 pF	47 pF
6～8 MHz	2.7 kΩ	15 pF	22 pF	27 pF	47 pF
8～12 MHz	1.8 kΩ	15 pF	22 pF	27 pF	47 pF
12～15 MHz	1.0 kΩ	15 pF	22 pF	27 pF	47 pF
15～20 MHz	1.0 kΩ	15 pF	22 pF	27 pF	—
20～30 MHz	560 Ω	15 pF	22 pF	27 pF	—

5-6 ＋5V単電源動作の100kHzのこぎり波発生器
～直線的/連続的に変化する制御信号がほしいならこれ～

図10に示すのは，＋5V単電源で動作するのこぎり波の発生回路です．電圧が直線的に変化する電圧源があれば，VCO(Voltage Controlled Oscillator)の可変周波数範囲を確認したり，モータの速度制御試験を行えたりします．

図9に示すように積分回路とヒステリシス・コンパレータを使えば三角波を生成できます．この積分回路の電流を正負別個に制御すると，のこぎり波（鋸歯状波）が得られますが，この方法で得られる鋸歯状波は，0Vを中心として正負に振れます．0Vから直線的に上昇する電圧信号が欲しいときは，これをオフセットしてやる必要があり，ちょっとやっかいです．

図10の回路で生成されるのこぎり波の周期は，積分回路(IC_{1a})の時定数と正側のピーク電圧で決まります．

傾斜は，積分回路に流れ込む電流(I_1)とコンデンサC_5で決まります．このI_1を流すために負電源が必要で，IC_{2c}の発振回路が負電源を作ります．約100kHzの矩形波をダイオードでピーク検波して負の電圧を得ます．

無負荷だとピーク・ツー・ピークに近い負電圧が得られますが，電流を流すとダイオード二つのV_F分ドロップし，シリコン・ダイオードなら約-3.8Vの出力になります．V_Fの低いショットキー・バリア・ダイオードに置き換えれば，出力は約-4.4Vになります．

IC_{1b}はコンパレータとして働いています．積分回路の電圧が上昇して，電源電圧をR_5とR_6で分圧した値に達すると，フリップフロップが反転してアナログ・スイッチをONさせ，積分コンデンサを放電します．この場合，$R_5=R_6$ですから，のこぎり波のピークは電源電圧の1/2(2.5V)になります．

リセット時間，つまりアナログ・スイッチをONしている時間はR_7とC_6の時定数で決まります．この値を大きくすれば，のこぎり波の底である0Vの時間が長くなります． 〈下間 憲行〉

◆参考文献◆
(2) 稲葉保；精選アナログ実用回路集，CQ出版社．

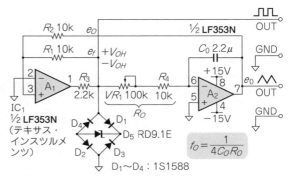

図9(2) 物の本に書いてあるのこぎり波を発生させる回路
積分回路の電流を正負別個に制御すればのこぎり波が得られるが，正負に振幅する．この回路を変更して0Vから上昇するのこぎり波を生成するためには，オフセット電圧加算回路を付加するなどやっかいな作業が必要

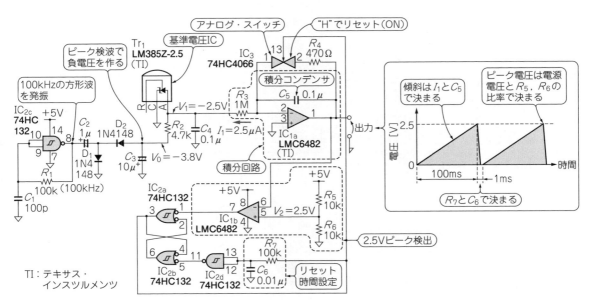

図10 のこぎり波発生回路(単電源タイプ)
5V動作．0～2.5V間を100msで直線的に変化する出力が得られる

5-7 単電源動作の三角波発振回路
～スイッチング電源のパルス幅コントロールやLED照明の調光回路に～

● 実際によく使うのは単一電源動作の三角波発振器

三角波はスイッチング電源のパルス幅をコントロールする回路や，LED照明の明るさを調節するPWM調光回路などに広く使われています．

三角波を発生するには，コンデンサを定電流で充電するのがもっとも一般的です．定電流をスイッチングする回路や，積分器を使った回路があります．

図11(a)のように，教科書的な回路（基本回路）のように，正負両電源で動作する積分器とコンパレータを使った回路になっていますが，実際には単一電源で動作させたいことが多いものです．

そこで，5V単一電源で動作する三角波発振回路を作ってみました［図11(b)］．

● 基準電位は電源電圧の1/2に設定

プラスの単一電源動作なので，積分器の基準電位は電源電圧の1/2にします．R_2，R_3で電源を2分圧して，U_1の非反転入力を2.5Vにバイアスします．

複数の発振回路がある場合は，一つの分圧回路を共用することもできますが，この場合は干渉を防ぐために，0.1μFのパスコンを入れます．

● コンパレータよりCMOSゲートICが便利

コンパレータはOPアンプやコンパレータICを使ってもよいのですが，ここではCMOSゲートICを使ってみました．非反転ゲートの入出力間に抵抗で正帰還をかけてヒステリシス特性を得ています．

ゲートICは動作が高速ですし，負荷抵抗が大きければ，出力電圧もほぼ電源とグラウンド電位近くまで振ることができるので，このような用途には好適です．CMOSゲートのしきい電圧は，ほぼ電源電圧の1/2です．この用途には74HCTなどしきい電圧が偏っているゲートは向きません．

ヒステリシス幅は，(R_4/R_5)×電源電圧になるので，$R_4<R_5$でないとヒステリシス幅が電源電圧を超えてしまって，U_1で駆動できなくなります．ヒステリシス幅は，そのまま三角波の振幅になります．

〈登地 功〉

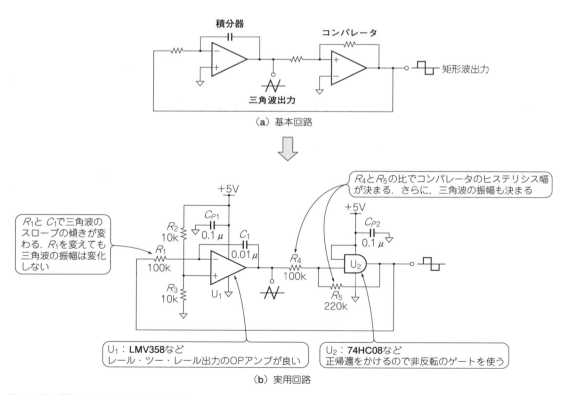

図11 単一電源で動作する三角波発振回路

5-8 直流電圧で周波数を制御できる直線性の良い弛張発振器
～三角波や方形波出力が同時に得られる～

図12に示すのは，C_1 に流れる電流を制御して三角波を発振させる弛張発振器です．三角波を正弦波に変換すればアナログ・ファンクション・ジェネレータになります．

IC_{1a} と Tr_1 の回路は，入力電圧を電流に変換するV-Iコンバータです．R_1 に流れる電流と Tr_1 のコレクタから出力される電流がほぼ等しくなります．$R_2 = R_3 = R_4$ で，しかも IC_{1b} の正負入力の電位がほぼ等しいので，Tr_1 のコレクタ電流と，Tr_3，Tr_4 のコレクタ電流が同じ値になります．$R_3 = VR_2 + R_5$ に調整すると，Tr_2 のコレクタ電流も同じ値になります．

IC_{1b} と IC_{2a} には入出力レール・ツー・レールOPアンプを使わないと，定電流回路として正常に動作しません．ここでは高精度入出力レール・ツー・レールのOP284を使用しました．

IC_{3a} も，入出力レール・ツー・レールOPアンプで正帰還をかけています．出力は，正または負の電源電圧にほぼ等しい値に飽和します．

IC_{3a} の出力が正に飽和しているとすると，IC_{2b} の負入力はほぼ0Vなので，D_3 と D_4 がONになり，D_2 と D_5 がOFFになります．Tr_2 のコレクタ電流は，IC_{2b} の負入力に流れ込んで C_1 にも同じ値の電流が流れ，IC_{2b} の出力は負方向に変化していきます．

IC_{3a} の出力は+5Vなので，
$$2(VR_1 + R_7) = R_8$$
に調整すると，IC_{2b} の出力が-2.5V以下になったとき，IC_{3a} の負入力が0Vよりも低くなり，IC_{3a} の出力は-5Vに急低下します．すると，D_2 と D_5 がON，D_3 と D_4 がOFFになり，今度は IC_{2b} の負入力から Tr_4 のコレクタに電流が流れて，IC_{2b} の出力は正方向に変化していきます．

この動作を繰り返すことにより，IC_{2b} の出力からは三角波が，IC_{3a} の出力からは方形波が発生します．VR_1 は，IC_{2b} の出力が±2.5Vになるよう調整します．VR_2 は，三角波のスロープが等しくなるように調整します．この回路定数で3ディケードの発振周波数範囲が得られます．

積分器(IC_2)の三角波出力の変化速度は，C_1 に流れる電流を I_i とすると，I_i/C_1 [V/s]になります．写真1に示すのは，入力電圧が10VのときのIC$_{3a}$ とIC$_{2b}$ の出力波形です．入力電圧が10Vのときは，Tr_2 と Tr_4 に流れる電流が5mAなので，IC_{2b} の出力波形の変化速度が5V/msになっています．この回路の最高周波数は，IC_{3a} のスルー・レートで制限されます．より高い周波数が必要な場合は，IC_{3a} を高スルー・レートのOPアンプに変更します．　　〈遠坂 俊昭〉

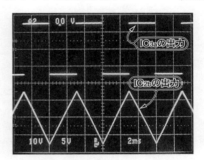

写真1　入力電圧が10VのときのIC$_{3a}$ とIC$_{2b}$ の出力波形
上：10V/div.，下：5V/div.，2ms/div.

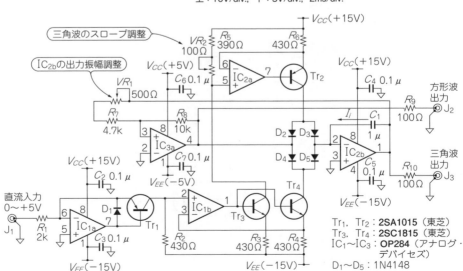

図12　直流電圧で周波数を制御できる直線性の良い弛張発振器

5-9 矩形波と同時に三角波も出力する電圧制御発振回路
~電圧周波数変換器，V-Fコンバータに使える~

● 矩形波と同時に三角波を出力したりデューティの変更もできる

図13に示すのは電圧制御発振器(VCO)です．充放電回路とヒステリシス・コンパレータ，NPNトランジスタで構成します．

VCOは単体のICまたはLSIに内蔵されていることがほとんどです．OPアンプで作ることはほとんどないかもしれません．しかし，図13の回路は矩形波と同時に三角波を出力したり，微妙にデューティを変えたりできるので，特殊なクロックが必要になったときに使えます．

● 回路の動作

トランジスタTr_1がOFFのとき，抵抗R_9には電流が流れません．OPアンプIC_1の入力V_{ip}とV_{im}は仮想ショートで同電位となるので，$V_{ip} = V_{im} = V_{cnt}/2$となります．このとき抵抗$R_{10}$，$R_3$を経由してコンデンサ$C_1$に流れ込む電流$I_{in}$は，

$$I_{in} = \frac{V_{cnt} - V_{ip}}{R_{10} + R_3}$$
$$= \frac{1/2 - V_{cnt}}{20k} = \frac{V_{cnt}}{40k} \cdots\cdots (1)$$

となります．トランジスタTr_1がONするとコレクタ電位がGNDとなるので抵抗R_9には，

$$I_9 = \frac{V_{ip}}{R_9} = \frac{V_{cnt}/2}{10k} = \frac{V_{cnt}}{20k} \cdots\cdots (2)$$

が流れます．V_{cnt}とV_{ip}は同じ電位なので，抵抗R_{10}とR_3に流れる電流は式(1)の電流と同じになり，コンデンサC_1からは，

$$I_{out} = I_{in} - I_9$$
$$= V_{cnt}\left(\frac{1}{40k} - \frac{1}{20k}\right)$$
$$= -\frac{V_{cnt}}{40k} \cdots\cdots (3)$$

が流れ出します．抵抗$R_{10} = R_3 = R_9$なので$I_{in} = -I_{out}$となり，コンデンサの充電と放電が繰り返し行われ，IC_1から三角波が出力されます．

IC_1から出力された三角波をOPアンプIC_2で構成したヒステリシス・コンパレータに入力し，矩形波にしてトランジスタTr_1のON/OFFを制御します．ヒステリシス幅V_{his}と三角波の振幅が等しくなるので，

$$V_{his} = \frac{1}{C_1}\int_0^T \frac{V_{cnt}}{40k}dt = \frac{1}{C_1} \times \frac{V_{cnt}}{40k} \times T = \frac{V_{DD}}{2} \cdots (4)$$

$$T = \frac{V_{DD}}{2} \times C_1 \times \frac{40k}{V_{cnt}} = \frac{40k \times C_1 \times V_{DD}}{2V_{cnt}} \cdots\cdots (5)$$

発振周波数fは，

$$f = \frac{1}{2T} = \frac{V_{cnt}}{40k \times C_1 \times V_{DD}} = \frac{2.5}{40k \times 1n \times 5}$$
$$\approx 12.5 \text{ kHz}$$

となります．

〈美齊津 摂夫〉

◆参考文献◆

(3) D-CLUE 匠たちのブログ，D-CLUE Technologies co.,LTD. http://blog.d-clue.com/

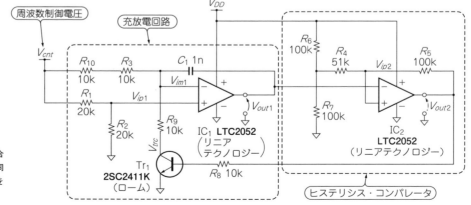

図13 電圧制御発振回路
ディスクリート部品を組み合わせると矩形波と三角波を同時に出力したりデューティを変えられる

5-10 レベルが1段ずつ大きくなる階段波信号発生器
～0Vから4.375Vまで0.1秒周期で繰り返す～

さまざまな波形の信号を入力したときの,回路のダイナミックな応答を見たいときは,任意波形発生器という測定器の出番です.

それほど複雑ではない波形の信号でよければ,自作してしまいましょう.ここでは階段波発生回路を紹介します.

● 階段波を生成する回路

図14は,階段状に電圧が上がり下がりする回路です.CMOSバイナリ・カウンタ(74HC4060)にR-$2R$ラダー抵抗をつなぐと,8レベル(3ビット)の階段状に変化する出力電圧が得られます.カウンタの最終段Q_{14}(1/16384)出力が1周期になり,繰り返し周期は74HC4060の発振周波数で決まります.発振回路に使うのは水晶振動子ではなくてもかまいません.CR発振で簡単に作れます.発振周波数は,R_2とC_2の値で決まり,値を大きくすると周波数が低くなり繰り返し周期が長くなります.

出力電圧は,0Vから電源電圧の7/8まで変化します.後段のOPアンプがピークで飽和するようなら,R_9を付加して出力レベルを下げます.

図14では74HC4060のQ_{12}～Q_{14}出力を使っていますが,Q_8～Q_{10}でも同じような8レベルの階段波を得ることができます.さらに,Q_7も使ってR-$2R$ラダー抵抗をもう一段増やせば,16レベル(4ビット)の階段波を作ることができます.ただし,Q_{12}～Q_{14}を使ったときと比べると,分周段数が減るので,1ステップ当たりの時間が短くなり,繰り返し周波数は16倍になります.

▶振幅をコントロールできる1kHz正弦波発生回路との組み合わせ

図15は,直流で振幅をコントロールできる1kHzの正弦波発生回路の入力に,階段波発生回路の出力をつないだときの観測波形です.1kHzの正弦波の振幅が階段状に変化しており,その周期は約10Hzです.この信号は,低周波アンプの飽和確認やAGC(Auto Gain Control)回路の応答実験に利用できます.

▶発振対策

発振部のC_1は,異常発振防止用のコンデンサです.HS-CMOSのゲートで発振回路を組んだとき,主発振波形のエッジ(スレッショルド通過時)に異常発振が生じることがあります.この異常発振は,C_1で少し正帰還をかけると防ぐことができます.

〈下間 憲行〉

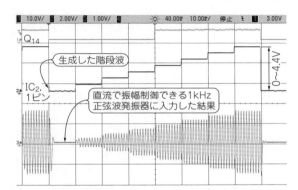

図15 図14の階段波出力信号を電圧で振幅を制御できる1kHz正弦波発生回路に入力した結果(Q_{14}:10V/div,IC_2 1ピン:2V/div,正弦波出力:1V/div,10ms/div)
周期は80ms

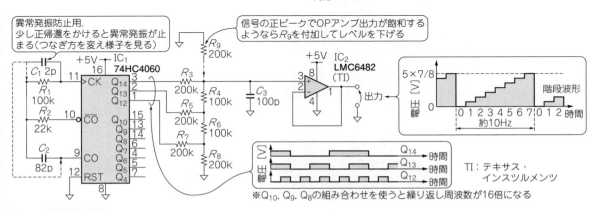

図14 階段波発生回路
出力0～5V×7/8V,8段,約10Hzの階段波

5-11 定番タイマICを使ったワンショット・パルス発生回路
～少ない外部部品でタイミング信号を発生させる～

● デバイスの概要

555は，定番のタイマICです．少ない外部部品で単安定，非安定マルチバイブレータなど，各種のタイミング信号を発生させることができます．電源電圧も4.5 V～16 V（バイポーラ），2 V～15 V（CMOS）と非常に広範囲で，各種用途に使用できます．

● 回路の概要

ここでは，トリガ入力信号が入ると一定時間のパルスを出力する単安定マルチバイブレータの応用として，トリガ・パルスの立ち上がりで出力を"H"にし，ワンショット・パルスを出力する回路を二つ紹介します．

▶単安定マルチバイブレータ回路

図16(a)に一般的な単安定マルチバイブレータ回路を示します．トリガ入力に"L"レベルが入力されると，"L"になった時点からタイミング・コンデンサの充電が開始され，出力は"H"になります．なお，トリガ・パルスの幅は，出力パルスの幅よりも短くする必要があります．

▶ワンショット・パルス出力回路

図16(b)は，トリガ・パルスの立ち上がりで出力を"H"にし，ワンショット・パルスを出力する回路です．

この回路では，リセット入力を併用して，トリガ・パルスの立ち上がりからワンショット・パルスを出力するようにしています．

C_4, R_2を使ってトリガ入力への信号を遅延させると，トリガ・パルスの立ち上がりで見かけ上トリガされます．

トリガ・パルスがリセット端子に加わっている間，放電端子は"L"で，タイミング・コンデンサC_2を放電させたままになっています．リセットが開放されると通常のトリガ動作を開始します．パルスを遅延させることと，リセット入力が0.4 V，トリガ入力が$V_{CC}/3$のスレッショルドであることから，必ずリセットの開放からトリガを認識，という手順を踏めることにもなります．

● ワンポイント

▶ループが最短となるパターン設計

タイミング・コンデンサ～放電端子～GNDのループが最短になるようにパターンを設計します．タイミング・コンデンサがほかに影響を与えずに素直に放電できないと，誤ったトリガが起きることも考えられます．

タイミングを決定するC_2, R_1については，実際の回路で測定のうえ，定数を決定してください．

▶バイポーラとCMOSでは特性が同一とは限らない

バイポーラ，およびCMOSの555は，トリガ，スレッショルド端子のスレッショルド電圧は同一ですが，特性の詳細はかならずしも同一ではありません．

量産などで部品を指定する場合はかならずどちらであるかを指定し，トラブルを未然に防ぐことがたいせつです．

〈石井 聡〉

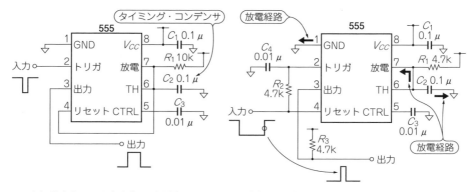

(a) 単安定マルチバイブレータ回路

(b) トリガ・パルスの立ち上がりでワンショット・パルスを出力する回路

図16 タイマIC 555によるタイミング信号発生回路

5-12 74HCU04を使った簡易ファンクション・ジェネレータ
～10Hz～1MHzの正弦波/矩形波/三角波を同時に出力～

図17は10Hz～1MHzの正弦波/矩形波/三角波を同時に出力できるファンクション・ジェネレータです。IC_{1a}とC_1はミラー積分回路を構成し、R_2、R_3、IC_{1b}、IC_{1c}はシュミット回路を構成します。シュミット回路の出力をミラー積分回路の入力に戻すことによって矩形波発振器になります。

発振周波数f_{osc} [Hz] は近似的に、

$$f_{osc} = \frac{1}{4} \left(\frac{1}{R_A C_1} \right) \left(\frac{R_3}{R_2} \right)$$

ただし、$R_A : R_1$とR_{VR1}を足した値

となります。発振周波数はR_{VR1}によって、最小発振周波数を1としたとき1～20倍の範囲で連続可変できます。

IC_{1f}とR_4、R_{VR2}、R_5はリニア反転増幅器を構成します。4個の1S2076Aでブリッジを構成し、三角波の頭の部分をクリップさせることで正弦波に変換します。R_{VR2}を調整し正弦波のひずみ率を最小化します。

〈黒田 徹〉

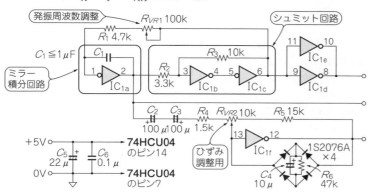

C_1 [F]	周波数範囲 [Hz]
1 μ	7.3～167.4
0.1 μ	71.6～1.657k
0.01 μ	747～17.115k
1000p	7.231k～156.6k
100p	73.97k～1.197M

図17 簡易ファンクション・ジェネレータ

5-13 シフトレジスタとEx-ORによるホワイト・ノイズ発生回路
～試作回路の伝達特性の評価に使える～

図18は、シフトレジスタとEx-ORを組み合わせ、最大周期列という2進疑似乱数を作り、事実上のホワイト・ノイズを発生させる回路です。

電源投入直後にシフトレジスタの出力がオール・ゼロに陥ると起動しないので、C_1、R_1によって電源投入時に微分パルスを発生させ回路を起動します。$R_2 R_3$とEx-ORはシュミット・トリガを構成しています。

74HC164の最終段の13番ピンの出力電圧は2値信号ですが、後段の3次バターワース特性LPFによって振幅確率密度関数が正規分布のホワイト・ノイズ、つまりガウス性ホワイト・ノイズになります。LPFのカットオフ周波数はクロック(約3MHz)より十分低く設定しなければなりません。

〈黒田 徹〉

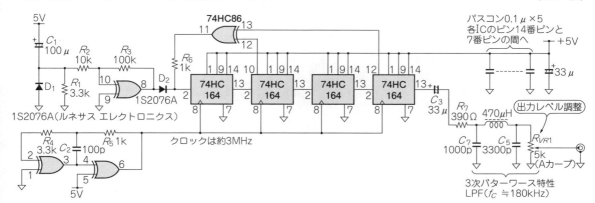

図18 シフトレジスタとEx-ORによるホワイト・ノイズ発生回路

5-14 部屋の伝達特性も測れるホワイト&ピンク・ノイズ発生器
～10Hz～100kHzでフラットな雑音と-3dB/octの雑音を同時出力～

図19は，10 Hz～100 kHzまで周波数特性が平たんなホワイト・ノイズと，-3 dB/oct.のスペクトルを持つピンク・ノイズを発生させる回路です．

● ホワイト・ノイズは伝達特性の計測に向く

すべての周波数が均一に含まれたノイズ源をホワイト・ノイズ(白色雑音)と呼びますが，これを試料に加え，出てきた信号の周波数特性を計算すれば，試料の伝達特性が求まります．機械系を含む測定対象の場合，正弦波で掃引すると特定の周波数で共振し，試料が破壊する恐れがあります．このような場合にも，一般にホワイト・ノイズが使われます．

● ピンク・ノイズは音響の伝達特性の計測に向く

音響計測などにも雑音信号が使われます．スピーカなどを含む測定対象の場合，ホワイト・ノイズを使用すると高域にパワーが偏ってしまいます．このため，あるレベルではウーハの成分が不足し，レベルを上げるとツイータが破損するといった不具合が生じます．これを解消するために使用されるのが，-3 dB/oct.で高域のレベルを下げて低音と高音のエネルギ密度を同程度にしたピンク・ノイズです．

● ノイズ発生器からは3種の出力が得られる

▶ホワイト・ノイズ出力

ツェナー・ダイオードD_1から，数百$nV/\sqrt{Hz}$の雑音密度をもったホワイト・ノイズが発生します．この雑音を10000倍増幅して，$1 mV/\sqrt{Hz}$のホワイト・ノイズとして出力します．

▶ピンク・ノイズ出力

IC_{2a}で-3 dB/oct.のイコライザを構成して，ピンク・ノイズを生成しています．

▶ホワイト&ピンク・ノイズ出力

IC_{2b}はミキシング回路で，J_1から入力された信号に雑音を重畳させることができます．雑音レベルはVR_1で調整できます．

〈遠坂 俊昭〉

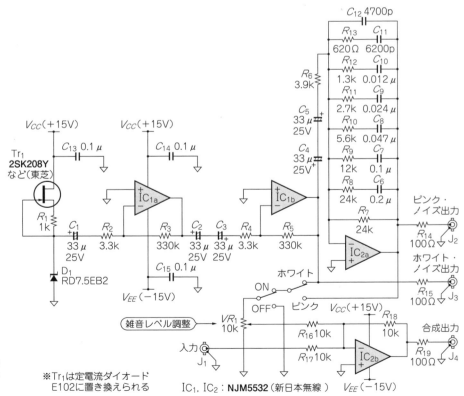

図19 10Hz～100kHzのホワイト・ノイズ&ピンク・ノイズ発生回路

※Tr_1は定電流ダイオードE102に置き換えられる

小信号/差動出力/アイソレーション/プログラマブル・ゲイン・アンプなど

第6章 増幅回路

6-1 定番のOPアンプTL071を使った増幅回路
～基本的な反転増幅～

図1はOPアンプを使った基本的な反転増幅回路です．±5～±15Vの正負電源で動作します．

▶増幅率の設定

増幅率は抵抗R_1, R_2で設定でき，
$$V_{out} = -(R_2/R_1)V_{in}$$
となります．図1の定数($R_1 = 10\,\text{k}\Omega$, $R_2 = 100\,\text{k}\Omega$)では10倍の反転増幅回路です．

▶バイアス電流の補償

抵抗R_3はバイアス電流補償用です．図1ではFET入力OPアンプのTL071を使っており，元々入力バイアス電流は小さいので，R_3は省略(OPアンプの非反転入力をGNDに直結)してかまいません．

▶帯域幅の設定

コンデンサC_1は帯域幅($-3\,\text{dB}$)を制限してノイズを低減したり，入力容量が大きい場合に位相余裕を向上する効果があります．通常は省略できます．負荷容量が大きい場合の位相余裕向上には，さらに( )内の抵抗R_5をⒶ点に直列に挿入します．

コンデンサC_1によって回路の帯域幅BW($-3\,\text{dB}$)は，
$$BW = 1/(2\pi C_1 R_2)$$
に制限されます．図1の定数($C_1 = 100\,\text{pF}$, $R_2 = 100\,\text{k}\Omega$)では約16 kHzとなります．帯域幅を広げたい場合は，R_1, R_2の値を小さめに選びます．

▶OPアンプの選定と入力オフセット電圧

TL071は，入力オフセット電圧は比較的大きめ($10\,\text{mV}_{max}$)なので，微小入力信号を扱う場合はデータシートの指定に従ってオフセット調整が必要です．

〈宮崎 仁〉

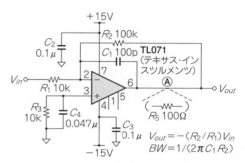

図1 OPアンプを使った基本的な反転増幅回路

6-2 定番のOPアンプTL071を使った交流専用の単電源増幅回路
～オーディオ帯域で使用できる～

図2は，OPアンプを使った交流専用の反転増幅回路です．9～30 Vの単電源で動作します．

▶増幅率の設定

コンデンサC_2とコンデンサC_3で直流成分をカットすることにより，交流成分だけを，
$$A = R_2/R_1 倍$$
に増幅します．図2の定数($R_1 = 7.5\,\text{k}\Omega$, $R_2 = 75\,\text{k}\Omega$)では10倍の反転増幅回路です．

▶バイアス電圧の設定

抵抗R_3, R_4で電源電圧V_{CC}の1/2の電圧を作り，非反転入力ピンに供給します．仮想接地により，反転入力ピンも$V_{CC}/2$にバイアスされ，OPアンプ出力も$V_{CC}/2$を中心に振れるようになります．C_5はバイアス電圧安定化用のパスコンです．

▶入力周波数の下限

コンデンサC_2と抵抗R_1により，入力周波数の下限($-3\,\text{dB}$)は，
$$f = 1/(2\pi C_2 R_1)$$
となります．図2の定数($C_2 = 0.47\,\mu\text{F}$, $R_1 = 7.5\,\text{k}\Omega$)では約45 Hzとなります．

▶入力周波数の上限

コンデンサC_1によって周波数の上限($-3\,\text{dB}$)は，
$$f = 1/(2\pi C_1 R_2)$$
に制限されます．図2の定数($C_1 = 100\,\text{pF}$, $R_2 = 75\,\text{k}\Omega$)では約21 kHzとなります．

▶OPアンプの選定

TL071は元々オーディオ用を意識して低ノイズ化を図ったOPアンプ製品であり，一般的なオーディオ帯域をカバーできます．

〈宮崎 仁〉

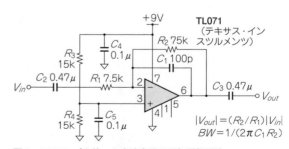

図2 OPアンプを使った交流専用の反転増幅回路

6-3 微小信号を観測できる帯域300 kHzの100倍プリアンプ
～オシロスコープの感度が少し足りず波形が思うように見られないとき～

オシロスコープの感度が少し足りず、波形が思うように見られないとき、アンプであらかじめ信号を増幅しておけば、観測しやすくなります。動作は、オシロスコープのオプションで用意されているアクティブ・プローブと同じです。

オシロスコープに10：1のプローブを接続するとゲインが1/10に低下します。アクティブ・プローブにゲインが10倍あれば、10：1のプローブに対し100倍感度が上がります。

● 回路

図3に、プリアンプ回路を示します。この回路では高域遮断周波数が300 kHz程度なので、低周波の信号観測用です。10 MΩの入力抵抗をもつこと、信号源抵抗による直流オフセット電圧の発生がほとんどないこと、数十kΩ以上の信号源でも雑音の増加が少ないことから、パッシブ・プローブを使っているときと同じ感覚で使えます。電源電圧は±15 Vです。

オシロスコープに使う10：1プローブの入力インピーダンスは、一般的に10 MΩで入力容量は10 p～20 pF程度です。そのプローブの入力抵抗に合わせて、R_1を10 MΩにしています。

LF356のGBWは5 MHz$_{typ}$なので、10倍のゲインを持たせると高域遮断周波数は500 kHz付近のはずなのですが、実測では約300 kHzでした。　〈遠坂 俊昭〉

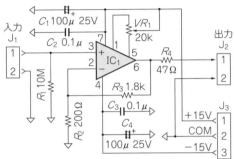

図3　帯域300 KHzの100倍プリアンプ回路

6-4 微小信号を観測できる帯域1 MHzの100倍プリアンプ
～センサの信号が小さすぎてオシロスコープで波形観測ができないときに～

センサなどでは、発生した信号が小さすぎてオシロスコープなどで波形が観測できないときがあります。そのようなときは、低雑音でゲインの大きなプリアンプを用意し、信号を大きく増幅してから観測します。

● 回路

図4に低雑音プリアンプの回路図を示します。R_4は容量負荷のときの発振対策のために挿入しています。

アンプ自体の入力換算雑音電圧密度が低域まで小さいので、数kΩ以下の信号源のとき最高のSN比が得られます。

電源電圧±15 V、最大出力電圧約±13 V、高域遮断周波数は約1 MHzです。オシロスコープ本来の帯域よりは狭くなります。

AD797はLF356より入力バイアス電流が大きいので、オフセット電圧を小さくするために、入力抵抗を決めるR_1が100 kΩと小さくなっています。

ゲイン・位相-周波数特性を実測すると、利得が−3 dB低下する高域遮断周波数は約1.3 MHzで、計算した値よりちょっとだけ高くなりました。

▶雑音電圧密度特性

出力雑音電圧密度を実測した結果では、全体的に計算結果と同様に入力短絡で100 nV/$\sqrt{Hz}$、1 kΩで500 nV/$\sqrt{Hz}$の値になりました。信号源抵抗が100 kΩになるとAD797の入力雑音電流が支配的になり、1 kHz以下では1/f雑音も観測されています。

〈遠坂 俊昭〉

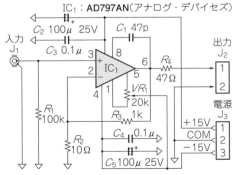

図4　帯域1 MHzの100倍プリアンプ回路

6-5 微小信号を観測できる帯域30 MHzの100倍プリアンプ
～広帯域から低雑音のアクティブ・プローブに使える～

一般的な交流電圧計の最高感度は1 mV$_{RMS}$程度です．このため，低雑音増幅器の出力雑音電圧を計測するにはちょっと感度が足りない，ということが起こります．このようなときは，広帯域かつ低雑音のアクティブ・プローブを作ります．

● 回路

図5に示すのは，ゲイン100倍の広帯域低雑音プリアンプです．電源電圧は±5 V，最大出力電圧は約±3.8 Vです．

使用したAD8099の入力換算雑音電圧は0.95 nV/√Hzで AD797と同程度です．さらに，ゲイン帯域幅積GBWが3.8 GHzと非常に広帯域，スルー・レートも1 kV/μsあります．これにより，ゲインを100倍とっても30 MHzと，低雑音と広帯域を両立したプリアンプが作れます．

AD8099は高性能なOPアンプなのですが，入力バイアス電流が少し大きめです．バイアス電流I_BはDISABLE端子の設定によって異なるのですが，図5の接続では$I_B = -0.1~\mu A_{typ}(2~\mu A_{max})$です．

実際に使用するときには，インピーダンスの低い信号源が接続されるので，そちらにバイアス電流が流れ，オフセット電圧は小さくなるので問題ありません．しかし，入力に何もつながないと，R_1の100 kΩに0.1 μAが流れると10 mVが発生し，出力にはそれを100倍した1 Vが発生してしまいます．R_1は，バイアス電流を流すというより，使用していないときに静電気で破壊するのを少しでも防ぐために挿入してある抵抗です．

〈遠坂 俊昭〉

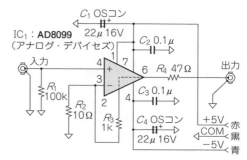

図5 帯域30 MHzの100倍プリアンプ回路

6-6 電源電圧1 Vまでフルスイングする片電源小信号用アンプ
～レール・ツー・レール出力のOPアンプで作れる～

図6で紹介するのはCMOS OPアンプNJU7015を使った電源電圧1 V，ゲイン約5倍のACアンプです．NJU7015は単電源で1 Vから動作するCMOS OPアンプです．

出力はレール・ツー・レール動作ですが，入力は通常の単電源タイプです．電源電圧1 Vでの規格はデータシートにはありませんが，同相入力電圧幅$V_{ICM} = 0~0.5$ V，最大出力電圧幅$V_{OM1} = V_{DD} - 0.1$ V，$V_{OM2} = V_{SS} + 0.1$ Vが参考値です．

一般的にレール・ツー・レールの出力は，直流電位を$V_{CC}/2$または$V_{DD}/2$にバイアスするのが理想です．しかし本例の場合，入力を$V_{DD}/2$にバイアスすると同相入力電圧範囲の上限に掛かってしまいます．

そこで図6の回路では直流バイアスのかけ方を工夫しています．入力電圧のバイアス点と最大出力電圧の比は，グラウンドを基準にほぼ1：2です．実際には抵抗分割で$V_{DD}/4$の入力バイアス電圧を作り，非反転入力に与えます．そしてOPアンプの直流ゲインをグラウンド基準に2倍に設定することで$V_{DD}/2$の直流出力電位が得られます．

ただし，それだけだとACゲインも2倍に固定されてしまい融通が利きません．ゲイン設定抵抗をR_1とR_3に分割し，C_2を追加することでACゲインを設定できるようにしています．

〈佐藤 尚一〉

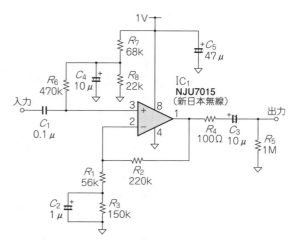

図6 バッテリ電圧ぎりぎりまでスイングする小信号用アンプ

6-7 ひずみの少ない多重帰還型差動出力アンプ
～アナログ/オーディオ信号の平衡伝送や同期検波回路に適する～

OPアンプIC_{1a}，IC_{1b}とR_3，R_4，R_5，R_6で見かけ上一つのOPアンプを形成しています．IC_{1a}の3番ピンが通常のOPアンプの反転入力端子に，IC_{1b}の5番ピンが非反転入力端子になります．この二つのOPアンプでできたOPアンプに負帰還をかけてやると，多重帰還増幅器のでき上がりです．C_cはアンプ全体に対する位相補償コンデンサです．

ここで，$R_3 = R_4 = R_5 = R_6 = R$とすると，$IC_{1b}$の5番ピンの電位はグラウンドですから，

$$v_{out2} R_6 = 0 - v_{out1} R_5$$

となり，

$$v_{out2} = - v_{out1}$$

で差動出力が得られることがわかります．

図7の回路では，通常の反転増幅器のように増幅度はR_2/R_1，入力インピーダンスはR_1となります．

この回路の特徴は，OPアンプの入力電位がすべてグラウンド・レベルになるため，コモン・モード電圧によるひずみの発生を防げることと，それぞれのOPアンプの増幅度やひずみの特性が多少悪くても多重帰還のおかげでアンプ全体としての性能が良くなることです．

ただし，多重帰還であるために位相余裕的に厳しくなっていることに注意が必要です．位相余裕の少ないOPアンプを使った場合には，異常発振の危険性があるので，実際の使用に際しては十分な検証が必要です．

ひずみを気にするアナログ/オーディオ信号の平衡伝送や，アナログ・スイッチを使った同期検波回路などに適しています．　　　〈細田 隆之〉

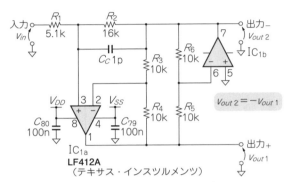

図7　ひずみの少ない多重帰還型差動出力アンプ

6-8 高速A-Dコンバータ用差動プリアンプ
～±1Vの入力信号を2Vを中心とした信号にレベル・シフトする～

最近の多くの高速A-Dコンバータの入力形式は，差動型です．

シングル・エンドのプリアンプで駆動することも可能ですが，ひずみなどのダイナミック特性を得るためには，差動信号を入力するほうが望ましい特性が得られます．

図8に示すのは，分解能12ビット変換速度25MSPSのA-DコンバータAD9225の差動プリ・アンプです．コモン・モード電圧は2Vです．

AD8058はデュアルの高速OPアンプです．0Vを中心に振れる±1Vのバイポーラ信号を，2Vを中心とした信号にレベル・シフトします．AD9225の正入力端子(V_{INA})には2V±1Vの信号が，負入力端子(V_{INB})には2V∓1Vの差動信号が入力されます．

このプリアンプは，トランスを使ったACカップリングのプリアンプと異なり，直流信号まで扱うことができます．33Ωと100pFのLPFはノイズ除去と，A-Dコンバータ内の入力段で発生するスイッチング・トランジェントを吸収します．　　　〈服部 明〉

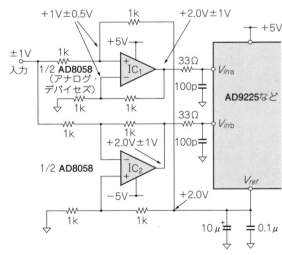

図8　高速A-Dコンバータ用差動プリアンプ

6-9 ゲインを1倍から1000倍まで可変できる高精度低ノイズ・アンプ
～A-Dコンバータの入力レンジに合うように増幅する～

A-D変換を要するアナログ入力システムでは微小信号をA-Dコンバータの入力レンジに合うよう増幅する必要があります．このような用途では，ゲインをプログラムできるアンプが便利です．

図9に示すのは，ゲインを1倍から1000倍まで可変できる増幅回路です．

ゲインは，高精度CMOSスイッチADG412による抵抗ネットワークによって約10倍ずつ切り替わります．実際のゲインは，1倍，10.0009倍，100.099倍，101009倍になります．ノイズはとても低く，1000倍のゲインで1kHz帯域のノイズは1.65 nV/$\sqrt{Hz}$です．

スイッチは，ブレイク・ビフォー・メイク(Break-Before-Make)で切り替えます．切り替え時は，フィードバック・ループが一瞬切れて，アンプ出力が振り切れます．そこで，20 pFのコンデンサを3番ピンと6番ピンの間に挿入しています．誤差要因として，スイッチのオン抵抗に流れるアンプのバイアス電流によるオフセットの増加が考えられます．ADG412のオン抵抗は35Ωですから，AD797の0.9 μAのバイアス電流で最大31.5 μVのオフセットが発生します．

アンプやスイッチの組み合わせを変えることも可能ですが，使用条件や必要な性能に合わせて部品を選んでください．実際には回路の精度と温度特性は抵抗の精度で決まり，同相レンジやオフセット・バイアス電流などの入力精度はOPアンプの性能で決まります．

〈藤森 弘己〉

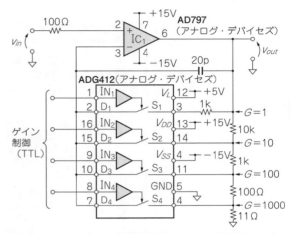

図9 ゲインを1倍から1000倍まで可変できる高精度低ノイズ・アンプ

6-10 正負入力信号を扱える単電源高速アンプ回路
～DC接続のライン・レシーバ回路に使える～

図10は，+5V単電源の電流帰還型OPアンプを使い，レベル・シフトを兼ねたDC接続のライン・レシーバ回路です．R_Tが75Ωではなく82.5Ωであるのは，825Ωと並列で信号入力インピーダンスを75Ωにするためです．AD812のR_Fの最適値は715Ωですが，これにより多少帯域が狭くなります．

アンプの非反転入力側に，+1.235 VのDCリファレンス電圧(AD589)を加えます．この入力から見たアンプのゲインは，R_F，R_{in}，R_TおよびR_Sと合わせた抵抗ネットワークにより約1.95倍の非反転出力となります．したがってAD812の出力は，+2.41 VにDCバイアスされることになります．

反転入力側は，フィードバックが正しくかかっていれば，ほとんど+1.235 Vから動くことはないので，入力信号が負側に振れても，アンプの同相入力範囲から外れることはありません．

V_{BIAS}に接続されているコンデンサと抵抗は，ノイズ対策のフィルタです．この状態で，入力±1 V(75Ω終端の後の振幅)に対して，出力は+2.41±1 Vとなります．

この回路から単電源のA-Dコンバータなどに入力する場合は，+2.41 Vの動作点を調整することにより，ダイレクトのDC接続が可能になります．

また，より信号レンジを広げたい場合は，このアンプの後ろに単電源レール・ツー・レール・アンプを使用するとよいでしょう．

〈藤森 弘己〉

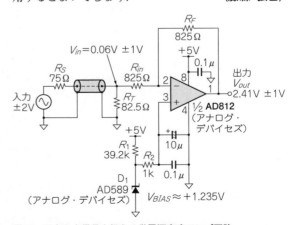

図10 正負入力信号を扱える単電源高速アンプ回路

6-11 アナログ・スイッチを使わない高速ゲイン切り替え回路
～ON抵抗による誤差やリーク電流の影響が小さい～

アナログ信号アンプのゲインや極性を高速で切り替える必要が生じることがあります．図11の回路は，CMOSスイッチを使用しないでアンプだけで構成した回路です．アンプ出力やフィードバックに半導体スイッチを含まないため，ON抵抗による誤差やリーク電流の影響が最小になります．

ここでは，出力をハイ・インピーダンスにする機能をもつトリプル・アンプAD8013を使用して，80 ns以下のスイッチング時間でゲインを＋1（非反転）と－1（反転）に切り替えています（極性切り替え回路）．

この回路では，信号を入力バッファ・アンプで受けて次段の二つのゲイン・ブロックに供給しています．入力の50Ωは終端抵抗で，伝送路の特性インピーダンスに合わせて設定します．

ゲイン・ブロックの上のアンプは－1倍，下のアンプは＋1倍に設定されています．したがって，各アンプのディセーブル端子（DIS_1, DIS_3）を使用して，信号を高速に反転/非反転に切り替えることができます．

〈藤森 弘己〉

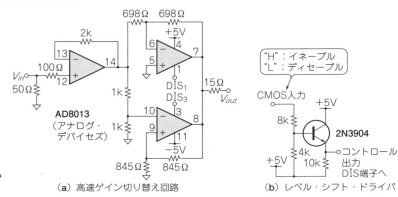

図11 アナログ・スイッチを使わない高速ゲイン切り替え回路

6-12 入力保護ダイオードのリーク電流を補正したハイ・インピーダンス・アンプ
～高速データ・コンバータの入力オーバードライブを抑える～

高速データ・コンバータの入力オーバードライブを抑えたり，入力信号に乗ってくる過電圧からの保護を目的として，バッファ・アンプに抵抗とダイオードを組み合わせたクランプ回路を付加する方法がよく知られています．

これは，シンプルな回路で過電圧に対する保護ができますが，ダイオードが信号に対する負荷となるため，リーク電流が増えてDC高インピーダンス測定の障害になることがあります（このほか，ダイオードの容量変化によるAC測定時のひずみの増加）．

図12の回路は，保護ダイオードによる漏れ（リーク）電流を最小にし，高入力インピーダンス測定を可能にするアンプ回路で，A-Dコンバータの入力段や，計測回路の信号入力バッファに使用することが可能です．

クランプ回路はアンプに電源が入っていなくても有効に動作するので，過電圧信号が入ったまま電源を切ることがありえる場合は，K_1のようなリレーによる保護か，このような条件に強いアンプを選ぶ必要があります．

〈藤森 弘己〉

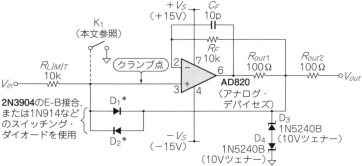

図12 入力保護ダイオードのリーク電流を抑えたハイ・インピーダンス・アンプ

6-13 A-Dコンバータのプリアンプ回路
～アナログ信号のレベルと基準をA-Dの入力レンジに合わせる～

A-Dコンバータは，入力電圧がプラス側だけのユニポーラ特性が多いです．12ビット以上の高分解能A-Dコンバータでは，差動入力が普通です．アナログ信号は，センサなどの制約で従来のままなので，OPアンプ回路でセンサとこれらのA-Dコンバータをインターフェースします．

● 一番多い正電圧入力型のA-Dコンバータを使う場合

図13(a)に示すのは，±10Vの入力信号をA-Dコンバータの入力電圧レンジである0～5Vの信号に変換するプリアンプです．入力の差動電圧が0Vのときには，出力電圧は基準電圧(V_{ref}=2.5V)になります．V_{ref}を変えると入力0Vのときの出力電圧が変わります．V_{ref}はA-Dコンバータの基準電圧を利用すると良いと思います．

R_1, R_2, およびR_3, R_4の抵抗値ですが，入力の差動電圧±10V(ピーク・ツー・ピークで20V)に対して出力電圧0～5Vですから，ゲインが，

$$5/20 = 1/4 = R_2/R_1 = R_4/R_3$$

となるように抵抗値を決めます．

● 高分解能(12ビット以上)の差動入力型A-Dコンバータを使う場合

図13(b)に示すのは，入力電圧±10Vを差動出力の0～5V(2.5V±2.5V)に変換するプリアンプです．差動入力の分解能12ビット以上の高精度A-Dコンバータを使うことを前提にしています．この回路はDC電圧が2種類(5Vと2.5V)必要なのが欠点ですが，抵抗R_4, R_5によってシンプルに2.5Vを得ています．

この回路の入出力の関係では$R_1=R_2$として，R_3/R_1の比率によって望む関係を得ています．入力電圧±10Vのとき出力電圧は0～5V(2.5V±2.5V)ですから，R_3/R_1=5/20の比率になります．したがって，$R_1=R_2=12$kΩ, $R_3=3$kΩです．R_3/R_1の比率を守ればよいのですから，$R_1=R_2=120$kΩ, $R_3=30$kΩでも問題なく動作します．図14でその動作波形を示します．

● ±10Vの入力電圧を扱うときは$V_{cc} \geq \pm 15$VのOPアンプを選ぶ

OPアンプは汎用タイプで問題ありません．入力電圧±10Vを扱うのですから，電源電圧はレール・ツー・レール型のOPアンプで±12V，それ以外は±15Vで動作させられるデバイスを選びましょう．図13は，レール・ツー・レール型で低オフセット(1mV以下)のOPアンプAD822を使って電源電圧で±12Vで動作させました．

〈瀬川　毅〉

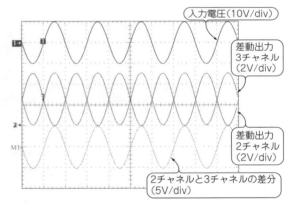

図14 A-Dコンバータのプリアンプ回路でシングルエンド差動出力の動作波形(500 μs/div)

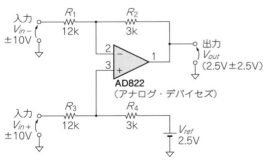

(a) 差動±10V→2.5V±2.5V

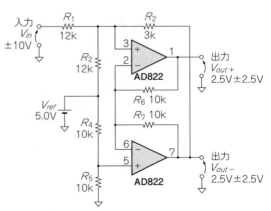

(b) シングルエンド±10V→2.5V±2.5V

図13 汎用A-Dコンバータと高分解能A-Dコンバータ(12ビット以上)の入力アンプ

6-14 高精度な増幅回路のインスツルメンテーション・アンプ
~高出力インピーダンス信号源でも大丈夫！~

入力インピーダンスも高くCMRR（Common-Mode Rejection Ratio）も欲張りたいときは，本格的なインスツルメンテーション・アンプ（Instrumentation Amplifier）を使います．

CMRRとは，オフセット電圧など二つの入力信号に共通する誤差成功を取り除く性能です．

図15の回路で，$R_4 = R_5$，$R_6 = R_8$，$R_7 = R_9$とする必要があり，この条件でアンプのゲインは，

$$Gain = \frac{R_7}{R_6}\left(1 + \frac{2R_4}{R_3}\right) = \frac{10k}{10k} \times \left(1 + \frac{2 \times 10k}{2.2k}\right) \fallingdotseq 10.09$$

と10倍のアンプになります．

CMRRを大きくするには，A_1，A_2に特性のそろった同一パッケージに2個入りのタイプOPアンプを使います．

R_6，R_7とR_8，R_9には値のそろった高精度の抵抗を使うとよいでしょう．

〈瀬川 毅〉

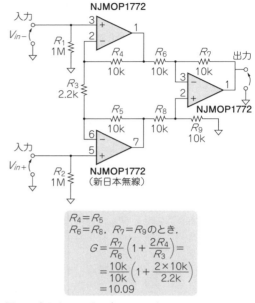

図15 高入力インピーダンスかつ高CMRRのインスツルメンテーション・アンプ

6-15 設計自由度の大きいアイソレーション・アンプ
~電源電圧が広くゲイン設定も容易~

図16に示すのは，トランスを使って絶縁するアイソレーション・アンプです．

入力電圧をいったんAM変調してトランスの1次側に与え，2次側で検波して入力信号を再生します．変調周波数はC_TとR_Tで決まり，本回路は2MHzです．

ゲインGは次式で与えられます．

$$G = 1 + R_2/R_1 = 1 + 27k/3k = 10倍$$

UC3901はスイッチング・レギュレータの2次側のエラー・アンプとして設計されたもので，電源電圧V_{CC}が+4.5～+40Vの範囲で使えます．

〈瀬川 毅〉

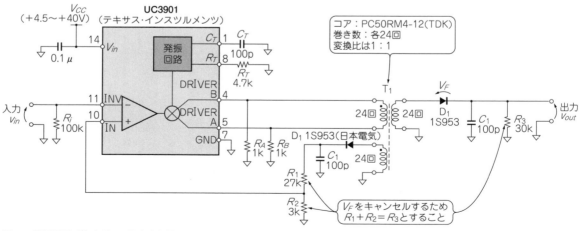

図16 電源電圧が広くゲイン設定も容易なアイソレーション・アンプ

6-16　4～20 mA電流ループ用アイソレーション・アンプ
～構成が簡単だが精度は0.1%以上～

　4～20 mA電流ループとは，計装用工業計器に使われている統一電流信号のことです．4 mAまでは回路で使ってよく，残りの16 mAが信号スパンになります．信号線が10 mなど長くなるとノイズの影響を受けるので，アイソレーションすることがあります．アナログのアイソレーション・アンプは数千円から数万円で市販されていて結構高価です．

　図17に示すのは，安価に作れるアイソレーション・アンプです．構成が非常に簡単なところが特徴で，精度も0.1%をクリアしています．入力電流I_{in}（4～20 mA）はフォトカプラPC_1のLEDに流れます．このときLEDには電圧降下（2 V程度）が生じます．したがって，フォトカプラPC_1のLEDによる電圧降下分だけでOPアンプを動作させています．

● 回路の動作

　フォトカプラPC_1にはCNR201（アバゴ・テクノロジー）を使います．**図18**にCNR201の内部回路を示します．CNR201の内部には発光ダイオードPC_1と特性のよくそろった1対のフォト・ダイオードPD_1，PD_2が内蔵されています．**図17**の回路で，フォトダイオードPD_1にはLED電流に比例した光電流I_{PD1}が流れ，

$$I_{PD1} = I_{in} \frac{R_1}{R_2} \quad \cdots\cdots\cdots (1)$$

となったところで回路は安定します（そうなるようにIC_1がLED電流を制御する）．$R_2 = 10\,k\Omega$，$R_1 = 25\,\Omega$なので，

$$I_{PD1} = I_{in} \frac{R_1}{R_2} = \frac{I_{in}}{400} \quad \cdots\cdots\cdots (2)$$

になります．PC_1の効率はデータシートより約0.5%なので，Tr_1で4～20 mAの半分の2～10 mAを受け持つことがわかります．たとえば，$I_{in} = 10$ mAのとき，PC_1に5 mA，Tr_1に5 mA流れることになります．フォトダイオードPD_2には光電流I_{PD2}が流れます．$I_{PD1} ≒ I_{PD2}$（高精度マッチングがこのフォトカプラの特徴）なので，IC_2からはI_{in}に比例した電圧が得られます．

　この回路にはロー・パワーかつ単電源動作のOPアンプが必要です．ここではOP90（アナログ・デバイセズ）を使っています．OP90は出力電圧をほぼ0 Vまで出力できるレール・ツー・レールOPアンプです．

　OPアンプOP90の出力電圧は負荷抵抗が$2\,k\Omega$以下になると4 V以下と小さくなります．このときの出力電流は約2 mA（= 4 V/$2\,k\Omega$）なので，トランジスタTr_1で出力電流をブーストします．トランジスタTr_1には汎用タイプの2SC1815GRを使っていますが，50 V/100 mAクラスであれば他のトランジスタでも使えます．

● 回路作りの注意点

　フォト・カプラPC_1の効率が0.5%しかないため，アイソレーション・アンプとして重要なI_{MRR}（絶縁アンプでの同相電圧除去比）が，一般的なトランス方式に比べて若干小さいです．

〈松井　邦彦〉

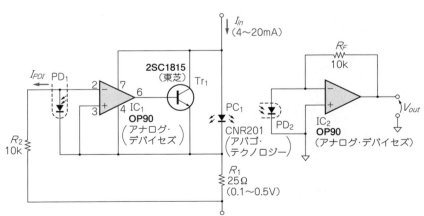

図17　4～20 mA電流ループ用のアイソレーション・アンプ
簡単な構成だが精度は0.1%以上

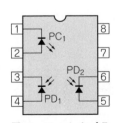

図18　フォトカプラCNR201の内部回路
発光ダイオードと特性のそろったフォトダイオードが二つ内蔵されている

6-17 直流電圧でゲイン制御するプログラマブル・ゲイン・アンプ
～超音波探傷やソナーのエコー波形増幅に使える～

AD603は0～1Vの制御電圧で40dBのゲインを「デシベル値でリニア」に可変できる低雑音高帯域アンプです．固定ゲイン・アンプの前段にアッテネータが設けられていて，この減衰値をアナログ的に制御します．

制御電圧に対する応答速度は40dB/μsです．アンプのゲインをダイナミックに変化させて，時間軸上の特定のエリアだけ感度を上げる，または下げるといった制御ができ，超音波探傷やソナーなどでのエコー波形増幅に使えます．

〈下間 憲行〉

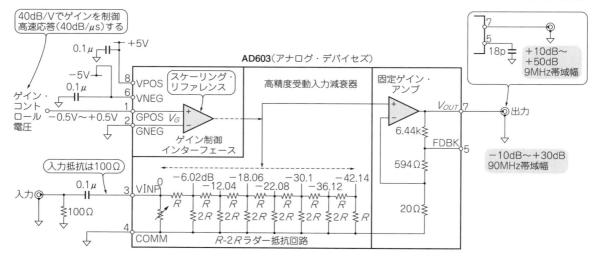

図19 アナログ電圧で制御する可変ゲイン・アンプ

6-18 1/2/4/8ステップで256倍まで設定できる増幅器
～A-Dコンバータの前段アンプとして重宝するプログラマブル・ゲイン・アンプ～

AD526は電源電圧±5V～±15Vで利用できるプログラマブル・ゲイン・アンプです．図20のように，2段接続して最大256倍のゲインを得ます．最大ゲインのときの周波数帯域が0.35MHzの音声帯域用アンプですが，A-Dコンバータの前に置くアンプとして重宝します．ディジタル・データは電源電圧にかかわらずTTLレベルで制御でき，$\overline{CLK}$または$\overline{CS}$入力でデータをラッチできるので多チャネル化も容易です．$\overline{CLK}$を"L"にすることでトランス・ペアレント・モードとなり，ディジタル・スイッチによる設定も可能です．表1に2段接続した場合のゲイン設定を示します．抵抗は民生用のJグレードの場合でも単体でのゲイン誤差は最大0.17%なので，抵抗をマルチプレクサで切り替えるより精度が得られます．なお直流増幅するときは，最初からオフセット調整できるようにしておくほうが無難です．

〈下間 憲行〉

表1 ゲインの設定値

ゲイン・コード				ゲイン
A_3	A_2	A_1	A_0	[倍]
L	L	L	L	1
L	L	L	H	2
L	L	H	L	4
L	L	H	H	8
L	H	L	L	16
L	H	L	H	32
L	H	H	L	64
L	H	H	H	128
H	H	H	H	256

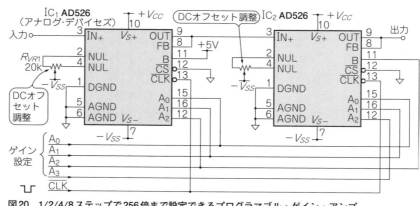

図20 1/2/4/8ステップで256倍まで設定できるプログラマブル・ゲイン・アンプ

ヘッドホン/スピーカ・アンプから電子ボリュームまで

第7章 オーディオ・アンプ回路

7-1 2W出力のワンチップ・パワー・アンプ
～スピーカはモノラルでヘッドホンはステレオで鳴らせる～

図1に示すのは，内蔵スピーカはモノラルだけど，ヘッドホンを接続した場合はステレオにしたいときに最適なオーディオ・パワー・アンプです．最大出力は2W（$THD=1\%$, $R_L=4\Omega$, 1kHz），ゲインは1.25～5倍（ヘッドホン），2.5～10倍（スピーカ）です．

〈石井 博昭〉

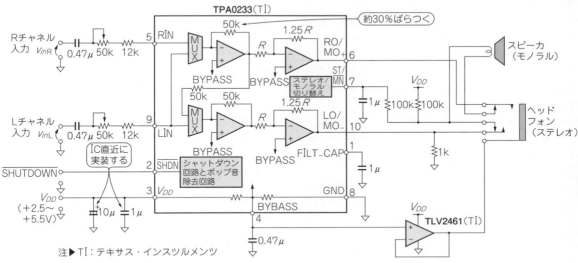

図1 スピーカはモノラルで，ヘッドホンはステレオで鳴らせるワンチップ・パワー・アンプ

7-2 高域でのひずみ率が小さいオーディオ用15Wパワー・アンプ
～FET入力型OPアンプと2段ダーリントン・エミッタ・フォロワで作る～

図2に示すOPA604はFET入力型で，耐圧±25V，スルーレート25V/μs，GB積20MHzと高域特性に優れます．独自のひずみキャンセル回路をもち低ひずみを実現しています．出力段は2段ダーリントン・エミッタ・フォロワのAB級動作です．

2SD669Aは出力段バイアス電圧の温度補償用です．パワー・トランジスタのケースに重ね合わせ，ビスで留めて熱結合します．R_{VR1}でパワー・トランジスタのアイドリング電流を35mAに調整します．D_3とD_4は出力端子が短絡したとき出力電流を制限します．正常動作時は非導通です．

〈黒田 徹〉

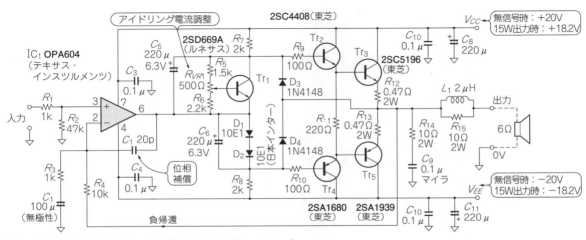

図2 高域でのひずみ率が小さいオーディオ用15Wパワー・アンプ

7-3 トランジスタ4石で作るオーディオ・アンプ
～ブートストラップ回路で1W出力をフルスイング～

図3にトランジスタ4石で構成した出力1Wのオーディオ・アンプを示します．

Tr_1はプリ・ドライバ回路で，次段の負荷Tr_2を無視したときの概略ゲインは$R_4/R_5=30$程度となります．エミッタに接続されているR_6はNFB用で，R_5とともにこのアンプ全体のゲインを決定し，$G=R_6/R_5=30$(30 dB)程度となります．R_1，R_2，R_3はベース・バイアス用で，このベース電圧とV_{BE}，R_6の両端電圧の和がSEPP(Single Ended Push-Pull)段の中点(❸点)の電圧となります．厳密には，SEPP段の出力波形の上下が同時にクリップする値に選びます．

C_4は位相補償用で，ミラー効果により，R_4に"100 pF×Tr_2のゲイン"という容量がぶら下がることになります．

D_1，D_2，Tr_3，Tr_4の回路は出力段で，SEPP回路となっています．D_1，D_2はTr_3，Tr_4のバイアス用で，VR_1によって出力段に流れる無信号時のコレクタ電流を調整します．

$R_L=8\Omega$負荷で出力1Wの場合，出力波形の振幅は$8V_{P-P}$，$2.83V_{RMS}$となります．したがって，Tr_3，Tr_4の平均コレクタ電流は$(8/2)/R_L/\pi=0.159$ A，ピーク電流は$(8/2)/R_L=0.5$ Aとなります．

電源電圧を12Vとすると，出力段のトランジスタ1個当たりの消費電力は6 V×0.159 A−0.5 W＝0.454 Wとなります．使用したトランジスタ2SC3074Yと2SA1244Yは，$I_{Cmax}=5$ A，$P_{Cmax}=1$ Wです．電源電圧が12Vを越える場合は，トランジスタに放熱器を付けたほうがよいでしょう．

この回路は出力端子に短絡保護回路がないので，出力端子を短絡するとTr_3とTr_4が熱破壊します．そこで，0.5 Aのポリ・スイッチを保護用に付けました．

Tr_2のコレクタのR_8，R_9，C_5で構成される回路は，ブートストラップ回路です．

● ブートストラップ回路の動作

Tr_2のコレクタ回路❹点には最終段を駆動するための波形が現れます．Tr_3はエミッタ・フォロワなので❺点の電圧は❹点より若干小さい値となります．C_5は交流的に短絡と同じなので，❻点は❺点と同じとなります．

結果として，R_9の両端の波形はほぼ同じものになります．抵抗の両端の電圧変化がほぼ同じなので，抵抗に流れる電流変化は非常に小さくなり，結果としてコレクタ電流の変化が非常に小さくなります．すると等価的なコレクタ抵抗R_Cは，$R_C=dV/dI$，$dI\approx0$より，非常に大きな値となり，Tr_2のゲインは非常に大きくなります．

ブートストラップ回路は，Tr_2のコレクタ回路を定電流回路とする効果があります．ただし，この回路をトランジスタを使った定電流回路に置き換えると，C_5が不要となりIC化しやすくなるので，現在ではブートストラップ回路はあまり使われません．

しかし，コレクタ回路の定電流化以外に，入力インピーダンスを上げたりするなど，さまざまな回路に応用されています．

SEPP段のバイアス電流は3 mAとしました．調整方法はVR_1を0Ωにした状態で電源電圧を加え，R_{10}の両端電圧が3 mVになるようにVR_1を調整します．

電源電圧11V以上で1W以上の出力が得られます．

〈渡辺 明禎〉

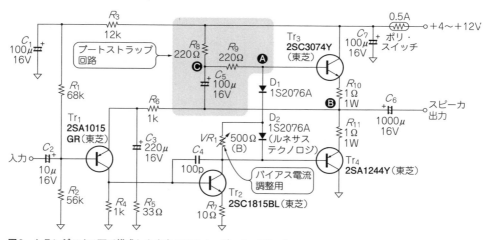

図3 トランジスタ4石で構成した出力1Wのオーディオ・アンプ

7-4 定番のワンチップICで作るオーディオ・アンプ
～外付け部品はCRのみ！1Wのスピーカを鳴らしたい①～

LM386は，低電圧動作機器用に設計されたパワー・アンプで，ゲインは20倍に固定されていますが，外付け部品により200倍まで上げることができます．

動作電源電圧範囲はLM386N-4が5～18Vで，それ以外は4～12Vです．接続できるスピーカのインピーダンスは4Ω以上ですが，低インピーダンス負荷の場合，ICの消費電力に注意する必要があります．

LM386は，多くのメーカより互換ICが販売されており，定番のパワー・アンプ用ICと言えます．テキサス・インスツルメンツの場合，パッケージの違いなどで5種類あり，取り扱える電力が異なるので，詳しくはデータシートを見てください．

今回はLM386N-3を使いました．**図4**に等価回路，**図5**に回路を示します．ピン1と8の間を開放にした場合，等価回路からゲインは次式となります．

$$G = \frac{R_D}{(R_B + R_C)/2} = \frac{15\mathrm{k}}{1.5\mathrm{k}/2} = 20 = 26\,\mathrm{dB}$$

一方，ゲイン26 dB以上が必要な場合は，R_1とC_1をピン1と8の間に接続します．そのときのゲインは，

$$G = \frac{R_D}{(R_B + R_C // R_1)/2}$$

で，最大ゲインは$R_1 = 0\,\Omega$のときで，

$$G = \frac{R_D}{R_B/2} = \frac{15\mathrm{k}}{150/2} = 200 = 46\,\mathrm{dB}$$

となります．このときは，ピン7(BYPASS端子)を0.1 µFのコンデンサでグラウンドに落としたほうがよいでしょう．

C_1とR_1の値によって，トーン・コントロール回路を組むことも可能です．ただし，C_1をなくすとDCバランスが崩れ正常に動作しないので，注意が必要です．

LM386の入力抵抗R_Aは**図4**から50 kΩです．入力トランジスタのバイアス電流が250 nAなので，入力端子には12.5 mVのDC電圧が発生しています．

C_2とR_2はゾーベル・フィルタで，スピーカの高域周波数におけるボイス・コイルのインピーダンスの増加を抑え，アンプが発振しないようにするものです．

アンプの特性の実測結果を**図6**に示します．無信号時電流は6 mA程度で電源電圧にあまり依存せず，ほぼ一定でした．

ひずみ率10%時の出力電力は，電源電圧6Vのとき0.25 W，電源電圧9Vのとき0.66 Wでした．これ以上電源電圧を上げても，あまり出力電力は増えず，電源電圧12Vでも0.91 Wでした．

そのときの波形は正弦波の上下が飽和している感じで，OPアンプのクリッピングのように正弦波の形の上下が平たんになった波形となります．同時にクリップすると上下対称となり，ひずみで見ると3次などの奇数次がメインです．

電源電圧12 Vのとき，ICで消費される電力は1 W程度で，かなり高温になるので連続使用時は放熱器を付けたほうがよいでしょう．

〈渡辺 明禎〉

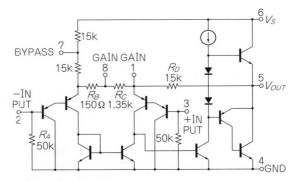

図4 LM386の等価回路

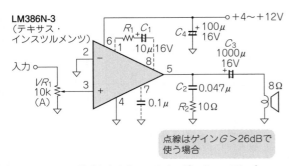

図5 LM386で構成した出力1Wのオーディオ・アンプ

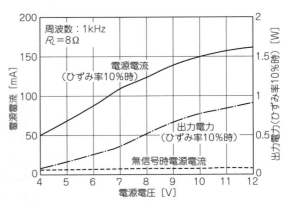

図6 図5のパワー・アンプの特性

7-5 乾電池2本で動作するオーディオ・アンプ
～外付け部品はCRのみ！1Wのスピーカを鳴らしたい②～

TA7368は，低電圧動作機器用に設計された低周波電力増幅用ICです．電圧ゲインは100倍(40 dB)に固定されていますが，外付け部品により25倍(28 dB)までゲインを下げることができます．

動作電源電圧範囲は+2～+10 Vで，接続できるスピーカのインピーダンスは4Ω以上ですが，低インピーダンス負荷の場合，ICの消費電力に注意する必要があります．ICパッケージはSIPとSSOPの2種類が用意されており，単3電池2本で動作する定番のパワー・アンプ用ICと言えます．

● 回路

▶アンプの低域しゃ断周波数

図7に回路を示します．ピン3をC_1だけでグラウンドに落としたので，ゲインは約100倍(40 dB)です．ゲイン設定箇所の低域しゃ断周波数は，

$$f_{C1} = \frac{1}{2\pi R_L C_1} = \frac{1}{2\pi \times 90 \times 100\ \mu F} = 17.7\ Hz$$

となります．出力端子には直流カット用にC_3を使ったので，その低域しゃ断周波数は，

$$f_{C2} = \frac{1}{2\pi R_L C_3} = \frac{1}{2\pi \times 8 \times 470\ \mu F} = 42.3\ Hz$$

となります．さらに，低域を伸ばしたい場合は，C_3の値を大きくしますが，そのときにはf_{C1}を少なくともf_{C2}の1/2以下になるようにC_1の値を決定します．

入力抵抗は27 kΩで，PNPトランジスタをGNDバイアス基準で動作させているので，入力カップリング・コンデンサなしに直結することができます．

ピン2のRIPPLE端子は，電源のリプルが大きいときに，グラウンド間に大容量のコンデンサを接続します．100 μFを使った場合，コンデンサなしのリプル除去率$R_{ripple}=-25$ dBから$R_{ripple}=-45$ dBと大幅に改善させることができます．C_2とR_1はゾーベル・フィルタです．

▶ゲインの設計

ゲインを変更したい場合には，図8のようにR_fを外部に接続します．そのときのゲインGは，

$$G = -\frac{R_4 + R_f + R_5}{R_4 + R_f}$$

となります．ただし，ゲインを25倍，28 dB以下にすると発振しやすいので，R_fが330Ω以上にはしないでください．

無信号時電流は電源電圧+2～+10 Vで，6.6～11.4 mAまで変化しました．電池駆動でも特に問題ないと思います．

▶アンプのひずみ率

ひずみ率10%時の出力電力は電源電圧3 Vのとき0.04 W，電源電圧6 Vのとき0.34 Wでした．電源電圧を上げると出力電力は大きく増え，電源電圧10 Vのとき0.92 Wでした．そのときの波形は正弦波の上側が飽和というより，延びが鈍くなった感じ，下側は飽和している感じで，トランジスタで設計したパワー・アンプと似たような波形となりました．

▶アンプの消費電力

電源電圧10 VのときICで消費される電力は0.7 W程度で，TA7368Pの外囲器の許容損失$P_D=900$ mWに近く，かなり高温となります．TA7368PはSIPパッケージです．SSOPパッケージのTA7368Fの場合は$P_D=400$ mWなので，放熱器なしにはこの電源電圧で使用できません．

〈渡辺 明禎〉

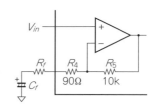

図8 TA7368Pのゲイン設定方法

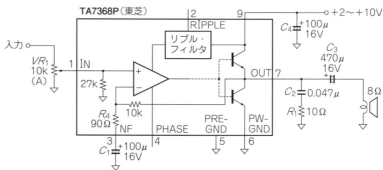

図7 TA7368Pで構成した出力1Wのオーディオ・アンプ

7-6　1W@8Ωの単電源オーディオ・パワー・アンプ
～汎用OPアンプと電流バッファ回路でスピーカを駆動～

汎用OPアンプは出力電流が10mA程度なので，低周波電力増幅器として使うことができません．

しかし，出力端子にSEPP(Single Ended Push Pull)による電流バッファ回路を付けると，8Ωのスピーカを十分に駆動できるようになります．

また，裸ゲインが非常に大きいので，大量のNFB(Negative Feedback)がかかり，低ひずみを容易に得ることができます．ここでは，単電源で使える汎用OPアンプLM324を使った例を紹介します．

回路を図9に示します．OPアンプのDC電圧ゲインはC_2が入れてあるので1です．したがって，SEPP出力段の中点電圧はピン3の電圧程度となり，$V_{CC} R_2/(R_1+R_2)$となります．これは電源電圧の半分より若干小さい値になるようにしました(電源電圧=12Vのとき，約5V)．

R_5はTr_1を駆動するための抵抗なので，駆動能力を高めるため，極力低抵抗にしたいところです．しかし，LM324の取り扱える電流は10mA程度なので，1kΩとしました．ここに図10に示すように，トランジスタによる定電流回路を使えば，駆動能力は大幅に改善されます．

D_1，D_2，Tr_1，Tr_2の回路はSEPP回路の電流バッファ回路です．D_1，D_2はTr_1，Tr_2のバイアス用でVR_1によってSEPP段に流れる無信号時のコレクタ電流を調整します．使用したトランジスタはI_{Cmax}=5A，P_{Cmax}=1Wの2SC3074Yと2SA1244Yです．電源電圧が12Vを越える場合は，トランジスタに放熱器を付けたほうがよいでしょう．

全体のゲインは$G \fallingdotseq R_4/R_3 = 33k/1k = 33 = 30$dB程度となります．OPアンプがゲイン=1まで補償されているので，ゲインを低くしても問題ありませんが，20dB以下にする場合には，発振しないかを確認する必要があります．

この回路は出力端子の短絡保護回路がないので，出力端子を短絡すると，Tr_1とTr_2が熱破壊します．そこで，0.5Aのポリスイッチを保護用に付けました．

SEPP段のバイアス電流は3mAとしました．調整方法はVR_1を0Ωにした状態で電源電圧を加え，R_7の両端電圧が3mVになるようにVR_1を調整します．

無信号時電流は10mA程度で，電池駆動でも問題なく使えます．ひずみ率10%時の出力電力は，電源電圧=6Vのとき0.15W，電源電圧=12Vのとき1Wでした．

正弦波の上下が同時にクリップするようにR_1を調整すれば，もう少し出力電力は上がると思います．さらに，扱える出力電流が大きいOPアンプを使えば，R_5を1kΩから510Ω程度にでき，さらに高出力が得られます．

〈渡辺 明禎〉

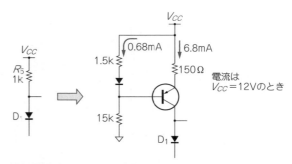

図10　定電流回路を用いた場合
R_5の抵抗を定電流回路に変えると駆動能力を大幅に改善できる

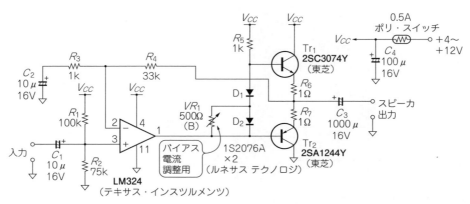

図9　OPアンプと電流バッファ回路を使ったパワー・アンプ
汎用OPアンプにSEPPによる電流バッファ回路を付けることでスピーカを駆動できる

7-7 プロ・オーディオ用OPアンプで作る低ひずみヘッドホン・アンプ
～大音量のコンサート・ホールでもしっかり聞こえる～

　ヘッドホンの能率は100 dB(S.P.L)/mW前後で5 mWもあれば通常の音楽鑑賞には十分です．しかし，曲によっては録音レベルが平均－30 dBFS（"FS"は0 dB＝フルスケール）以下でも，最大録音レベルが0 dBFS近くとなることもあります．このときにひずまないようにするには平均的に0.01 mW程度で鳴っていてもピーク時には10 mWの出力が必要です．この余裕をヘッドルームと呼びます．

　プロ・オーディオ用OPアンプOPA2134は，ヘッドルームが23.6 dBu(標準)で，アナログ時代のプロ・オーディオのライン出力レベル(＋4 dBm基準，ヘッドルーム＋20 dB@600Ω)に対応します．

　図11はOPA2134と8個の部品で作れるヘッドホン・アンプです．ゲイン11倍の非反転アンプです．出力電流は標準で±35 mAです．

　OPアンプと負荷（ヘッドホン）の間に接続する51Ωのアイソレーション抵抗は，帰還ループに対する負荷の影響を軽減します．同時に短絡時に出力電流を制限する役目も兼ねます．

　ヘッドホンの負荷を$R_L = 63\,\Omega$とすると，電源からは15 V/63Ω≒240 mAのピーク電流を取り出せますが，OPA2134の出力電流は最大35 mA前後です．出力には51Ωのアイソレーション抵抗と63Ωヘッドホンが直列に接続されています．OPアンプの最大出力電圧は，

$$(51\,\Omega + 63\,\Omega) \times 35\,\text{mA} = 3.99\,\text{V}$$

です．3 V程度の電圧降下を見込んで，必要な電源電圧は6.99 V(3.99 V＋3 V)です．

　出力±9 V～±10 VのDC-DCコンバータで十分ですが，入手しやすい±15 V出力の絶縁型DC-DCコンバータ・モジュールZUW3-0515を使用しました．

　63Ωのヘッドホンを負荷にした測定では出力電圧約2 V_{RMS}を超えると，ひずみが急増するハード・クリップ特性となりました．このときの出力電力は63 mW，電流は31 mA_{RMS}(ピーク電流43 mA)です．

　図12にパソコンと信号発生フリー・ソフトウェアWave Generatorとスペクトラム・アナライザ・ソフトウェアWave Spectraを用いて測定した$THD+N$対出力電力のグラフを示します．

$$THD + N = \frac{\text{高調波電圧の総和} + \text{雑音電圧}}{\text{信号電圧}} \times 100\,\%$$

なので，ひずみの成分（高調波電圧）が小さい場合は雑音電圧と信号電圧の比になります．信号電圧が増加しても雑音は一定なので，ひずみ率は信号電圧に反比例します．つまり図12では雑音が支配的でひずみはほとんど見えていないと判断できます．

　そこで，オーディオ・アナライザdScope SeriesⅢで測定した結果を図13に示します．

〈佐藤　尚一〉

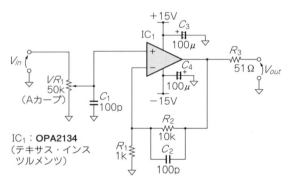

図11　OPA2134を使ったヘッドホン・アンプ

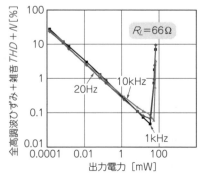

図12　OPA2134を使ったヘッドホン・アンプの$THD+N$対出力電力
パソコンで測定した

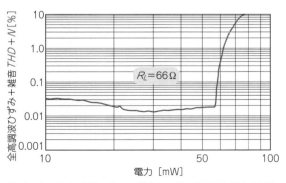

図13　OPA2134を使ったヘッドホン・アンプのTHD対出力電力
オーディオ・アナライザPrism Sound社のdScope SeriesⅢを使用

7-8 高域まで低ひずみ！広帯域ヘッドホン・アンプ
～100MHzまでゲインがフラットな電流帰還型～

● めずらしい電流帰還型でヘッドホン専用IC

TPA6120A2は比較的新しく開発されたヘッドホン・アンプ専用ICです．仕様を表1に示します．カレント・フィードバック（電流帰還）構成で広帯域，超ロー・ノイズ，ダイナミック・レンジが120dBという仕様です．

カタログ上では，
- 高スルーレートで奇数次ひずみの発生を抑える
- 必要な時にひずみの心配なく高速でリニアな応答を可能にする
- 周波数応答が周波数に依存しない
- 電圧帰還型OPアンプのようにゲインが－20dB/decで減衰しない

などとしています．パッケージの下面には放熱用のパッドがあり，グラウンドに接続するように指定されています．

データシートの最初のページの回路例では，D-Aコンバータからの出力をボリュームなどを介せず直接増幅してヘッドホンに出力しています．信号経路の最短化を狙った回路です．

● ゲイン4倍の非反転アンプ型で作る

図14にTPA6120A2を使ったヘッドホン・アンプの回路を示します．シングル・エンド入力でゲイン4倍の非反転アンプとして，信号経路を単純化しています．

DCカット・コンデンサC_6を入れてあり，R_3両端の電圧はLチャネル18.5mV，Rチャネル21.5mVでおよそ3μAの入力電流が流れています．

オフセット電圧については，計算では約80mV，実測で約100mVのオフセット電圧が発生します．オフセット調整としてVR_2による回路を設けています．

図14の回路ではゲイン設定も小さく，入力雑音電流にはあまり影響がありません．

● 汎用OPアンプを使うより1桁よいひずみ率

図15にdScope SeriesⅢで測定したTHD＋N対出力電力のグラフを示します．測定時の負荷インピーダンスは66Ω（330Ωの抵抗器を5個並列）です．OPA2134を使ったヘッドホン・アンプよりも1kHz，10mW付近でTHD＋Nは1桁良い値を示します．最大出力も1桁上がっています．

〈佐藤 尚一〉

表1 ヘッドホン・アンプ専用IC TPA6120A2の仕様

項　目	値
供給電圧	10～30V
出力電力	1.5W
チャネル数	2
最小負荷	32Ω
PSRR	75dB
パッケージ	20ピンSOP

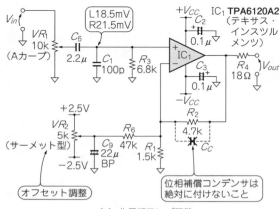

(a) 非反転アンプ回路

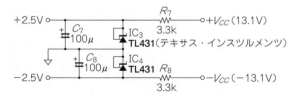

(b) ±15V電源

図14 TPA6120A2を使って製作したゲイン4倍の非反転アンプ

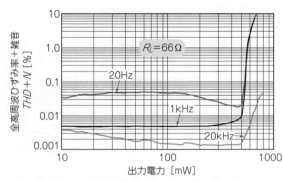

図15 TPA6120A2版は汎用OPアンプのOPA2134版より1kHz，10mW付近でTHD＋Nが1桁高い特性を示した

7-9 2mm×1.5mmのICによる極小サイズのヘッドホン・アンプ
～カップリング・コンデンサ不要！たった10個の部品で作れる～

2mm×1.5mmの大きさで最大出力27mWのIC NCP2811を使います．

NCP2811はカップリング・コンデンサレス・ヘッドホン・アンプICです．内部で負電圧を発生させてアンプを正負の電源で動作させるため，出力側に必要な二つの大容量カップリング・コンデンサが不要です．二つの小型セラミック・コンデンサだけで正負の電圧を発生しています．

電源電圧2.7V，16Ωの負荷，THD+N（全高調波ひずみ率＋雑音）が1%時，最大出力は27mWです．ノイズ・フロアは－100dBです．

外部抵抗でゲインを設定できるNCP2811Aと，内部抵抗によりゲインを－1.5倍としたNCP2811Bがあります．

パッケージには，12バンプCSP（2×1.5mm），12ピンWQFN，14ピンのTSSOPがあります．

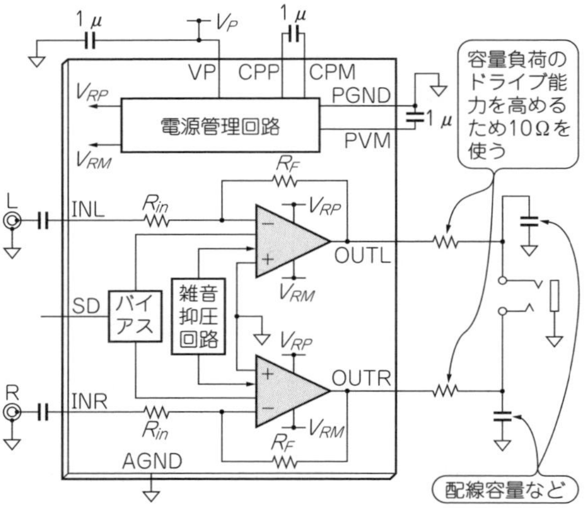

図16にNCP2811の内部ブロックを示します．

電源管理回路では，V_{DD}に加えられた正の電圧から，対称的な正負の電圧V_{RP}，V_{RM}を発生します．単に正負電圧変換回路だけでなく，正負の定電圧化回路も内蔵しているようです．したがって，V_{DD}の電圧に関係なく一定の最大出力電圧が得られます．

雑音抑圧回路により，電源ON/OFF時に発生するブツッという音は発生しません．

出力端子をグラウンドに短絡した場合，出力電流を300mAに制限する電流制限保護回路や，ICの温度が160℃を超えるとアンプの動作を停止し，その状態で，ICの温度が140℃以下になると再動作する過熱保護回路も内蔵しています．

電源電圧が2.3V以下になると動作が停止する低電圧ロックアウト（UVLO；Under Voltage Lockout）も内蔵しています．ヒステリシス電圧は0.1Vなので，2.4Vになると再び動作します．

図17に回路を示します．固定ゲイン1.5倍のNCP2811Bを使用したので，ゲイン設定用の外部抵抗4個が不要となりました．

NCP2811Aは外付け抵抗により次式でゲインを設定できます．

$$A_V = \frac{R_f}{R_{in}}$$

A_Vを1に近くすると，THD+N（全高調波ひずみ率＋雑音）は小さくなり，S/Nは大きくなります．アンプ全体の性能を最適化するために，ゲインは1～10倍に設定することを推奨されています．

〈渡辺 明禎〉

図16 NCP2811Bの内部ブロック

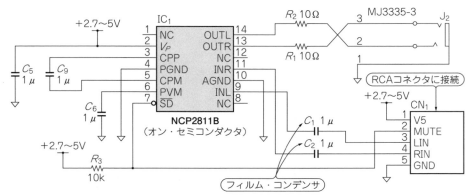

図17 2mm×1.5mmのICによる極小サイズのヘッドホン・アンプ
NCP2811AはR_{in}, R_Fを外付け

7-10 専用IC PGA4311を使った超低ひずみ4チャネル電子ボリューム回路
～シリアルSPIで利得を可変できる～

テキサス・インスツルメンツのPGA4311は，ディジタルで利得を可変できる電子ボリュームです．

チャネル数は4チャネルで個別に利得を設定できます．ディジタル制御用のインターフェースはシリアルのSPIで，制御線の数は3本です．ほかにゼロ・クロス検出やミューティング制御ができます．

設定できる利得範囲は－95.5～＋31.5dB（0.5dBステップ）で，1kHzのひずみ率はUグレードで0.0004%，Aグレードで0.0002%と極めて小さく，ピュア・オーディオ用電子ボリュームとしても使えます．必要な電源はアナログ用が±5V，ディジタル用が＋5Vで，消費電流は19mA（標準）です．

図18に回路を示します．制御にはほとんどのマイコンを使うことができます．入力抵抗は10kΩ，3pF，出力インピーダンスは小さく600Ωの負荷を駆動できます．従って，ほとんどのオーディオ機器にそのまま接続できます．この電子ボリュームはDCアンプなので直流電圧が出力端子に現れます．その電圧値は0.5mV（最大）と極めて小さいのですが，必要に応じて直流阻止用コンデンサを直列に接続してください．

〈渡辺 明禎〉

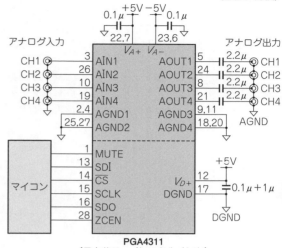

図18 専用IC PGA4311を使った超低ひずみ4チャネル電子ボリューム回路

7-11 サラウンドに最適！専用IC NJW1151M 6チャネル電子ボリューム回路
～シリアルI²Cで利得を可変できる～

サラウンド（Surround）の方式で主流なのは5.1チャネルで，基本システムは聴く人の位置（リスニング・ポジション）の前方左右（L，R）にフロント・スピーカを，フロント・スピーカの中央（C）にセンタ・スピーカを，後方（あるいは横）にリア・スピーカを左右（SL，SR）に，さらに低音域専用のサブウーハ（SW，超低音域専用なので，これを「0.1チャネル」と数える）を加えます．

したがって，チャネル数としては6チャネル必要で，音量調整には6連のボリュームが必要となりますが，実際は電子ボリュームを使用します．

6チャネル電子ボリュームのNJW1151（新日本無線）は，5.1チャネルの音量調整用として最適で，わずかな部品を外部に取り付けるだけで回路を構成できます（図19）．

マスタ・コントロールは－79dB～0dB，微調整用コントロールは－20～0dB，左右バランスは－30～0dBの範囲で制御できます．さらに，LR用にトーン・コントロール回路も内蔵されています．

電源電圧は＋8～15Vで，消費電流は10mA（標準）です．ひずみ率は0.05%（最大）で，十分低ひずみです．

マイコンとのインターフェースはシリアルのI2Cインターフェースなので，多くのマイコンから制御することが可能です．

〈渡辺 明禎〉

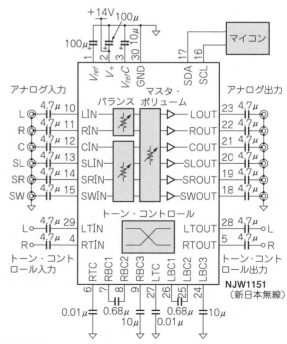

図19 専用IC NJW1151Mを使った6チャネル電子ボリューム回路

高周波アンプ/高周波スイッチ/電力分配＆合成回路まで
第8章 高周波回路

8-1　14MHzで利得20～30dBの同調増幅回路
～簡単に作れて低ひずみ特性～

図1に示すのは，MOSFETの2SK302とFCZコイルを使用した同調増幅回路です．特定の周波数の信号だけを増幅します．小電力送信機の最終段に最適です．

プッシュ・プル構成なので，偶数次高調波が少なく，パッドを除いた利得は，14MHzで+20～+30dBになります．

さらに利得や出力電力が必要な場合は2SK302を並列接続します．利得が大きすぎたり，インピーダンスのミス・マッチが心配な場合はパッドを挿入します．

2SK302の最大許容損失は200mWなので，電源電圧が12Vの場合は，I_{DSS}が8mA前後のものを選んで使います．内部がFET2個のカスケード接続となっているため，帰還容量C_{rss}が0.035pFと小さく，同調増幅器にありがちな発振に悩まされることがありません．

コイルを変更し，同調容量を調整すると，1M～150MHz程度まで使用できます．

〈遠坂 俊昭〉

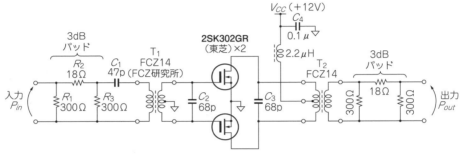

図1　簡単に作れて低ひずみ特性の同調増幅器

8-2　1.9GHz，ゲイン18.6dBmの高周波アンプ
～電源電圧1Vから動作し直線性が良好～

図2は，MMIC MGA-53543を使った1.9GHzの直線性の良いRFアンプです．

直線性に重点を置いており，雑音指数(NF)は少し悪くなっています．受信アンプ用途でNFを重視する必要がある場合は，NFが最小になるよう入力マッチングする必要があります．

● MGA-53543の概要

450M～5GHz程度まで動作するMMICです．P_{1dB}(出力1dB圧縮点)は18.6dBmです．電源電圧は+5Vで，消費電流は45mAと少し大きめです．

出力が大きいわりにNFが低く，1.9GHzで1.5dBです．

負電源などのバイアス回路も不要なので，外部に必要な回路もとても少なくなっています．送信ドライバや受信アンプなどに利用できます．

電源電圧1Vから使えるように設計されており，低消費電流化が可能です．ただし，P_{1dB}は低下します．

● 実装時の注意

素子どうしを短い距離で結線するマイクロストリップ・ラインを活用するなどの基本的なこと以外に，次のような点に注意します．

- 目的の周波数で入出力マッチング
- グラウンド・パターンを広くする．ビア・ホールを多数設けて，サブストレートとのインピーダンスを下げる
- 消費電力が大きいので放熱する

使用するプリント基板は，数GHz以下であれば，ガラス・エポキシ(FR4)で十分です．

〈石井 聡〉

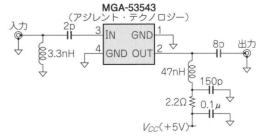

図2　直線性の良好な帯域1.9GHz，ゲイン18.6dBmの高周波アンプ

8-3　2 GHz帯NF 3 dBの広帯域ロー・ノイズ・アンプ
～計測用プリアンプなどにも使える～

図3に示すのは，2 GHzで18 dB程度のゲインと3 dBのNFが得られる広帯域のLNA(Low Noise Amplifier)です．無線LANのRFアンプのほか，周波数カウンタなどの測定器用プリアンプなどに使えます．

ERA-3SMは，ディスクリートのGaAs-FETと同じようなパッケージに納められたモノリシックICです．帯域はDC～3 GHz，最大出力は12.5 dBmと中庸ですが，NFが3 dBと低いのが特徴です．バイアス回路を内蔵しており，動作点は出力端子-電源間に接続するR_1で設定します．R_1が小さいと動作中に熱暴走してICが破壊します．大きすぎると所定の特性が出ません．データシートには電源電圧ごとの推奨抵抗値が指示されています．十分な電圧の電源を使い，組み合わせ抵抗を使ってでも，できるだけメーカが指示する抵抗値にしましょう．

C_1とC_2には高周波特性の良い低背型セラミック・チップ・コンデンサが適しています．電源のデカップリングには100 p～1000 pF程度の低誘電率系チップと0.1 μF程度のセラミック・チップ，そして低域用の電解系のものを組み合わせます．　　〈三宅 和司〉

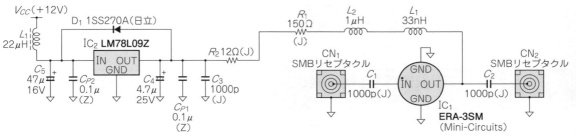

図3　2 GHz帯 NF 3 dBの広帯域ロー・ノイズ・アンプ

8-4　2 GHz帯，NF 0.8 dB以下のロー・ノイズ・アンプ
～HEMTで作る低雑音アンプ～

図4に示すのは，HEMT(High Electron Mobility Transistor)ATF-35143を使った2.4 GHz帯のLNAです．アンテナに入力する微弱な信号とノイズを判別できるレベルまで増幅する受信機の初段アンプに最適です．

最初に設計するのはバイアス回路です．ATF-35143のI_{DS}-V_D特性から，$V_{DS}=2$ V，$I_D=15$ mAを満足するゲート電圧V_Gを求めると約-0.5 Vです．15 mAの電流で約0.5 Vの電圧降下を生じさせるためにR_2を33 Ωにします．次に，電源電圧が3 Vで$V_{DS}=2$ V，$V_{R2}=0.5$ Vですから，残り0.5 V降下させるためにR_3を33 Ωにします．　　〈市川 裕一〉

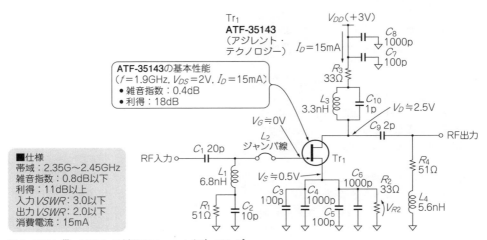

図4　2 GHz帯，NF 0.8 dB以下のロー・ノイズ・アンプ

8-5 100 MHz帯で使えるアイソレーション特性の良い高周波バッファ・アンプ
～VCOのバッファ回路に使える～

図5に示すのは，デュアル・ゲートFETを使った100 MHz帯の高周波バッファ・アンプです．

透過特性S_{12}が小さいので，VCOのバッファに使うとロード・プリング(load pulling)効果を小さくできます．ロード・プリング効果とは，負荷が変動することによって周波数が変動する現象のことです．

これを防ぐには，VCOの出力にS_{12}が小さいバッファ・アンプを挿入する必要があります．一般によく使われているトランジスタを使ったエミッタ・フォロワのS_{12}は小さくないので，ロード・プリングを低減する効果はあまりありません．しかし，デュアル・ゲートFETなら，1段でも大きな低減効果があります．この例では負荷の50Ω→∞の変化で周波数変化を1 kHz程度とすることも可能です．S_{12}を良くしないとPLLを使っても負荷変動時の周波数の瞬時変動は減らせません．

〈長澤 総〉

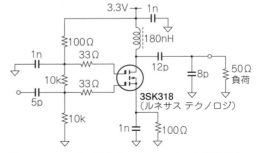

図5 100 MHz帯で使えるアイソレーション特性の良い高周波バッファ・アンプ

8-6 10 dB@150 M～400 MHzの1石高周波アンプ
～安定したゲイン，50Ωに近い入出力インピーダンスが得られる～

高周波トランジスタを使って，広帯域にわたって均一のゲインを確保し，入出力インピーダンスをある範囲内に収めることは結構たいへんです．

また，エミッタ接地の場合，一般的に入出力インピーダンスはベース(入力)側が低インピーダンス，コレクタ(出力)側が高インピーダンスになり(なお，数百MHz以下ではそれぞれ容量性に振れている)，50Ωへの整合が面倒になります．さらに整合回路のQにより，狭帯域でしか整合ができなくなります．

● 回路の概要

上記の問題は，図6のように帰還抵抗R_3を挿入し帰還をかけることで一挙に解決します．

帰還により全体のゲインは減少しますが，低い周波数から高い周波数にわたり，安定したゲイン，および50Ωに近い安定した入出力インピーダンスが得られます．

図6の回路は5 Vで動作し，消費電流は2 mAと低めにセットしてあります．

この回路では実測でも150 M～400 MHzで10 dBのゲインがあります．消費電流が低いので出力飽和が早めに起きますが，消費電流を増やせば，より高レベルの出力も取り出せます．

高周波回路は，レイアウトが重要になります．基本的には裏面が全面グラウンドとなる基板に，トランジスタの端子から短い距離でC_5を配置し，すぐに裏面のグラウンドにスルー・ホールで落とします．また，そのほかのLCR素子もできるだけ短距離で結線してください．信号の入出力についても50Ωのマイクロストリップ・ラインを使うなど，伝送にも注意してください．高周波回路では，単につないだだけでは所望の特性は出ません．

この回路は良いことずくめか，といっても注意点もあります．

フィードバックを挿入することによる帰還経路長ができること，寄生キャパシタンスと寄生インダクタンスができることにより，f_tの高い超高周波トランジスタやFETでは，この帰還によって異常発振を起こす危険性もあります．

プリント基板上に回路を形成する場合には，相応のトランジスタを選定し，数百MHz以下の用途に限定したほうがよいでしょう．

〈石井 聡〉

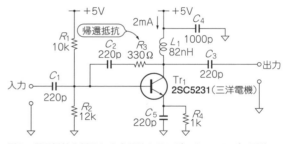

図6 帰還抵抗を挿入した高周波トランジスタ・アンプの回路

8-7 MMICを使ったシンプルな2.4 GHz帯低雑音アンプ
～受信機の初段アンプとして使える①～

低雑音アンプ（LNA；Low Noise Amplifier）は，微弱な信号にノイズをできる限り付加しないで増幅するためのアンプです．

図7に示す回路は，MMIC MGA-87563を使った2.4 GHz帯のLNAです．MMIC MGA-87563は，自己バイアス電流源，ソース・フォロワ，抵抗フィードバック，インピーダンス整合ネットワークなどを1チップに内蔵しています．LNAは主に受信機の初段アンプに使用されます．アンテナから入ってきた微弱な信号を，ノイズと判別可能なレベルまで増幅するという重要な役割を担っています．受信機の性能（受信感度）を左右する重要な回路です．

表1に回路の仕様を示します．C_1，L_1，L_2は入力のマッチング回路です．NF，ゲイン，入力VSWRの各特性に大きく影響するので，各特性のバランスを見ながら調整を行う必要があります．

出力側のR_1，L_3の直列回路は，低域での安定性向上のためのものです．この回路の挿入によって，低域での異常発振を抑制しています．出力側のC_2，L_4の回路は，出力のマッチング回路です．ゲイン，出力VSWR特性を見ながら調整を行います．

R_2，C_3，C_4がバイアス回路です．R_2は，バイアス・ラインに起因する特性の悪化，発振などを抑えるためのものです．C_4は出力VSWR特性カーブに生じたピークを抑えるために追加した部品です．〈市川 裕一〉

表1 低雑音アンプの仕様

周波数帯域	2.35 G～2.45 GHz
雑音指数	2.5 dB以下
ゲイン	12 dB以上
入力VSWR	2以下
出力VSWR	2以下
電源電圧	3 V
消費電流	4.5 mA

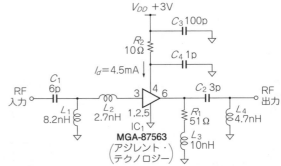

図7 MMIC MGA-87563を使った2.4 GHz帯用低雑音アンプ
代替候補：MGA-87563→MGA-85563

8-8 HEMTを使ったNF 0.4 dBの2.4 GHz帯低雑音アンプ
～受信機の初段アンプとして使える②～

図8に示す回路は，HEMT ATF-35143を使った2.4 GHz帯のLNAです．

LNAは主に受信機の初段アンプに使用されます．アンテナから入ってきた微弱な信号を，ノイズと判別可能なレベルまで増幅するという重要な役割を担っています．受信機の性能（受信感度）を左右する重要な回路です．

表2に回路の仕様を示します．

L_1とGND間に接続されたR_1，C_2は，低域での安定係数改善回路として機能しています．

C_9と出力との間に接続されたR_4とL_4の直列回路は，MGA-87563の回路と同様に，安定係数の改善回路です．入力側の回路だけでは，安定係数を十分に改善できなかったために，出力側にも付加しています．

〈市川 裕一〉

表2 低雑音アンプの仕様

周波数帯域	2.35 G～2.45 GHz
雑音指数	0.8 dB以下
ゲイン	11 dB以上
入力VSWR	3以下
出力VSWR	2以下
電源電圧	3 V
消費電流	15 mA

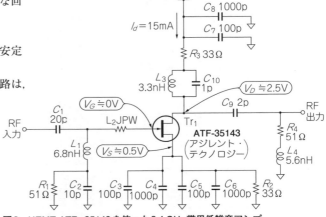

図8 HEMT ATF-35143を使った2.4 GHz帯用低雑音アンプ
代替候補：ATF-35143→ATF-38143

8-9 周波数帯域が50M～6GHzの広帯域高周波アンプ
～カレント・ミラー回路によりバイアスの過電流を防ぐ～

図9は，モノリシック・マイクロ波集積回路（MMIC）であるNBB-310（RF Micro Devices）を使った，周波数帯域が50M～6GHzの広帯域高周波アンプです．NBB-310は，InGaP HBTプロセスにより製造されているため，AlGaAs HBTプロセスを使った高周波デバイスよりも信頼性が高いと考えられます．

MMICを使用したアンプは，プリント・パターンのインピーダンスや，周辺部品［カップリング・コンデンサや，高周波チョーク・コイル（以降，RFC）］の選択を間違えなければ，デバイスの性能を比較的簡単に引き出すことができます．

NBB-310のバイアス電流はデータ・シートに記載されているとおり，抵抗とRFCだけで供給することもできます．しかし，ここで紹介する回路では，複合型トランジスタを使ったカレント・ミラー回路を使っています．NBB-310は高周波入力電力レベルの変化によって出力ピンの直流電圧レベルが変化します．そのため，抵抗とRFCを使用した簡単なバイアス回路では，入力電力が大きくなったときに出力ピンの直流電圧が下がり，NBB-310に過電流が流れる恐れがあります．そこで，バイアス回路にカレント・ミラー回路を使って，この過電流を防いでいます．

〈川田 章弘〉

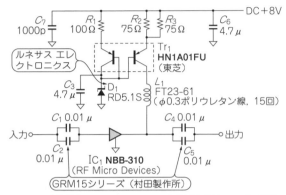

図9 周波数帯域が50M～6GHzの広帯域高周波アンプの回路

8-10 高入力インピーダンス1MΩ，フラットネス50MHzのOPアンプ増幅回路
～広帯域な信号を増幅したいときに使える～

図10に示した回路は，FET入力の高速OPアンプOPA656（テキサス・インスツルメンツ）を使った高入力インピーダンスのアンプです．ゲインはR_1とR_2の値で決まり，図の回路定数では2倍です．回路上の工夫として，フラットネス改善のために，R_3を追加しています．この抵抗を追加することでノイズ・ゲインを大きくする（帰還量を小さくする）ことができるため，ゲイン-周波数特性の高域で生じるピークを抑えることができます．

高速OPアンプ回路では，反転入力端子とグラウンド間の浮遊容量を極力小さくすることが大切です．目安としては，この浮遊容量が0.5pF以下となるように心がけると良いでしょう．なお，この部分に大きな浮遊容量がつくと，高域の周波数特性にピークが生じる原因となり，最悪の場合は発振に至ります．これは，フィードバック抵抗と浮遊容量によって，フィードバック信号の位相が遅れることに起因しています．さらに，高入力インピーダンスのアンプでは入力部分の浮遊容量も問題になるところです．

実際にアンプを試作し，ゲイン-周波数特性を測定した結果を図11に示します．50MHz付近までほぼフラットな特性で，-3dBカットオフ周波数は約133MHzです．

〈川田 章弘〉

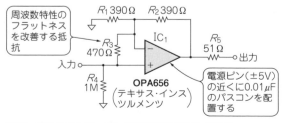

図10 高入力インピーダンスの広帯域OPアンプ回路

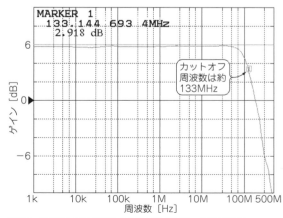

図11 図10を元に作成したアンプのゲイン-周波数特性

8-11　入力バイアス電流1 pA，GB積6 GHzのコンポジット・アンプ
～低入力バイアス電流と高速広帯域OPアンプの組み合わせ～

一つのOPアンプでは達成できない性能を，複数の異なったアンプを組み合わせて，それらの良いところを生かしたアンプとして構成する回路をコンポジット・アンプと呼びます．

図12の回路は，低入力バイアス電流OPアンプと高速広帯域OPアンプを組み合わせ，ゲイン40 dB（100倍）で帯域55 MHz（GB積5.5 GHz），入力電流が1 pAというアンプを構成した回路です．

出力段のAD8009は，1 GHz以上のGB積をもつアンプで，約20 dBのゲインを設定しています．回路全体のゲインは$1+R_2/R_1$で決まり，この回路では約40 dBです．したがって，入力のAD8067の実効ゲインは，およそ20 dBです．AD8067は，ゲイン10倍（20 dB）で帯域がおよそ55 MHzです．AD8009はゲイン20 dBでも，十分な帯域を持つので，AD8067の帯域そのままの信号を取り出すことができます．

AD8009，AD8067ともに高速のデバイスなので，それぞれ十分な電源デカップリングと，浮遊容量やインダクタンスが最少になる配線が重要です．フィードバックのネットワーク（R_1～R_4）のレイアウトは，浮遊容量の影響を受けるので注意が必要です．また AD8009には，頑丈なデカップリングが必要です．

この回路は図以外のゲインに設定することも可能で，その場合はゲインの配分が同じような比率になるように設定します．配線容量にもよりますが，応答がピークをもち，出力にリンギングが発生するようであれば，C_5を挿入します．

〈藤森　弘己〉

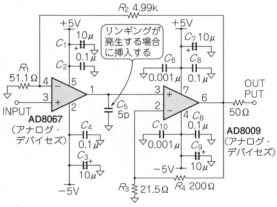

図12　入力バイアス電流1 pA，GB積6 GHzのコンポジット・アンプ

8-12　高周波トランジスタのアクティブ・バイアス回路
～コレクタ電流／ドレイン電流を安定化できる～

マイクロ波帯のトランジスタやFETは，ベース（ゲート）の電圧を変えると，コレクタ（ドレイン）の電流が大きく変動して壊れることがあります．このようなとき，マイクロ波帯のデバイスとともに，図13や図14に示す回路を使うと，コレクタ電流を安定させることができます．図13に示すのは，Tr_2のコレクタ電流I_Cが約100 mAに自動的にセットされる回路です．I_Cの平均値が約100 mAになるようにTr_2のベース電流が制御されます．I_C [A]は次式で求まります．

$I_C = 0.65/R_1$

Tr_1に流れる電流は，マイクロ波アンプのベースとR_2に流れる電流だけなので，Tr_1はPNPトランジスタであれば何でも使えます．

図14に示すのは，JFETやHEMTなど，ゲートに負の電圧が必要なデバイスのドレイン電流I_Dを約100 mAに安定化する回路です．

〈森　栄二〉

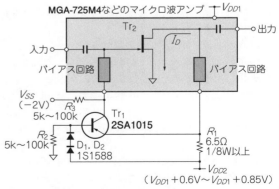

図13　高周波トランジスタのアクティブ・バイアス　　図14　高周波FETのアクティブ・バイアス

8-13 PINダイオードで作る1GHz帯スイッチ
～高周波信号の経路を制御する～

図15に示すのは，Alpha社(http://www.alphaind.com/default2.htm)のPINダイオードを使ったスイッチです．できればD_1側には，直列インダクタンスの少ないものを，D_2側には容量の少ないものを選びます．

写真1に示すように，SMP1320-07とSMP1320-11は，パッケージが違うだけで内部のダイオードは同じです．SMP1320-07のほうが，直列インダクタンスが小さくなっています．図16は，厚さ0.8mmのガラス・エポキシ基板上に設計したプリント・パターンです．V_{cont}に+5Vを加えるとD_1が導通状態となり，信号ラインがグラウンドに接続されるためポート1とポート2の間がOFFとなります．

〈森 栄二〉

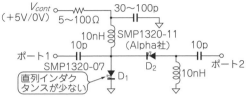

図15 PINダイオードで作る1GHz帯スイッチ

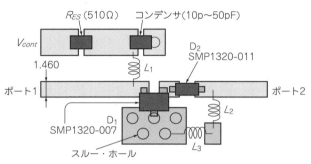

図16 PINダイオードで作る高周波スイッチのプリント・パターン
($t=0.8$mmのガラス・エポキシ基板)

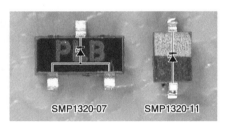

写真1 Alpha社のPINダイオード

8-14 MMICで作る帯域100M～2.5GHzの高周波スイッチ
～送受信の切り替えやダイバーシティの切り替えに最適～

図17に示すのは，100M～2.5GHz帯のRF信号を切り替えられるスイッチです．

● μPG152TAの概要

100M～2.5GHz程度まで動作するMMIC(Microwave Monolithic IC)のRFスイッチです．送受信の切り替え，ダイバーシティの切り替えや回路内部でのスイッチに使用できます．

3V単電源で動作し，入出力間の損失が少ないのが特徴です．消費電流も数μAと小さく，ショットキー・バリア・ダイオードを使ったRFスイッチに比べて圧倒的に低い値です．1dB利得圧縮点は最小で27dBm(500mW)です．

● 直流カット・コンデンサの選び方

C_1，C_2，C_4は直流カット用です．ここでは数百MHz用と想定して47pFとしています．

推奨では，100pF以下が指定されていますが，100MHzで100pFのインピーダンスは16Ωですから，低い周波数で使う場合は容量を大きくしなければなりません．

高い周波数では，寄生インダクタンスの影響が出てきます．2GHz程度の周波数になると，10pF程度でも自己共振周波数を越えてしまいます．あまり容量の大きいコンデンサを使うとインダクタンスを直列に挿入したのと同じことになり，目的の性能が得られません．

● スイッチのON/OFF制御

送信回路と受信回路の選択用にこの回路を使う場合は，切り替え時にどちらのスイッチもOFFになる期間を確保しなければなりません．切り替え時に，受信アンプに送信回路の出力電力が加わったり，送信アンプと受信アンプがループになって，異常発振が発生する危険があるからです．

〈石井 聡〉

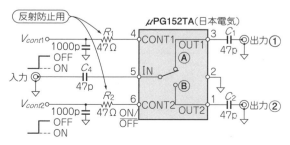

図17 MMICで作る帯域100M～2.5GHz高周波スイッチ

8-15 2.4 GHz帯の高周波検波回路
～高周波ダイオードで作るディテクタ～

図18に示すのは，2.4 GHzの高周波信号を直流電圧に変換する回路です．高い周波数の信号のレベルを直流電圧で観測できます．

AM変調，ASK（Amplitude Shift Keying）変調，パルス変調された信号をこの回路に入力すると復調できます．また，送信機の出力レベルのモニタ回路としても使えます．

検波出力電圧は小さいので，一般的には検波回路の直流出力をOPアンプなどで扱いやすい電圧レベルに増幅します．

C_1，C_2，L_1がマッチング回路，L_2，D_1，R_1，C_3が検波回路です．マッチング回路は，入力信号の周波数帯に合わせて設計しなければなりません．

L_2は，検波によって生じた直流電流の流れ道を作るために挿入されています．$L_2 \to D_1 \to R_1$という経路で直流電流が流れます．使用周波数で十分に高いインピーダンスをもつように27 nHにしています．

D_1は検波回路用のショットキー・バリア・ダイオードです．

振幅変調された信号を検波するときに時定数（$R_1 C_3$）が重要になります．R_1［Ω］とC_3［F］を決めるときは次式が目安になります．

$$R_1 C_3 \leq \frac{\sqrt{\frac{1}{m^2}-1}}{3.8 f_{max}}$$

m：変調指数($0 \leq m \leq 1$)，f_{max}：最大変調周波数［Hz］

〈市川 裕一〉

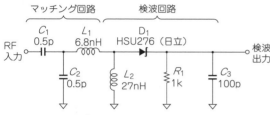

図18 2.4 GHz帯の高周波検波回路

8-16 集中定数で作る1 GHz電力分配＆合成回路
～チップ・コイルとチップコンデンサで作る～

図19に示すのは，高周波信号の電力を分配したり合成する回路です．ウィルキンソン（Wilkinson）分配/合成回路と呼びます．

高周波信号の電力を分配，合成するには，インピーダンス整合が必要ですから，単純な分岐ではなく，このような構成になります．

低周波数では，構成する伝送線路の長さがとても長くなりますから，プリント・パターンではなくチップ・コイルやチップ・コンデンサを使うほうが小型になります．最近は，チップ部品の高周波特性改善が進んでいるので，2 GHzあたりまで使えます．

分配器として使う場合は，ポート1に信号を入力すると，等分配された信号がポート2とポート3に現れます．

ただし，ポート1の入力信号よりも約3 dBレベルが下がります．ポート2とポート3間ではアイソレーションが確保されています．

ポート2とポート3に信号を入力すると，ポート1に両信号が合成された信号が現れます．ポート1に現れる各信号レベルは，合成前よりも約3 dB低下します．

図19に示すL［H］，C［F］，R［Ω］の計算式は次のとおりです．

$$L = \frac{Z_0}{\sqrt{2}\pi f_0}, \quad C = \frac{1}{2\sqrt{2}\pi f_0 Z_0}$$
$$R = 2Z_0$$

ただし，Z_0：分配/合成器に接続する回路の特性インピーダンス（通常50 Ω），f_0：中心周波数［Hz］

ポート1につながる二つのコンデンサはまとめて一つ（$2C$）にしてもかまいません．Rには，高周波信号の電力に見合った定格電力のものを使います．

〈市川 裕一〉

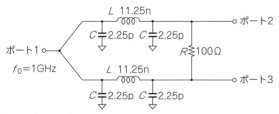

図19 集中定数で作る帯域1 GHzの分配＆結合器

V-I 変換からインピーダンス変換回路まで

第9章 変換回路

9-1 微小電流を出力できる V-I 変換回路
〜±10Vの電圧を±10μAの電流に変換して出力する〜

図1に示すのは, ±10 V の制御電圧を±10μAの微小電流に変換する V-I 変換回路です. バイオや化学反応を促す際に必要になる, 定量的な微小電流発生器などに使えます. IC_1 の内蔵抵抗と低バイアスOPアンプ IC_2 によって, 変換精度0.1%(R_Sの誤差を含まない)を実現します. 出力電流の下限は, 基板上でのリーク電流と要求される出力信号電流とノイズ電流の比で決まります.

C_1 を付けると, 本回路のノイズは約317 nA_{RMS} から約3.9 nA_{RMS} に減少します. μAオーダでは, R_S と負荷間の配線パターンに流れるリーク電流が大きな誤差を生みます. 負荷と IC_2 の入力ラインには必ずガード・リング・パターンを施し, アクティブ駆動します. 出力電流を増すときは R_S を小さくします.

〈中村 黄三〉

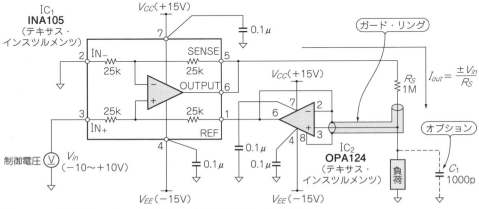

図1 ±10 V の電圧を±10μAの電流に変換して出力する V-I 変換回路

9-2 二つの信号の積を電流で出力する乗算型 V-I 変換回路
〜ワンチップでAM変調できる〜

図2に示すのは, アナログ・マルチプライヤ MPY634を利用した V-I 変換回路です. XとYの2入力の積に比例した電流を出力します. 交流, 直流どちらでも扱えます.

Y入力に搬送波を入れ, X入力の信号成分でAM変調を行い, 絶縁トランスを通して2次側に伝達します.

トランスの1次巻き線を電流駆動するため, 2次側に誘起される信号の直線性が良く, 低ひずみです.

MPY634の演算精度を考えた場合, 出力できる電流は最大5 mAですから, V_{out} が $10V_{P-P}$ のとき R_S の最小値は $2kΩ$ です. 搬送波と変調波の周波数は通常 1000:1以上離します.

〈中村 黄三〉

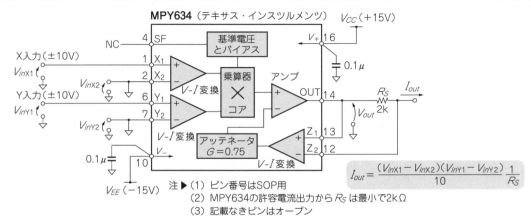

図2 二つの信号の積を電流出力する乗算型 V-I 変換回路

9-3 C-V変換回路
～電荷の変化量を電圧に変換する～

図3に示すのは，圧電素子などをエレメントとする加速度型センサの信号処理に適するC-V変換回路です．

C_1が100 pFに設定されており，OPA124の保証最大出力振幅が±11 V（2 kΩ負荷）で規定されているため，±1100 pC以上の電荷は扱うことができません．

1 pCは，1 pFのコンデンサ両端に1 Vの電圧を発生させる電荷量です．

IC_1のバイアス電流は素子の電荷を消費するので，OPA124のような低バイアス電流アンプ（1 pA@25℃）を使います．センサ信号が入力される3番ピンの隣は負電源（4番ピン）ですから，放置するとわずかな埃と湿気で多大なリーク電流が生じます．これを防ぐため，図4のようなガード・リング・パターンが必須です．

〈中村 黄三〉

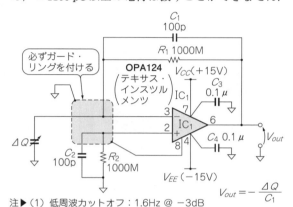

注▶(1) 低周波カットオフ：1.6 Hz @ −3dB
(2) C_1への無飽和総電荷量は1000pC
(3) 記載なきピンはオープン

図3 電荷の変化量を電圧に変換するC-V変換回路

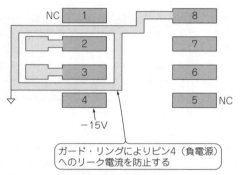

図4 リーク電流を抑えるためのプリント・パターン

9-4 チャージ・アンプ回路（電荷-電圧変換回路）
～フォトダイオードの出力電流がさらに微弱なときに使う～

チャージ・アンプ回路（電荷-電圧変換回路）は，電荷を電圧に変換します．

電荷を時間微分したものが電流なので，フォトダイオードにも使えます．フォトダイオードの出力電流が微弱になればなるほど，チャージ・アンプ回路の出番です．フォトダイオードから出力される電荷は，フォトン（光子）の入射エネルギに比例するので，チャージ・アンプ回路を使うとエネルギ分析ができます．

通常，光はフォトンの集まりで明るく光って見えます．極端に微弱な光では，フォトンは離散的になるので，フォトンの数をカウントするほうが精度よく光量を測定できます．フォトンは光の最小単位なので，チャージ・アンプ回路を使うと測定できます．

図5(a)に示すのは，チャージ・アンプの基本回路です．フォトダイオードが出力する電荷をQ_{out}とすると，出力電圧V_{out}は，次の式(1)で表されます．

$$V_{out} = \frac{Q_{out}}{C_F} \quad \cdots \cdots (1)$$

ただし，Q_{out}：フォトダイオードが出力する電荷量［C］，C_F：帰還用コンデンサ［F］

図5(b)に示すのは，チャージ・アンプ回路の例です．帰還抵抗R_FはDCレベル安定用で，これがないとアンプが積分回路になり出力が飽和します．

OPアンプには，低雑音のものはOP27を使っています．

〈松井 邦彦〉

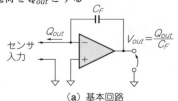

図5 フォトダイオードの出力電流がものすごく微弱でも大丈夫！チャージ・アンプ回路

(a) 基本回路　　(b) OPアンプを使った実際の回路

9-5　OPアンプの出力インピーダンスを低減する回路
～並列接続でドライブ能力を4倍UP！～

理想的なOPアンプの出力インピーダンスは0Ωです．できる限り出力インピーダンスが低くなるように設計されてはいますが，ご承知のとおり現実のOPアンプは通常数Ωから十数Ωの出力インピーダンスをもっています．さらに，その負荷に流せる電流値にも限界があります．

図6はOPアンプ四つを並列に接続した非反転回路です．四つの非反転回路の入力端子と出力端子を結んでも同じような回路を構成できますが，この回路では入力抵抗とフィードバック抵抗を一組みしか使っていないため，抵抗から発生する熱抵抗雑音を最小限に抑えることができます．

出力インピーダンスは約1/4に下げることができ，さらにOPアンプ非反転回路一つでドライブできる能力の約4倍の能力をもたせることができます．この場合それぞれのOPアンプのもっている独自の特性，例えばオフセット電圧やオフセット電圧ドリフト，CMRR，PSRRなどの仕様は，すべての値の平均値に近い値となります．ここで使っているAD829はノイズ電圧$1.7\,nV/\sqrt{Hz}$でユニティ・ゲイン帯域幅750 MHzのOPアンプなので，このOPアンプ四つの組み合わせ回路も，同様の帯域幅をもちます．ちなみに最大負荷電流は約$20\,mA \times 4 = 80\,mA$となります．

〈服部　明〉

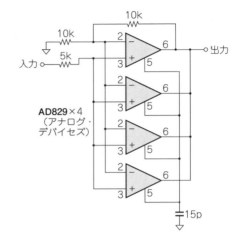

図6　OPアンプの出力インピーダンスを低減した回路

9-6　小さな出力電流を電圧に変換するトランスインピーダンス・アンプ
～1p～1μA以下のフォトダイオードを用いた照度計に使える～

図7に示すのは，トランスインピーダンス・アンプ回路を照度計へ応用する方法です．フォトダイオードにはNJL6502R-1（新日本無線）を使います．

NJL6502R-1の出力電流は，0.5 nA/lxと小さいので，OPアンプは，FET入力タイプが最適です．電灯のちらつきを防止するために，コンデンサ$C_1 = 0.047\,\mu F$を入れています．これは，発振防止も兼ねています．

NJL6502R-1の暗電流は0.5 nAと小さいので，一般的な用途では問題ありません．暗電流が大きいフォトダイオードは，内部並列抵抗が小さいということなので，帰還抵抗が大きいとオフセット電圧を増幅してしまいます．オフセット電圧とドリフトの小さなOPアンプが必要です．

分解能が100 pA程度でよければOP97FのようなOPアンプが使えます．OP97Fは，バイポーラ入力ながら内部で入力バイアス電流補償を行っているので，入力バイアス電流が標準値30 pA（最大値150 pA）と小さな値になっています．オフセット電圧は，標準値30 μV（最大値75 μV）と十分小さな値なので，ほとんどの用途では調整不要です．

分解能が1 pA以下になると，OPアンプの価格は急激に高くなります．この場合は，CMOS汎用OPアンプを使うと安価にできます．

〈松井　邦彦〉

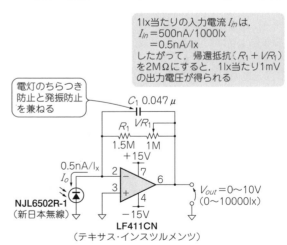

1lx当たりの入力電流I_{in}は，
$I_{in} = 500\,nA/1000\,lx$
$\quad = 0.5\,nA/lx$
したがって，帰還抵抗（$R_1 + VR_1$）を2MΩにすると，1lx当たり1mVの出力電圧が得られる

図7　0.5nA/lxの小さな出力電流を電圧に変換する定石回路「トランスインピーダンス・アンプ」
照度計への応用例

9-7 入力雑音電圧が6 nV/√Hz以下のトランスインピーダンス回路
～光電流の小さいフォトダイオードの出力電流−電圧変換に使える～

● 初段にJFETを使うと入力雑音電圧の低いバイポーラ入力のOPアンプが使える

図8に示すのは，JFETとバイポーラ入力OPアンプを使ったトランスインピーダンス回路です．

フォトダイオードの出力電流を電圧に変換するのに使えます．フォトダイオードの光電流が小さくなると，FET入力のOPアンプが必要になります．しかし，FET入力の高速OPアンプの入力雑音電圧はバイポーラ入力に比べて大きいです．図8の回路では，初段にJFETを使うことで，IC_1にバイポーラ入力のOPアンプが使えます．ただし，Tr_1はソース・フォロワなので，初段でのゲインはほぼ1です．したがって，IC_1のノイズが図8の回路のS/Nを決定します．ここでは例としてIC_1にAD8055（入力ノイズ電圧密度は6 nV/√Hz，ユニティ・ゲイン周波数f_U = 300 MHz）を使いますが，今ではもっとノイズの小さなOPアンプも市販されています．

▶回路の動作

IC_1の＋入力が2.5 Vなので，Tr_1のソース電圧も2.5 Vになります（IC_1がそうなるように動作する）．したがって，Tr_1に流れる電流は2.5 V/R_1で決まります．2SK209のI_{DSS}は6～14 mAなので，ここではR_1 = 510 Ωにして約5 mAにしています．この回路はTr_1のソース電圧が2.5 Vなので，ゲート電圧はV_{GS}分だけ小さな値（2.5 V − V_{GS}）になります．

● OPアンプを追加してゲート電圧を0 Vにする

図8の回路はゲート電圧が0 Vではないので，DC成分を扱えません．そこで，ゲート電圧を0 Vにする回路を紹介します．**図9**に回路図を示します．この回路の特徴はIC_2を追加して，Tr_1のゲート電圧を0 Vにしていることです．IC_2には，入力バイアス電流の小さな高精度OPアンプが必要です．ただし，高速である必要はないので，ここではOP97を使っています．

▶回路の動作

IC_2の−入力は抵抗R_1 = 1 MΩを介して，Tr_1のゲートにつながっています．IC_1の＋入力は0 Vにつながっているので，IC_2はTr_1のゲート電圧が0 VになるようにIC_1の＋入力をコントロールします．したがって，Tr_1のソース電圧は（0 V − V_{GS}）になるので，抵抗R_2は820 Ωにします．Tr_1のソース電圧は−0.4 Vくらいなので，Tr_1の電流は（5 V − 0.4 V）/820 Ω = 5.6 mAになります．

IC_1にはAD8055（ユニティ・ゲイン周波数f_U = 300 MHz）を使っています．たとえば，帰還抵抗R_F = 100 kΩにすると，入力容量C_{in} = 5 pFなので信号周波数帯域f_{IV}は，

$$f_{IV} = \frac{1}{2}\sqrt{\frac{f_U}{2\pi R_F C_{in}}} \fallingdotseq 4.09 \text{ MHz}$$

になります．帰還容量C_Fは，

$$C_F = 2\sqrt{\frac{C_{in}}{2\pi R_F f_U}} \fallingdotseq 0.33 \text{ pF}$$

になります．

▶回路作りの注意点

帰還容量C_Fには温度補償型セラミック・コンデンサを使います．0.33 pFのものは入手性がよくないので，1 pFのコンデンサを3個直列にして使うとよいでしょう．

〈松井 邦彦〉

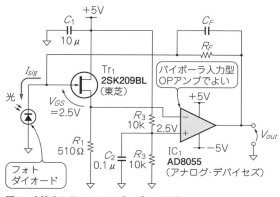

図8 高精度トランスインピーダンス回路
初段にJFETを使うことで低入力雑音電圧のバイポーラ入力OPアンプが使える

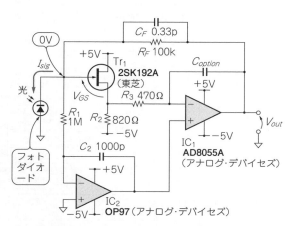

図9 DC成分を扱うためにJFETのゲート電圧を0 Vにする

9-8 AC電流センサの出力に比例したDC電圧を出力するAC-DC変換回路
～AC電流ロガーやAC電流メータに使える～

● 絶対値アンプを作る

AC100Vラインに流れている電流を検出するとき，AC電流センサの1次電流をI_1［A］とすると，2次電流I_2［A］は，次式で表されます．

$$I_2 = \frac{I_1}{N_2} \quad \cdots\cdots\cdots\cdots\cdots (2)$$

ただし，I_1：1次電流［A］N_2：2次側の巻き線の巻き数［回］

AC電流センサの2次側に負荷抵抗R_Lをつなぐと，$I_2 R_L$の電圧が生じるので，図10に示す回路でDC電圧に変換します．式(2)で示したように，AC電流センサの巻き数で2次電流値I_2が変化するので，負荷抵抗R_LでAC電流センサの感度を調整します．

図10ではAC電流センサにCTL-12-S56-20（ユー・アール・ディー）を使っています．CTL-12-S56-20は巻き数N_2=2000回なので，式(2)からI_1=200A_{FS}のときI_2=0.1Aになります．したがって，負荷抵抗R_L=20Ωとすると，V_{out}=2V（=0.1A×20Ω）なので，図10の回路から2V_{DC}の電圧が得られます．

● 測定精度を高めるにはオフセット電圧の小さいOPアンプがよい

この回路のポイントは，AC電流センサの特性と絶対値アンプ回路の性能です．広いダイナミック・レンジを得るには，OPアンプIC_{1a}のオフセット電圧を小さくします．

図11に示すのは，OPアンプIC_{1a}のオフセット電圧が精度にどのくらい影響を与えるのかを実験した結果です．オフセット電圧が0.5mVと小さいときは理想直線にのり，1mV_{RMS}という小さな入力電圧までリニアリティが保たれています．ところが，OPアンプIC_{1a}のオフセット電圧が10mVと大きくなると理想直線から外れ，入力電圧が10mV_{RMS}以下では正しく測定できていません．このように，絶対値アンプ回路ではOPアンプIC_{1a}のオフセット電圧が精度に大きく影響します．図10の回路では，オフセット電圧が0.4mVと小さなOPアンプAD822A（アナログ・デバイセズ）を使っています．

OPアンプIC_{1b}のオフセット電圧はVR_1で次に示す手順で調整します．

① I_1=200A_{FS}のときVR_2でV_{out}=2V_{DC}に調整する
② I_1=1AのときVR_1でV_{out}=10mV_{DC}に調整する
③ 再度①と②を繰り返す

通常のアンプでは，手順②でI_1=0Aに調整しますが，絶対値アンプではダイナミック・レンジを決めて，その点で調整を行います．これは絶対値アンプが非線形アンプだからです．

〈松井 邦彦〉

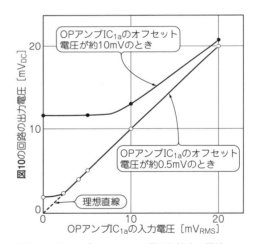

図11 OPアンプのオフセット電圧と精度の関係
オフセット電圧が0.5mVと小さいときは理想直線にのり，10mVと大きくなると理想直線から外れる

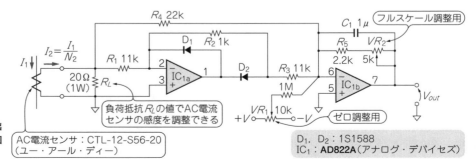

図10 AC電流センサの出力をDC電圧に変換する回路

9-9 最高1MHz出力の電圧-周波数変換回路
～水晶発振器に同期した高精度なパルス信号が得られる～

図12に示す電圧-周波数変換回路(VFC：Voltage to Frequency Converter)は，出力周波数が内部の水晶発振器または外部クロックに同期しています．

したがって，周波数安定度(つまり変換精度)が高く，後段のロジック回路における信号処理が容易になります．

入力電圧範囲は0Vから電源電圧まで，出力周波数は，32k～1MHzです．絶縁アンプ，簡易A-D変換，バッテリ監視，センサ回路などに応用できます．

VFCの変換特性(伝達関数)の実測結果を図13に示します．クロックは1MHzです．

● キー・デバイスの特徴と仕様

AD7740は，最低3Vで動作可能な同期型のVFCです．入力電圧の比較基準は，内部の2.5Vのリファレンス電圧です．このピンに外部から電圧を加えることで電源電圧まで入力電圧範囲を拡大することができます．

BUF端子(8ピン)が"H"のとき，入力バッファあり(Z_{in} = 100MΩ)，"L"のとき，なし(Z_{in} = 650kΩ)です．パッケージは8ピンTSSOPまたはSOT-23です．ピン配置はパッケージによって異なるので注意が必要です．

● 代表的な代替部品

やや割高になりますが，VFC320BP(テキサス・インスツルメンツ)は，最大1MHzで0.1%の精度が得られます．内部発振はRCオシレータで外部同期もできませんが，計測用途としては十分な性能を持っています．

TC9402(マイクロチップ・テクノロジー)も同様な製品です．ともにF-Vコンバータとしても使えます．

〈漆谷 正義〉

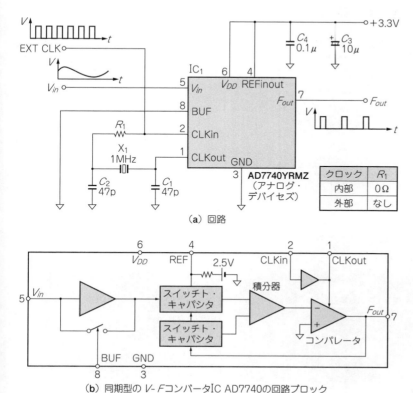

(a) 回路

クロック	R_1
内部	0Ω
外部	なし

(b) 同期型のV-FコンバータIC AD7740の回路ブロック

図12 同期型電圧-周波数変換回路

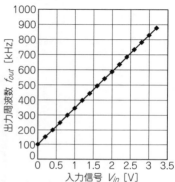

図13 電圧-周波数変換特性の実測結果 (クロック1MHz)

9-10 帯域2MHzのRMS-DC変換回路
～任意波形信号の電圧の実効値を直流電圧で出力する～

最大値Vの交流電圧の実効値(RMS；Root Mean Square値)は，周期をTとすれば，次式で表されます．

$$V_{RMS} = \sqrt{\frac{1}{T}\int_1^T V^2 dt}$$

この式より，正弦波の実効値は，最大値Vの$1/\sqrt{2}$となります．しかし，正弦波以外の，任意の波形の実効値を上の式を使って計算することは容易ではありません．

図14に示す回路は，RMS-DC変換回路です．任意の波形について，瞬時に実効値を出力することができます．誤差が1%以下であり，電力計やノイズ・メータなどに応用できます．電源は+5V単一電源です．

正弦波と音声波形の入出力波形を図15に示します．出力の実効値電圧は，オシロスコープの自動測定結果とほぼ一致しています．

● キー・デバイスの特徴と仕様

AD536Aは，AC成分にDC成分が重畳していたり，あるいはひずみを含んでいたりする複雑な入力波形であっても，実効値を電圧出力します．パルス波形のような，クレスト・ファクタ(crest factor：波高率)が大きい波形でも，誤差1%の測定が可能です．帯域幅は300kHzで誤差3dBです．dB出力も可能なので，高価なログ・アンプを使うことなく，60dBの測定レンジが得られます．パッケージは14ピンのセラミックDIPです．

● パターン・レイアウトのポイント

電源端子(14ピン)のバイパス・コンデンサはIC端子の直近に配置します．COM端子(10ピン)は入力端子なので，接続する抵抗とコンデンサの配線は引き回さないようにします．

● 代替部品

同じような機能のICはいくつかあります．AD636～AD637は，帯域が広いのが特徴です．AD736～AD737は，帯域は33kHz@100mVと狭いですが，より低い電源電圧で使えます．LTC1966～LTC1968は，AD536Aで使っているログ・アンチログ型ではなく，$\Delta\Sigma$変調方式を採用しています．これにより，直線性が改善され，帯域幅の振幅依存性も優秀です．

〈漆谷 正義〉

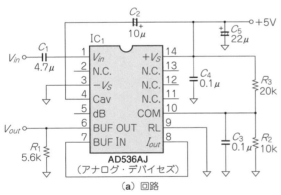
(a) 回路

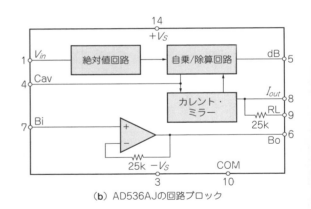
(b) AD536AJの回路ブロック

図14 任意の波形について実効値を出力するRMS-DC変換回路

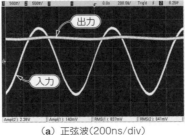
(a) 正弦波(200ns/div)

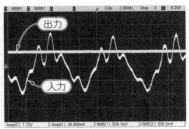
(b) 音声信号(2ms/div)

図15 図14の回路の入出力特性 (500mV/div)

9-11 MHzで変化する交流電流を電圧に変換できる高速プリアンプ
～フォトダイオードの出力電流を電圧に変換する光復調アンプを作れる～

光の強さを変調して光ファイバで伝送したときなどでは，光センサの高速フォトダイオードの出力となる電流も周波数が高くなります．

そこで，高速応答できる高速電流入力プリアンプ（図16）を紹介します．

使用したOPアンプ（LT1363）は，GBW 70 MHz，スルーレート1 kV/μs，入力換算雑音電圧も9 nV/$\sqrt{Hz}$と比較的低雑音です．

電流入力アンプの帰還抵抗の値は大きいほど入力換算雑音が小さな電流入力アンプになります．しかし高域遮断周波数が高くなると，帰還抵抗とOPアンプの入力容量とで位相遅れが発生し，帰還抵抗が大きいと発振したりして不安定になります．ここでは1 kΩとし，並列に位相補償の5 pFを接続しました．

〈遠坂 俊昭〉

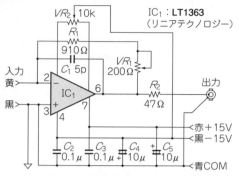

図16 MHzで変化する交流電流を電圧に変換できる高速プリアンプ回路

9-12 1 lx～100万 lxで高リニアリティ・キープ！ 照度-電流変換回路
～フォトダイオード内蔵ワンチップと3個のCR部品で完成～

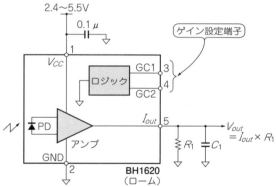

GC2	GC1	モード	I_{out}
0	0	シャットダウン	−
0	1	Hゲイン	$0.57 \times 10^{-6} \times E_v$
1	0	Mゲイン	$0.057 \times 10^{-6} \times E_v$
1	1	Lゲイン	$0.0057 \times 10^{-6} \times E_v$

E_v：照度[lx]

図17 光-電流変換ICを使った照度測定回路

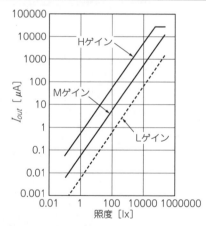

図18 照度とI_{out}の関係

図17は，フォトダイオードとOPアンプを集積化した光-電流変換ICを使った照度測定回路です．照度の変動範囲が1 lx（ルクス）未満から数万lxまでと非常に大きいので，A-D変換の範囲を超えてしまう場合が多く，OPアンプを対数アンプとして使って広範囲な測定を行う必要があります．しかし，信号を対数変換するため精度や安定性が悪くなってしまいます．

ロームのBH1620は，フォトダイオードとOPアンプを集積化した光-電流変換ICで，簡単かつ高精度な光-電流変換回路ができます．

図18に照度とI_{out}の関係を示します．ゲイン設定端子で，ゲイン・モードが選択できます．ゲインを変えることにより，16ビット程度のA-Dコンバータを使って，極めて高精度で広範囲な照度測定ができます．

〈渡辺 明禎〉

9-13 F-V/V-F変換回路
～絶縁してデータを送受信したいときに便利～

図19に示すのは、0〜$+10\,\mathrm{V}$の入力電圧V_{in}を$0\,\mathrm{Hz}$から$100\,\mathrm{kHz}$のパルス周波数に変換するV-Fコンバータ（以下、VFC）です。VFC320の7番ピンを$+5\,\mathrm{V}$にプルアップすると標準ロジックと直接インターフェースできます。

図20に示すのは、反対に0〜$100\,\mathrm{kHz}$のパルス周波数を電圧に変換するF-Vコンバータ（以下、FVC）です。VFC320周りの定数を変えずとも、ピン配線の一部を変更することでFVCになります。

VFCの出力をCPUのイベント・カウンタを利用してカウントすれば、ノイズに強いA-Dコンバータとして使用できます。FVCとフォト・インタラプタを組み合わせれば、モータの回転数をアナログ電圧に変換する回路を作れます。〈中村 黄三〉

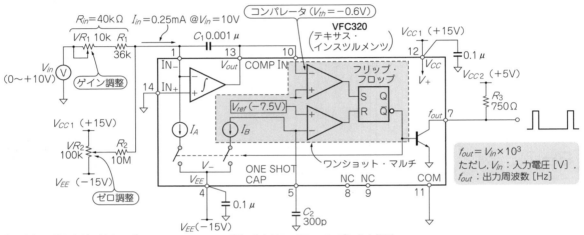

図19 0〜$+10\,\mathrm{V}$を$0\,\mathrm{Hz}$〜$100\,\mathrm{kHz}$のパルス周波数に変換する電圧－周波数変換回路

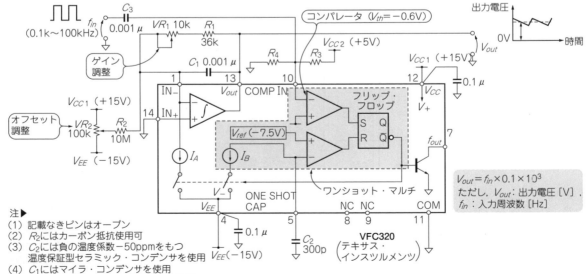

図20 $0\,\mathrm{Hz}$〜$100\,\mathrm{kHz}$のパルス周波数を0〜$+10\,\mathrm{V}$に変換する周波数－電圧変換回路

9-14 周波数の変化を直流電圧で観測できる$F-V$コンバータ
〜ステッピング・モータの駆動パルスやFM信号の変化をオシロで観測〜

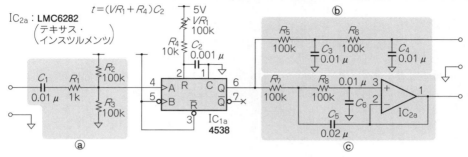

図21 モノステーブル・マルチバイブレータを使った$F-V$コンバータ回路

図21は，CMOSのモノステーブル・マルチバイブレータ(リトリガブル・ワンショットIC)4538を使った$F-V$コンバータです．4538だけでなく74HC123やワンゲートCMOSのTC7WH123も利用可能です．ただし，同型番でもシュミット入力になっていない4538も存在しますので，入力端子A，Bともにシュミットになっているものを選ぶようにします．

図中，入力段の@部は，交流結合となっています．4538の入力がシュミット・トリガのものを使うことで，なまった波形でもミス・トリガしません．R_2とR_3で電源電圧の1/2に固定してあるので，5V動作の場合では1V_{P-P}程度の電圧でトリガします．

この回路で4538は，端子Aの入力パルスのエッジで一定時間パルスを作り，これを平滑して電圧出力を得ます．入力される周波数が高くなると，パルス列の密度が増えて平均値が上昇します．最高周波数は，生成されるパルスのワンショット時間となり，

$$t = (R_{VR1} + R_4)C_2 \cdots\cdots\cdots\cdots (1)$$

で計算できます．

出力段の⑥，©は平滑用フィルタ回路で，⑥はCR2段，©はOPアンプを使った，2次のロー・パス・フィルタです．フィルタの定数は検出周波数で変えます．リプルを少なくするために遮断周波数を低くすると，周波数変化に対する応答が悪くなってしまうので，適切な値に設定します．

この回路を使うと，メカを駆動しているサーボモータやステッピング・モータの駆動パルスを$F-V$変換して，加減速のようすをオシロスコープで観測できるようになります．

図22に示す通り，FM変調された波形を見る場合，適当なトリガ源がないと変動波形しか見えませんが，$F-V$変換した値をトリガに用いることで，波形を観測できます．

〈下間 憲行〉

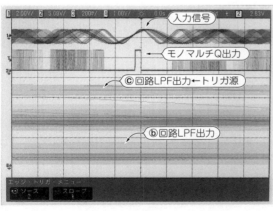

(a) そのままだと適当なトリガ源がないので変動波形しかみえない(5 V/div, 100 μs/div)

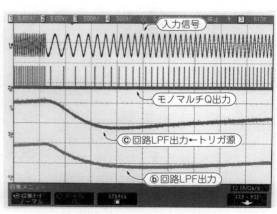

(b) $F-V$変換すると周波数変化をアナログ値としてとらえられる(5 V/div, 2 ms/div)

図22 FM変調された波形の観測に応用した例

9-15 TTLレベルから±12Vへのレベル変換回路
～EIA-232通信やアナログ・スイッチのドライブに使える～

1本だけEIA-232レベルに変換したいとか，アナログ・スイッチをドライブしたいとか，そんなちょっとしたときに便利なレベル変換回路(図23)です．

Tr_1はベース接地のスイッチ回路で，IC_1の2番ピンが"H"のときにONになります．Tr_1がONになったとき，そのコレクタ電流はTr_2のベース電流となってTr_2がONになり，出力レベルは$-12V + Tr_2$のコレクタ飽和電圧まで低下します．

IC_1に74ASシリーズなどHレベルの出力電流が大きいものを使った場合は，R_1を省略できます．

また，74HCシリーズなどLレベル出力電圧の低いものを使った場合は，チャージ抜き用のR_3も省略することができます．

この回路自体は高速なスイッチングができるものではありませんが，R_2に並列に数百pFのコンデンサC_1を追加し，Tr_2のベース-コレクタ間に高耐圧のショットキーバリア・ダイオードを追加してTr_2がオン時に完全に飽和しないようにすることによって，ある程度の高速化を図ることができます．

〈細田 隆之〉

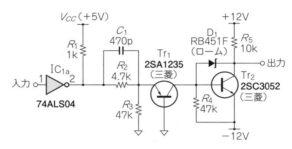

図23 TTLレベルから±12Vへのレベル変換回路

9-16 1個の74HCU04で作れるパルス幅変調回路
～低周波入力信号に応じたデューティ比可変のPWM波形が得られる～

図24は74HCU04を1個使ったパルス幅変調回路です．これはミラー積分回路とヒステリシス・コンパレータを組み合わせたマルチバイブレータで，R_1を介し低周波信号を入力すると矩形波出力のデューティ比が変化してパルス幅変調がかかります．

C_1は直流をカットするものです．矩形波のキャリア周波数f[Hz]は近似的に次式で表されます．

$$f = \frac{1}{4}\left(\frac{1}{R_2 C_2}\right)\left(\frac{R_4}{R_3}\right)$$

図の定数で約900kHzになります．R_2によって負帰還がかかるため低ひずみ率です．74HCU04のスレッショルド電圧と出力電圧振幅は電源電圧に依存するためSN比は電源雑音に左右されることに気をつけてください．

〈黒田 徹〉

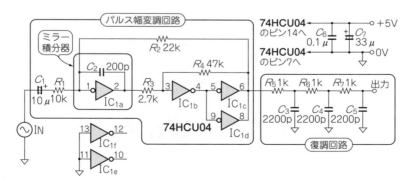

図24 74HCU04を使ったパルス幅変調回路

9-17 全波整流回路とLPFを組み合わせた平均値出力回路
～商用電源周波数で使える～

図25は全波整流回路とLPFを組み合わせた平均値出力回路です．商用電源周波数で動作させることを考えてf_cを10 Hz以下に設定しました．

R_3は入力開放時の対策で，平均値変換動作には直接関係しませんが，R_3によりR_1が影響している点に注意してください．

表1は，ピーク電圧2.5 V，周波数50 Hzの交流をV_{in}に加えたときのV_{out}の直流電圧です．計算値と実際の値を比較してあります．表2は，正弦波入力のピーク電圧を0から4.5 Vまで変化させたときの平均値(計算値)と出力電圧の測定値です．広い電圧範囲で正しく変換されていることがわかります．　〈木下 隆〉

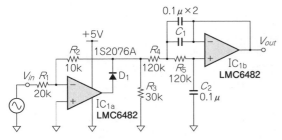

図25　平均値出力回路

表1　各波形による実測値

波形	数式	計算値	実測値
方形波	VG	1.250V	1.248V
正弦波	$(2/\pi)VG$	0.796V	0.797V
三角波	$(1/2)VG$	0.625V	0.626V

V：波形のピーク電圧
G：V_{in}からV_{out}までのゲイン

表2　正弦波による入出力特性

正弦波 V_{in} [V_{peak}]	V_{out}(平均値) 計算値 [V_{AC}]	V_{out}(平均値) 実測値 [V_{DC}]	誤差 [%]
0.00	0.0000	0.0050	—
0.50	0.1592	0.1593	0.091
1.00	0.3183	0.3185	0.060
1.50	0.4775	0.4776	0.028
2.00	0.6366	0.6368	0.028
2.50	0.7958	0.7960	0.028
3.00	0.9549	0.9556	0.070
3.50	1.1141	1.1148	0.064
4.00	1.2732	1.2740	0.060
4.50	1.4324	1.4333	0.063

9-18 高調波ひずみの少ない周波数ダブラ
～同調増幅回路を応用した～

図26に示すのは，周波数を2逓倍できる周波数ダブラです．

水晶発振回路など直接高い周波数が得られない場合などに，発振回路の出力に接続して使用できます．

同調回路が挿入されているので，使用周波数範囲が狭くなりますが，純度の高い出力信号が得られます．-2 dBmの入力のとき6 dBmの出力電圧が得られ，高調波ひずみが-60 dB以下になります．

図27に示すのは，パッドを除いた入出力特性です．
〈遠坂 俊昭〉

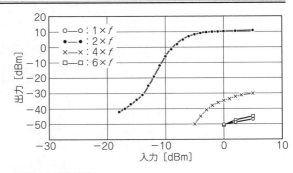

図27　入出力特性

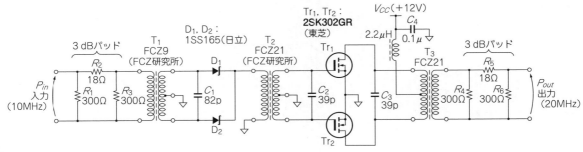

図26　高調波ひずみの少ない周波数ダブラ

9-19 絶縁型A-D変換回路
～シリアル・インターフェースを絶縁した安全性の高い回路～

● 回路の説明

計測システム，モニタ・システム，医療用システムなどでは，安全性を向上させるため信号側とシステム側を電気的に絶縁する必要になることがあります．

絶縁回路は次のようなときによく使われます．
- 同相電圧がとても高い信号源の測定を行うとき
- 落雷から回路を保護する
- 心電計などから生体への電流が流入するのを阻止する感電防止
- 高精度測定のための計測側グラウンドのシステム側からの切り離し

かつては，アナログ信号を絶縁するアイソレーション・アンプがよく使われていましたが，A-Dコンバータが安くなったため，A-D変換してディジタル・データを絶縁する方法が広く使われています．

図28に示す回路は，12ビットのシリアル出力A-Dコンバータとオプト・アイソレータを使った，アイソレーションA-Dコンバータ回路です．

本回路のようにシリアル出力タイプを使用すると，パラレル出力に比べて，絶縁すべき信号数の数が少なく，アイソレータの数が少なくてすみます．

● フォト・カプラの選定がポイント

フォト・カプラは，A-Dコンバータの出力データの通信速度などを考慮して選びます．6N137は定番のロジック信号用のアイソレータです．

フォト・カプラの伝播遅延時間はかなり大きく，立ち上がりと立ち下がりのエッジに差があるのでパルス幅が変わります．

10 Mbpsの伝送レートをもつロジック用の高速タイプでも，この遅延はかなり大きいので，読み出しクロックと出力データの同期タイミングには十分注意が必要です．

絶縁耐圧が重要なときは，基板にスリットを入れるなど，入出力間の物理的距離に配慮します．

高い絶縁耐圧は必要だけどデータ速度は遅くてよいという場合は，フォト・トランジスタによるアイソレータも使用可能です．

より高速なデータ伝送が必要な場合は，磁気結合（シリコン表面上のトランス）を利用したアイソレータADuM1100（アナログ・デバイセズ）が市販されているので，これを利用することもできます．

本回路は，V-Fコンバータを使った計測システムにも応用できます．　　　　　〈藤森 弘己〉

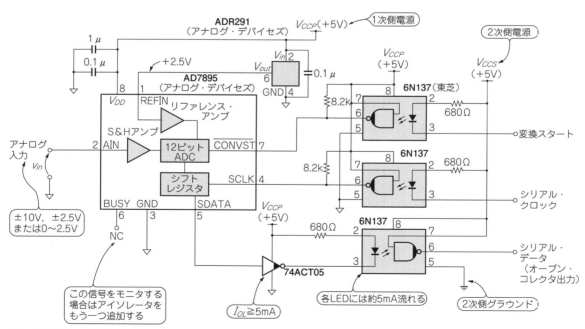

図28 信頼性の高い絶縁体A-D変換回路

9-20 高精度の長距離直流伝送が可能なD-A変換回路
～グラウンド・センス・アンプを使用した～

計測システムなどで高精度の直流信号を伝送する際についつい見落とすのは，その信号のグラウンド・リターン信号線の抵抗ぶんによる電圧精度の劣化です．

図29に示すのは，グラウンド・リターン誤差を最少にし，高精度の直流信号伝送が可能なD-A変換回路です．図30に示すように，少し離れた負荷に電圧信号を伝送すると，信号電流が線路と負荷を通って送り側に戻ってくるとき，配線やはんだなどの抵抗ぶんにより電圧降下が生じて，負荷電圧v_2が送り側の電圧v_1と等しくなくなります．

r_1やr_2が$100\,m\Omega$程度あり，ここに$1\,mA$の電流が流れると，R_L側で$200\,\mu V$の誤差が生じます．これは5V出力16ビットD-Aコンバータの2.6LSBにあたります．実際のシステムでは，グラウンド・リターンにその他の電流も流れ，誤差はもっと大きくなります．

これを防ぐには，図31に示すように電流が流れる線（フォース線）と電圧を設定するための線（センス線）を分けて，電流の影響を受けない回路にします．グラウンド線も，電流の流れるフォース・リターンと高インピーダンスの0Vの信号線に分けて，リターン電流の影響を最少にします．送り側にOPアンプをつけて，電流が流れる線と電圧信号を伝送する線を分けると，伝送線路の抵抗ぶんの影響がなくなります．

D-Aコンバータとアンプのグラウンドは，システムの電源グラウンドではなく，グラウンド・センス・アンプの出力につなぎます．

〈藤森 弘己〉

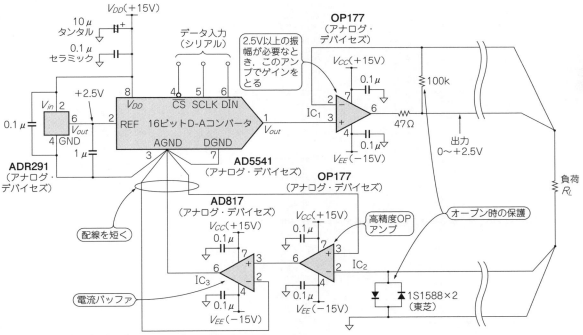

図29 高精度の長距離直流伝送が可能なD-A変換回路

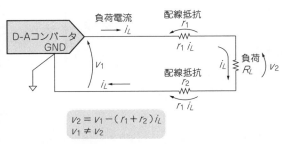

図30 配線の直流抵抗ぶんが影響するとD-Aコンバータの出力を正確に負荷電圧に伝送できない

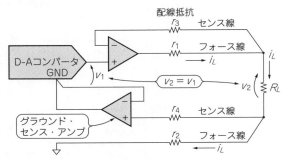

図31 フォース線とセンス線を分ける

9-21 対数または逆対数へ変換する回路
~100 dB以上の広ダイナミック・レンジの信号を扱うときに便利~

図32に示すのは，入力の変化量を1V/桁で変換し，5桁を越す信号を扱える対数変換回路です．電圧入力V_{in}（5桁までカバー）と電流入力I_{in}（6桁をカバー）をもち，I_{in}にはフォトダイオードなどの電流出力型のセンサを直接接続できます．透過光を利用した分析装置など，光量の変化が100 dBを越す用途に向きます．この回路の後にA-Dコンバータを接続すると，12ビット程度の分解能でも実質120 dBのダイナミック・レンジが得られます．図33は，対数重み付けのある電圧信号を，もとの自然数に対応する電圧に戻す逆対数変換回路です．I_{in}とV_{in}を変数とする任意のn乗回路として利用できます．低速なCPUでは難しい100Hzまでのリアルタイム演算が可能です．反比例の特性が出力されますが，反転アンプIC$_3$を挿入すると正比例の関数が得られます．

〈中村 黄三〉

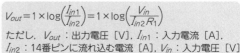

$$V_{out}=1\times\log\left(\frac{I_{in1}}{I_{in2}}\right)=1\times\log\left(\frac{V_{in}}{I_{in2}R_1}\right)$$

ただし，V_{out}：出力電圧 [V]，I_{in1}：入力電流 [A]，I_{in2}：14番ピンに流れ込む電流 [A]，V_{in}：入力電圧 [V]

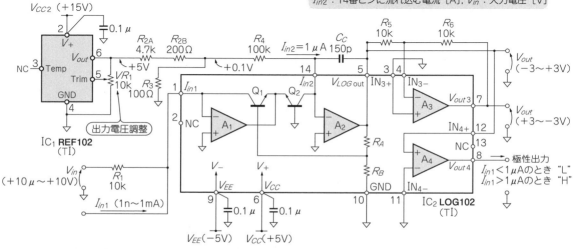

図32 100 dB以上の広ダイナミック・レンジの信号を扱える対数変換回路

$$V_{out}=I_{in1}R_5\times10^{-V_{in1}}$$

ただし，V_{out}：出力電圧 [V]，V_{in1}：入力電圧 [V]，R_5 [Ω]

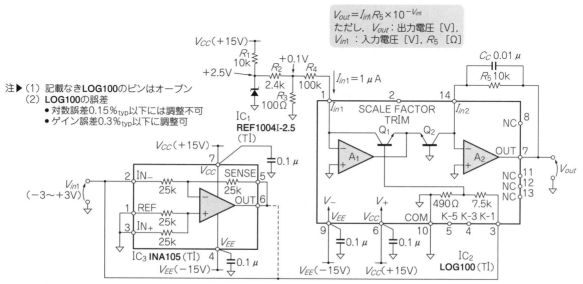

図33 逆対数変換回路

9-22 定番ICで作るLVTTL-ECLレベル変換
～高速伝送を確実に行うための回路①～

民生用の高速伝送規格ではLVDS(Low Voltage Differential Signaling)が一般的ですが，半導体テスタや計測器内部では，ECL(Emitter Coupled Logic)信号が現役で使われています．

図34は，LVTTLレベルの信号をECL信号に変換する定番ICを使った回路です．R_1とR_2は，エミッタ電流を流すために必須です．ECL出力の内部回路はLVDSとは異なりますから，R_2を取り除いたからといってR_1側の信号振幅が増えることはありません．

R_3とR_4は，伝送線路の特性インピーダンスとマッチングを取るために挿入しています．伝送線路が十分に短い場合は，R_3とR_4は省略できます．目安は，$t_r > 2t_d$を満足するか否かです．t_rはECL信号の立ち上がり時間で，数百ps以下です．t_dは伝送線路の伝搬遅延時間です．信号線路の伝搬遅延時間の2倍よりも信号の立ち上がり時間が遅ければ，R_3とR_4を省略し，信号線路の特性インピーダンスのケアが不十分であってもほぼ問題なく動作します． 〈川田 章弘〉

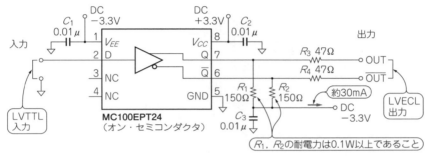

図34 定番ICで作るLVTTL-ECLレベル変換

9-23 定番ICで作るECL-LVTTLレベル変換
～高速伝送を確実に行うための回路②～

図35は，ECL信号をLVTTL信号に変換する定番ICを使った回路です．ECL信号をFPGAに入力したい場合などに使用することができます．

ただし，LVTTLに変換したあとの信号の立ち上がり時間などは，ECL信号とは異なっています．あまり高速な信号をLVTTLに変換することはできません．MC100EPT25は，275 MHzまで動作可能ですので，その範囲内で使います．

V_{BB}端子は，ECL信号のコモン電圧を出力する端子です．V_{BB}端子は，ECL信号入力が差動ではなく，シングル・エンドで入力される場合，片側の入力端子をバイアスするときに使用します．

MC100EPT25は，低レベル交流信号をLVTTLレベルに変換するための高速コンパレータとして使用することもできます． 〈川田 章弘〉

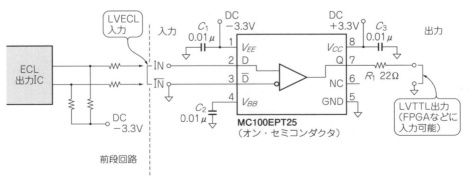

図35 定番ICで作るECL-LVTTLレベル変換

9-24 シングル・エンド信号を差動信号に変換するアンプ
～コモンモード・ノイズに強くダイナミック・レンジを6 dB改善できる～

長距離伝送を行う際は，差動信号を用いたほうがコモンモード・ノイズに強くなり，またダイナミック・レンジも6 dB改善されます．

図36に示す回路の非反転アンプに使われている帰還方法は，直流領域からのノイズ・ゲインを反転アンプと同一にすることができる接続方法です．

〈川田 章弘〉

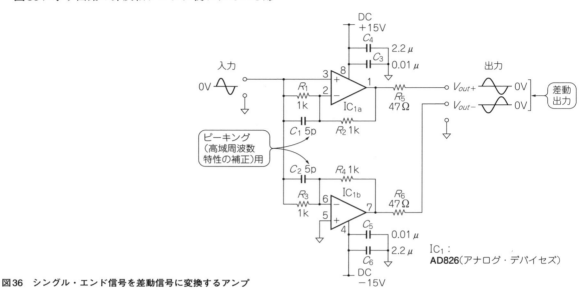

図36 シングル・エンド信号を差動信号に変換するアンプ

9-25 交流結合のボルテージ・フォロワ
～信号源インピーダンスを下げたいときに使う～

図37は，出力インピーダンスが数kΩの信号源のインピーダンスを47Ωに変換して出力するバッファ・アンプです．入出力を交流結合にして，非反転入力端子に中点電圧を加えることで交流動作を可能にしています．

C_6は電源ノイズを減少させるために必須です．R_7とC_6によって決まる低域遮断周波数（$1/2\pi C_6 R_7$）が，通過させる信号の最低周波数の1/10程度以下になるようにします．図の回路定数の場合，低域遮断周波数は約0.15 Hzですので，最低周波数20 Hzのオーディオ周波数帯域の使用で問題になることはありません．

〈川田 章弘〉

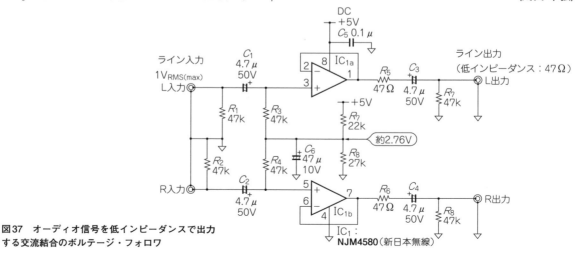

図37 オーディオ信号を低インピーダンスで出力する交流結合のボルテージ・フォロワ

9-26 周波数帯域を制限したボルテージ・フォロワ
～OPアンプ自身のノイズと基準電圧ICの雑音を除去～

ボルテージ・フォロワ(voltage follower)の出力にコンデンサを接続して帯域を制限し，ノイズを除去したいことがあります．OPアンプの出力に単純なRCフィルタを追加してもよいのですが，その場合の出力インピーダンスは，RCフィルタのRの値によって制限されます．

出力インピーダンスを低く保ちつつ，高域遮断したい場合は，図38のような回路構成にします．図38は，基準電圧ICの出力雑音を小さくするために周波数帯域を制限したボルテージ・フォロワを追加したものです．R_3とC_3によるプリフィルタによって，基準電圧ICから発生する大きな雑音は除去しておき，OPアンプから発生する雑音については，R_1とC_1によって除去しています．このような帯域制限を行うことで，OPアンプに低ドリフトで低オフセット電圧のチョッパ安定化OPアンプを使用することが可能になります．

チョッパ安定化OPアンプは，出力にチョッパ・ノイズ(スイッチング・ノイズ)が含まれていることが多いのですが，R_1とC_1によってそれらのノイズを減衰させることができます．R_2とC_2の値は，R_1とC_1の値に応じてOPアンプが安定動作する(発振しない)ように選びます．　　　　　　　　　　　〈川田 章弘〉

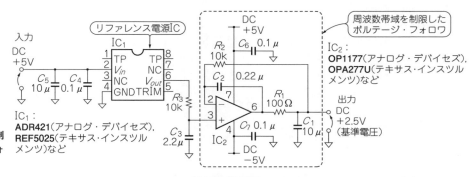

図38 周波数帯域を制限したボルテージ・フォロワ

9-27 出力駆動能力を強化したボルテージ・フォロワ
～汎用OPアンプなどの出力駆動能力強化に使える～

出力駆動能力を強化したい場合，バッファ・アンプを帰還ループ内に追加します．追加するバッファ・アンプはディスクリート構成のバッファ・アンプでもよいのですが，IC化されたバッファ・アンプを使用すると実装面積が小さくなります．

BUF634は，出力駆動能力強化のための定番バッファ・アンプです．バッファ・アンプのオフセット電圧ドリフトやノイズは，ループ・ゲインだけ圧縮されるので，このバッファ・アンプの基本性能は初段に使っているIC$_1$の性能によって決まります．図39ではIC$_1$に高速OPアンプのTHS4011を使用していますが，これを高精度JFET OPアンプのOPA627や高精度バイポーラOPアンプのOP1177などに変更して使用することも可能です．

C_1とR_1は発振しないように安定化を確保するために挿入しています．　　　　　　　　　〈川田 章弘〉

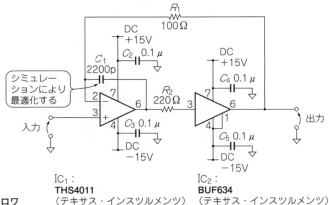

図39 出力駆動能力を強化したボルテージ・フォロワ

第10章 ドライブ回路

LED, モータ駆動からフォト・カプラ応用回路など

10-1 基本的なLED駆動回路
～トランジスタ1個で点灯できる～

表示用LEDの選択基準としては，色(赤，黄，緑，青，白など)，大きさ($\phi 3$，$\phi 5$など)，モールド(着色透明，着色拡散，無色透明，乳白拡散など)，発光半値角などがあります．

LEDの駆動回路例を図1に示します．LEDの駆動電流I_Fは次式で求めます．

$$I_F = \frac{V_{CC} - V_F}{R} \quad \cdots\cdots (1)$$

図2は順方向電圧-電流特性です．

同じI_Fだと，V_Fの値は赤が一番小さく，青は最も大きい値です．

これは，光の発光波長に応じたエネルギ値が，赤＜黄＜青の順で大きくなっているためです．

色の異なるLEDを並べて使用する場合，各LEDの明るさが同じになるようにI_Fを決定します．

厳密には，比視感度曲線による色に対する目の感度差の補正，発光半値角なども考慮する必要があります．

〈渡辺 明禎〉

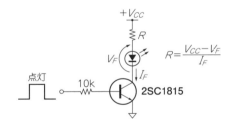

図1 基本的なLED駆動回路

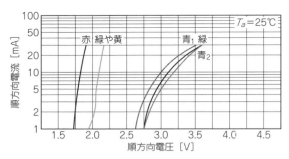

図2 順方向電圧-電流特性(代表値)

10-2 白色LEDを乾電池1～2本で駆動できる回路
～出力電圧可変のレギュレータICで点灯する～

白色LEDの駆動電圧は3.6V程度なので，普通の乾電池で駆動するには昇圧回路が必要です．そのようなときに使えるのがTL499Aです．

TL499Aは，出力電圧が可変できるレギュレータICです．昇圧時にはスイッチング・レギュレータ，降圧時にはシリーズ・レギュレータとして動作し，その動作モードは入力電圧で自動的に切り替わります．

入力電圧範囲は1.1～10V(スイッチング動作時)，35V最大(シリーズ動作時)，出力電圧範囲は2.9～30V，最大出力電流は100mAです．

白色LEDを使った懐中電灯の回路例を図3に示します．電池は1～2本を直列にして使います．4番ピンはピーク・スイッチング電流I_{peak}の制御ピンで，$R_1 = 500\Omega$の場合に約200mAです．出力電流を大きくしたい場合はこの抵抗値を小さくし，I_{peak}を増やします．出力電圧は100kΩの半固定抵抗器により調整します．

〈渡辺 明禎〉

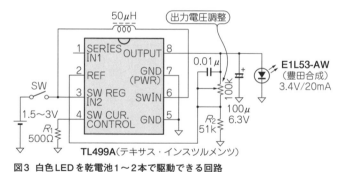

図3 白色LEDを乾電池1～2本で駆動できる回路

10-3 温度安定性が良好！OPアンプで作るLEDドライバ
～可変抵抗やマイコンのD-Aコンバータで電流を調整できる～

図4は，トランジスタとOPアンプで構成した定電流LEDドライバです．

OPアンプを使うことで，直線性や温度安定度が良くなります．制御電圧の入力抵抗が高いので，可変抵抗やマイコンのD-Aコンバータで電流を調整できます．

動作は，I_{LED}の検出抵抗R_Sの電圧降下が，制御電圧V_Cと等しくなるように，Tr_1をOPアンプで制御しています．

R_Sの電圧降下は，LM358(テキサス・インスツルメンツ)などのOPアンプを使うときは約100mV必要ですが，高精度OPアンプを使えば約1mVでも良好な特性が得られます．この場合は，配線抵抗による影響に十分注意してください．R_Sの抵抗値が10mΩくらいになると，はんだ付けの抵抗も無視できません．マイナス電源がないときは，単電源用かレール・ツー・レール出力のOPアンプを使ってください．

V_{in}は，R_Sの電圧降下にTr_1の飽和電圧を加えた電圧が必要です．電流が大きい場合は，Tr_1に放熱が必要です．LED電流が100mA以上の場合は，Tr_1にダーリントン・トランジスタか高h_{FE}トランジスタを使うとよいでしょう． 〈登地 功〉

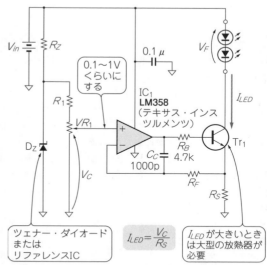

図4 トランジスタとOPアンプで構成した定電流LEDドライバ
R_Sの端子間電圧が低いと効率は良好であるが精度は悪い

10-4 定番の3端子レギュレータで作るLEDドライバ
～余った電源用ICで光らせる～

図5は，可変3端子レギュレータLM317(テキサス・インスツルメンツ)を使った定電流LEDドライバです．OUT-ADJピン間に電流検出抵抗R_Sを入れて，負荷(LED)を接続すると，OUT-ADJピン(R_Sの端子)間電圧が1.25Vになるように出力電流を制御します．

図6のような接続にしても，定電流でLEDを駆動できます．LM317は入力(IN)ピンの近くにパスコンを入れないと，発振することがあります．また，ADJピンから約50μAの電流が流れるので，この電流がI_{LED}に加算されます．I_{LED}は約10mA流す必要があります．この電流より小さいと正常動作しないことがあります．

V_{in}の最小値は，R_Sの端子間電圧が1.25V，LM317の最小入出力電圧差が3Vなので，LEDのV_Fにこれらの電圧の合計4.25Vを加えた電圧になります．I_{LED}が大きいときは，放熱が必要です． 〈登地 功〉

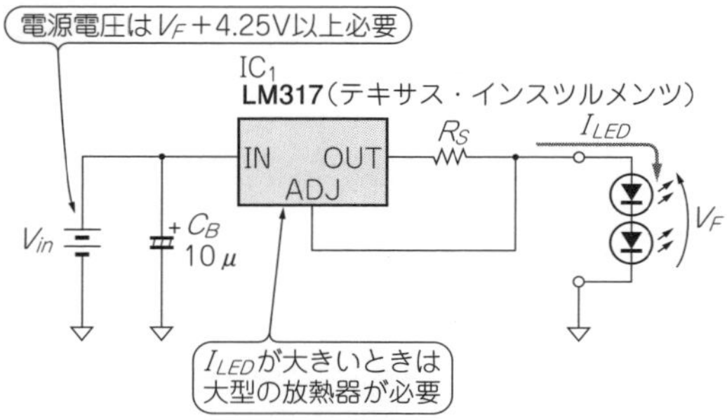

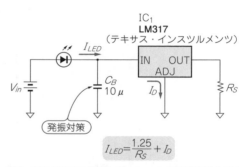

図5 可変3端子レギュレータLM317を使った定電流LEDドライバ

$$I_{LED} = \frac{1.25}{R_S} [A]$$
$I_{LED}=100mA のとき，
$$R_S = \frac{1.25}{I_{LED}} = \frac{1.25}{0.1} = 12.5\Omega$$

図6 図5の可変3端子レギュレータの接続を変えても使える

$$I_{LED} = \frac{1.25}{R_S} + I_D$$

10-5 どこでも手に入るタイマIC 555で作る高効率定電流ドライバ
～LED点灯に最適！ 昇圧用と降圧用の2タイプ～

とても入手しやすい定番のタイマIC 555を応用して，定電流出力のDC-DCコンバータ（非絶縁）を作る方法を紹介します．

専用ICを利用するほうが外付け部品点数は少なくなりますが，入手性が悪かったりすぐに生産中止になることもあります．汎用ICの555なら安価に入手でき，生産メーカも豊富で当面はなくならないでしょう．

出力電力は外付けのトランジスタで決まります．1石トランジスタの場合，555のドライブ能力から10 Wクラスまでが妥当です．ただし，電源電圧や，555がバイポーラかCMOSかによっても違います．

ダーリントンやMOSFETを使えばもっと大きい出力電力が得られますが，簡易安定化電源なので大電力用途には向きません．サブ電源やLEDドライバなどがベストです．

● 降圧コンバータ

図7に，降圧コンバータの回路を示します．出力電圧は，555の供給電圧から15 V以下くらいとなります．基本動作は単安定マルチバイブレータで，OFF時間一定のPFM（パルス周波数変調）制御です．

定電流特性がV_{BE}に依存するため，周囲温度の影響が若干あります（-0.3%/℃程度）．LEDドライバ用途などでは，むしろ温度補正が働き好都合です．

● 昇圧コンバータ

図8に，555を使った昇圧コンバータ回路を示します．降圧コンバータのときと異なり，実質上出力電圧に制限はありませんが，基本原理上は，電源電圧の10倍程度が限界です．

この回路では555は無安定（自走）発振動作をします．L_1の蓄積エネルギが比較的小さい場合は，Tr_1がOFF時にTr_2は完全にONせず，V_5レベルを適度に下げてデューティ比をコントロールします．Tr_2の飽和/リニアは明確には切り換わらず，出力電圧が定電流$I_{out} R_S \fallingdotseq V_{BE(on)} \fallingdotseq 0.6$ Vとなるようにコントロールされます．

〈冨士 和祥〉

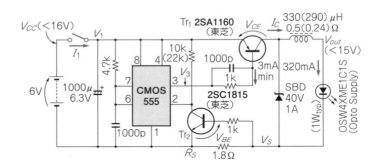

図7 降圧電源回路
定電流出力．320 mA出力

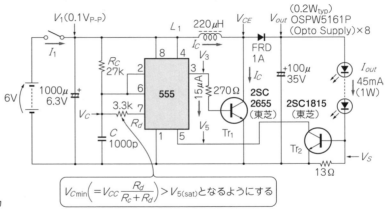

図8 昇圧電源回路
定電流出力．45 mA出力

$V_{C\min}\left(=V_{CC}\dfrac{R_d}{R_c+R_d}\right) > V_{5(sat)}$ となるようにする

10-6 AC 100 Vで直接10～20 Wの照明用LEDを点灯する回路
～LEDと数個の部品で作れてちらつきも少ない～

1 W(80 lm/W超)級の照明用LED素子が比較的安価に入手できるようになったので，商用電源で簡単かつ実用的に点灯させる回路を作ってみました(10～20 Wクラス)．

本回路は数点の部品で実現でき，スイッチング方式ではないため，高周波ノイズも発生しません．

● 蛍光灯用安定器を使う

図9に回路を示します．蛍光ランプの定常放電電圧と同等のV_FとなるようにLED素子をシリーズ接続します．電流制限用インピーダンス(リアクタ)として蛍光灯用安定器(インダクタ)を利用し，全波整流します．

10 W型の場合はI_Fのピーク値が0.4 Aくらいなので平滑コンデンサを挿入しなくても支障はありません．I_Fは2×商用周波数で変動しますが，完全な休止期間がないためフリッカ(チラツキ)はほとんど感じられません．またシリーズにL(+R:巻線抵抗分)が挿入されるため，電源投入時にも大きな突入電流は流れません(0.6A peak，1サイクル程度)．

一方15 W型以上の場合は，定常のピーク電流がLEDの定格を超えるため，平滑コンデンサは必要です．蛍光灯器具の改造でLED照明化することも可能です．

● フィルム・コンデンサを使って小型化

図10に回路を示します．図9の電流制限リアクタにインダクタを使う方式よりも小型・軽量化できます．コスト的には，フィルム・コンデンサは意外と高いので，図9に対して優位とも言えません．

この方式は，比較的小電力のLED点灯回路や商用ライン非絶縁型コンバータなどによく使われます．電源投入時には大きな突入電流が流れるため，制限抵抗および平滑コンデンサが必要です．投入時のシリーズ・コンデンサC_Sの充放電電荷を，平滑コンデンサC_{out}で吸収させて，LEDに突入電流が流れるのを防止します(C_{out}がない場合，LEDのサージ電流耐量を超えないようにするには制限抵抗値R_Sを大きくする必要があり定常損失が膨大になってしまう)．

またインダクタと違って電流の休止期間(LEDのV_Fによる)が発生するため，平滑コンデンサがないとフリッカ(ちらつき)が出てしまいます．　〈冨士 和祥〉

蛍光灯安定器	
タイプ	R_{dc}
① 10W	50Ω
② 15W	37Ω
③ 18/20W	28Ω

タイプ	LED素子数	V_F [V_{ave}]	I_F [A_{ave}]	P_{out} [W]	ヒートシンク *[℃/W](目安)
①	15	46	0.21	9.7	4
②	18	56	0.27	15	3
③	18	57	0.31	18	2

*周囲条件などにより最適化設計を行う

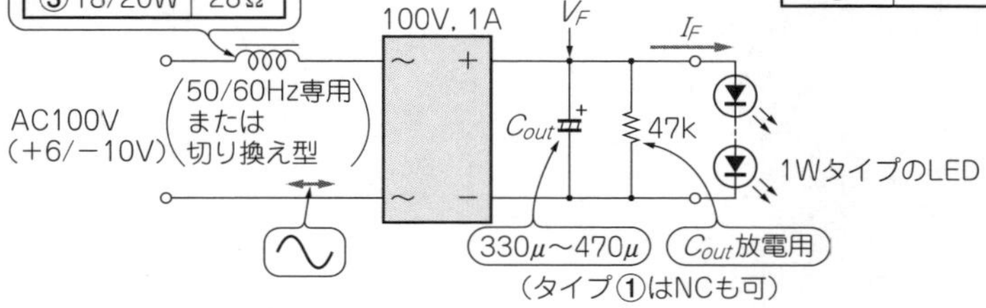

図9　蛍光灯用安定器を使った回路
10 W型の場合は平滑コンデンサを挿入しなくてもOK．15 W型以上は平滑コンデンサが必要

Aタイプ	P_R[W]	C_S[F]
① 15-3W	1.0	10μ
② 12-5W	1.4	15μ

タイプ	LED素子数	V_F [V_{ave}]	*50/60Hz時	
			I_F[A_{ave}]	P_{out}[W]
①	15	46	0.19/0.23	8.7/11
②	18	56	0.25/0.30	14/17

* C_S(50Hz)＝C_S(60Hz)×1.2とすれば50/60Hz同値となる

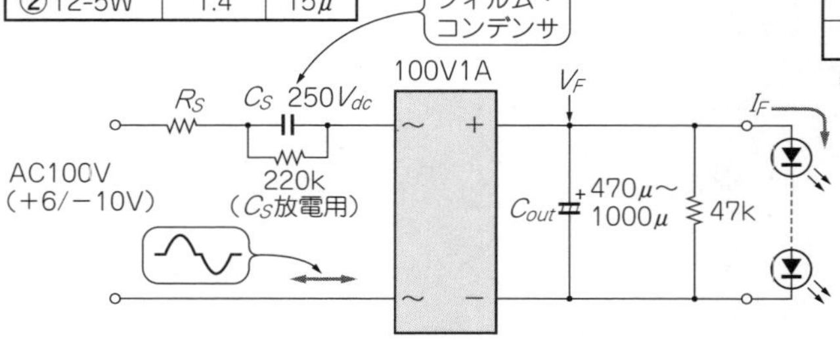

図10　フィルム・コンデンサを使って小型化した回路

10-7 87Vまで最大24個！ヘッドライト用高輝度LEDドライバ
～実用的なヘッドライト作りに必要な機能が満載～

車のヘッドライト用LEDには，順方向電流が350mA～1A以上の高輝度タイプが必要です．

広い温度範囲で，かつ指定された電流定格で駆動し，輝度とカラー・スペクトルの変動が許容範囲に収める制御が必要です．直列抵抗によって電流を制限する通常の駆動方法では，許容範囲に収められません．ここでは，広いバッテリ電圧範囲をサポートしたLEDコントローラLT3975を紹介します．

● LED点灯に必要な実用的機能が満載

LT3795は，LED点灯に適した機能をもつ定電圧定電流出力のDC-DCコントローラです（**図11**）．入力電圧が4.5～110Vとたいへん広く，多くのバッテリ・システムに対応できます．

発振周波数は100k～1MHzの間で設定できます．発振周波数を変化させるスペクトラム拡散周波数変調（SSFM）回路も内蔵しているので，電磁ノイズを低減しEMC性能を向上できます．周辺回路への電磁ノイズの影響を極力減らさなければならない電気自動車のヘッドライト点灯回路に最適です．

昇圧，降圧，昇降圧の三つの動作を選択でき，入力電圧と出力電圧の関係を広い範囲で設定できます．

多数のLEDを直列にして構成されるLEDランプ・モジュールも駆動できるように，最大出力電圧は87Vです．

LEDの駆動は，PWM調光とアナログ調光の2通りが選べます．PWM調光においては最大3000：1の幅広い調光比を実現します．アナログ調光には出力電流検出のしきい値を調整するCTRLピンを使います．

なお，LT3795にはLEDの短絡や断線を検出し，信号出力する機能とピンがあるので，これらをマイコンで受けて，回路異常やLED異常のアラートを出すといった使い方もできます． 〈梅前 尚〉

◆引用文献◆
(1)「LT3795-スペクトラム拡散周波数変調回路を内蔵した110V LEDコントローラ」データシート，リニアテクノロジー．

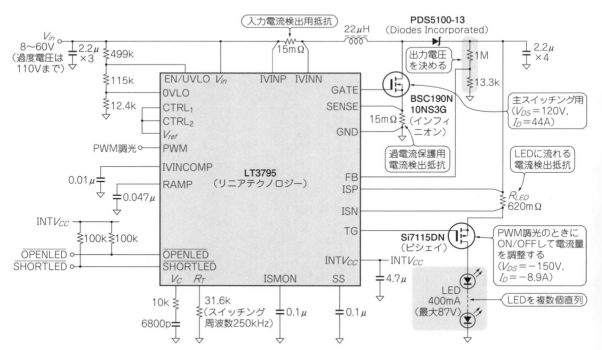

図11(1) **LT3795で構成した昇降圧型LEDドライブ回路**
入力電圧は4.5～110V．LEDには400mAの定電流を流せる．87VまでLEDを直列につなげられる．大出力LEDなら20個強を直列できる

10-8 電源電圧が変動しても明るさが変わらないLED点灯回路
～抵抗だけで電流を制限すると輝度が不安定なときに使うのが有効～

一般家庭にもLED電球が普及し，表示だけでなく照明の分野にも用途が広がっています．それと共にLEDの駆動回路もさまざまなものが登場しています．

抵抗による電流制限回路では電源変動の影響を受けやすく損失が大きい．でもLEDドライバICを使うのは大げさ，というときに重宝する簡単な定電流回路(図12)です．

この回路ではR_2の電圧降下($I_{out} R_2$)が，基準電圧ICの電圧($V_Z = 1.235$ V)と等しくなるようTr_2が動作して，LEDの通過電流I_{out}を調節します．その帰還量はTr_2の直流電流増幅率(h_{FE})に依存します．

ちなみにTr_1はTr_2のベース-エミッタ間電圧の補償用です．またR_1はR_2のベース電流$\{I_{out}/(h_{FE}+1)\}$とIC_1のバイアス電流を供給するための抵抗です．

● シンプルながらいろいろと応用が利く

もう少し多くのLEDを点灯させたい場合は，LED側の回路をもう一つ作って並列に接続し，場合によってはベース電流の増加分だけR_1を調整すれば良いだけです．追加分のLEDは必ずしも3個である必要はなく1個でも2個でもかまいませんが，LEDをつながずに解放にすると，他のLED系統の輝度に影響を与えてしまいます．IC_1を取り外し，代わりにOPアンプなどを介して正の可変電圧を与えれば輝度を調整できます．

LEDドライバICのようにスイッチングを行わないので電流制御速度が早く，基準電圧にパルスや交流を重畳させれば，照明による数MHz程度までの可視光通信が可能です．ただし，いずれの場合も0V近くまで電圧を下げ過ぎてTr_2をカットオフしないようにすることと，ピーク電圧によってLEDの最大電流を超えてしまわないよう注意が必要です． 〈三宅 和司〉

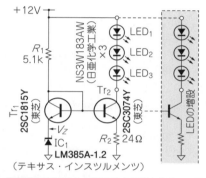

図12 電源電圧が変動しても明るさが変わらないLED点灯回路
LEDに流す電流は約50 mA

10-9 電流ブースタによってひずみ特性を改善したライン・ドライバ
～低ひずみFET入力アンプと高速アンプで構成する～

低ひずみOPアンプが信号を低ひずみのまま伝送できるのは，負荷が軽く，出力レベルも小さいときだけです．

低ひずみアンプがもっている特性を重い負荷のときも活かせるように，このアンプの出力にパワーを受けもつブースタを付加し，信号の増幅回路と出力の駆動回路を切り分けたものが，図13の回路です．

IC_1のAD845は，オーディオ帯域で115 dB以下のひずみのFET入力アンプですが，ここではゲイン5倍の非反転増幅として動作しています．R_1とR_2の組み合わせによってこれ以外のゲインにも設定可能です．回路ゲインは$1 + R_1/R_2$です．

IC_1の出力は，IC_2であるAD811へ入力されていますが，このアンプのゲインは，1倍のユニティ・ゲイン・バッファ接続となっています．AD811は，DCで±100 mAを駆動できる帯域140 MHzの高速アンプです．IC_2は，IC_1のフィードバック・ループの中に含まれているので，オフセットなどのDC特性や帯域内でのAC特性は，IC_1の特性に支配されます．したがって信号帯域がIC_1の制御範囲内であれば，この回路の出力特性はIC_1の特性に近似されます．出力負荷に対する電流は，IC_2によって供給され，IC_1の負荷になりません．このため，全体としてIC_1の低ひずみ特性が，重い負荷からの影響を受けにくくなります．

この回路は，ここで紹介したアンプ以外の組み合わせにも広く応用でき，高速アンプを使えば，より広帯域の低ひずみドライバも構成できます． 〈藤森 弘己〉

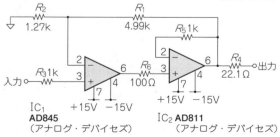

図13 電流ブースタによってひずみ特性を改善したライン・ドライバ

10-10 ブリッジ・センサ入力の2線式4～20 mAトランスミッタ
～圧力センサの微小出力電圧を増幅し伝送する～

図14に示す回路は，2.5 kΩ以上のインピーダンスをもつブリッジ・センサの出力（0～3.2 mV）を4～20 mAの電流信号に変換して送信する2線式のトランスミッタです．

ストレイン・ゲージを使った圧力センサ信号の伝送に適します．

● 回路の動作

IC_1には，ブリッジの差電圧ΔVが直接入力されるため，計測用のアンプINA132を使います．ゲインは1000倍です．

IC_2はIC_1の出力を仮想グラウンド電位より+0.8 Vだけオフセットさせるためのものです．

IC_3（XTR115）は，入力電流I_{in}を100倍のミラーリングで電流出力します．

ΔVが0 VのときIC_1は0.8 Vだけオフセットしており，このときIC_3から4 mA（$= 0.8/R_3 = 0.8/20$ kΩ）が出力されます．

2線式の4～20 mAトランスミッタは，電源ラインと信号ラインが共通ですから，XTR115の消費電流（200 μA）を含む回路全体の消費電流は4 mA以下に抑えなければいけません．

逆に消費電流が4 mAに達しない場合は，外部トランジスタTr_1が残りのぶんを消費し，4 mAに自動的に調整されます．

● IC_1とIC_2の要件

ブリッジに十分な電流（回路例では1 mA）を流し，さらに安定な増幅をするため，IC_1とIC_2には低消費電力で，低オフセット・ドリフトのアンプを使う必要があります．

受信側で分解能12ビットのA-Dコンバータを使う場合，IC_1の9.77 μVのドリフトは1LSBの誤差に換算されます．

IC_1とIC_2には，負の電源レール（仮想グラウンド）から+500 mVあたりまで線形動作するレール・ツー・レール出力のアンプが望まれます．回路定数やアンプなどを変更する場合は，これらのことを考慮してください．

〈中村 黄三〉

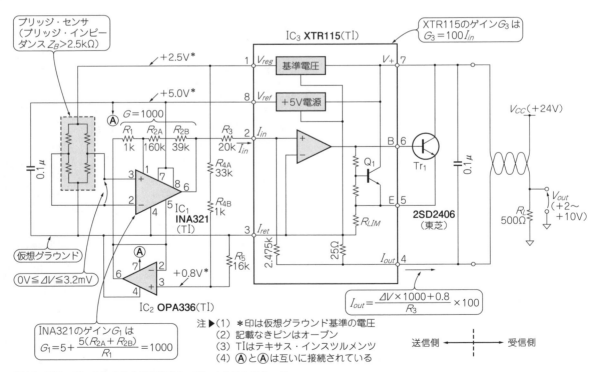

図14 ブリッジ・センサ入力の2線式4～20 mAトランスミッタ

10-11 DC入力のフォト・カプラ・インターフェース
～フォト・カプラを使った最も基本的な入力回路～

図15はフォト・カプラを使った最も基本的な入力回路です．内蔵LEDに流す順方向電流は，通常は10 mA程度に選びますが，感度の高いものもあるので特性を調べておかないと無駄な電気を使ってしまいます．一方，経年劣化も考慮しておかなくてはなりませんので，順方向電流の値は悩むところです．

電圧が5 V以下と低いときは，LEDの順方向電圧によるドロップを考えて抵抗値を決めます．また，電圧が高くなると，この電流制限抵抗が消費する電力が問題になります．さらに，密集して配置した場合，長時間ONしていると発熱で抵抗や基板が焦げるトラブルが発生します．24 V系の場合は，電流を少なくして3.3 k～4.7 kΩで選びます．

R_2は，OFF時の入力を安定させるための一種のプルアップ抵抗です．これがないと，信号OFF時に配線ケーブルの浮遊容量などで隣接信号のパルスが飛び込んできてしまい，誤動作の原因になります．D_1，C_1はノイズ対策のための部品です．C_1は高周波ノイズが飛び回っている環境で有効です．

R_3は2次側のプルアップ抵抗で，高速伝送が必要な場合は，値を小さくしなければなりません．一般的な機器制御では4.7 k～22 kΩくらいでしょう．1次側につながったスイッチのチャタリングを除去するときはR_4とC_2を付加します．この場合，シュミット入力ゲートで受けておきます．

〈下間 憲行〉

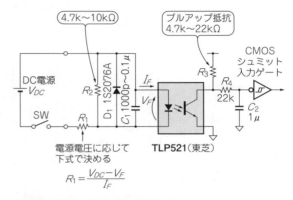

※電源電圧が高いときはR_1の発熱に注意

$$R_1 = \frac{V_{DC} - V_F}{I_F}$$

図15 DC入力のフォト・カプラ・インターフェース

10-12 AC 100 V入力のフォト・カプラ・インターフェース
～AC入力波形に応じたパルス出力が得られる～

TLP626などのAC入力対応型フォト・カプラは，逆方向に並列接続したLEDが入っていて，正負どちらの入力電流でも光るようになっています．これを使うと図16のような回路で入力交流信号に応じた出力が得られます．ただし，出力は入力交流信号の2倍の周波数のパルスです．

図16(b)のように少し大き目のコンデンサC_3を付加してパルスをならしてしまえば，スイッチSWがONの間は❸点にHレベルの信号が得られます．この場合，OFF時の応答が遅くなってしまいます．

AC 100V(50/60Hz)を入力するときは電流制限抵抗の代わりに，コンデンサ(C_1)の直列リアクタンスを使えば，発熱を避けられます．

〈下間 憲行〉

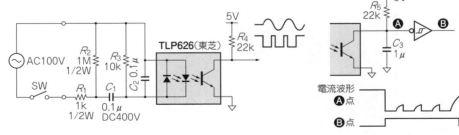

(a) AC入力波形に応じたパルス出力が得られる回路

(b) スイッチのON/OFFに応じたレベル出力が得られる回路

図16 AC 100 V入力のフォト・カプラ・インターフェース

10-13 差動入力のフォト・カプラ・インターフェース
～10 Mbpsのパルスを伝送できる～

サーボ・モータ・ドライバの位置制御パルスなど，高速パルスを伝送したいときは差動信号を使います．

図17(a)はEIA-422用のドライバICとレシーバICを使った回路です．しかし，高速フォト・カプラを使って図17(b)のようにすればレシーバICを使わずに済みます．グラウンド・ラインの配線も不要です．

R_1は，ケーブル・ターミネータを兼ねた電流制限抵抗で，D_1で逆電圧ドライブ時にも電流を流します．

ここで挙げた6N137はオープン・コレクタ出力なので，高速伝送時にはR_3を小さくしておかなくてはなりません．

メーカのサンプル回路では330Ωが使われています．ロジックICレベルで出力が得られるフォトIC（TLP555など）を利用すれば，このプルアップ抵抗がいらなくなります．

〈下間 憲行〉

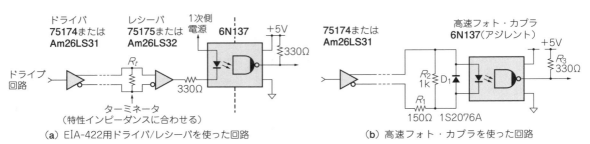

(a) EIA-422用ドライバ/レシーバを使った回路　　(b) 高速フォト・カプラを使った回路

図17　10 Mbpsのパルスを伝送できる差動入力のフォト・カプラ・インターフェース

10-14 OPアンプの出力電流を数十から数千倍に増幅するバッファ回路
～OPアンプの温度上昇を防ぎつつ駆動能力を上げる～

一般的なOPアンプの出力電流は，5～10 mA程度です．負荷が重いときは，図18に示すバッファ回路を使います．電流（電力）が増えるので発熱に注意が必要です．発熱分はディスクリートのトランジスタが受け持つのでOPアンプの温度上昇をおさえられます．その結果温度ドリフトの影響がおさえられます．

図18(a)に示す回路は，50 mA出力のOPアンプAD817をOP07の電流バッファに使っています．AD817はOP07の帰還ループに入っているので，DC誤差は表に見えません．ただし，電源電圧が±15 Vで50 mA，7.5 Vを出力するとき，AD817の消費電力は400 mWにもなるので冷却が大変です．

図18(b)のようにコンプリメンタリ・トランジスタでバッファを組んで，大電流を制御すると，消費電流による発熱は，ほとんどトランジスタで発生します．電流吐き出し／吸い込みどちらの方向にも動作します．

〈藤森 弘己〉

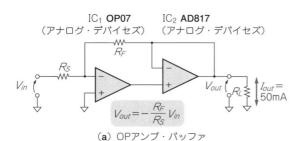

(a) OPアンプ・バッファ

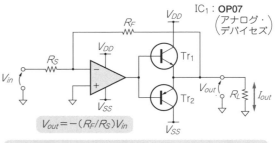

(b) トランジスタ・バッファ

図18　OPアンプの出力を数十から数千倍に増幅するバッファ回路
OPアンプの出力を5～10 mA以上に増幅しOPアンプの温度上昇も防ぐ

10-15 プログラマブル高速パルス・ドライバ
～出力レンジ0～±12V，-2～+6Vの電圧をドライブする～

計測器，テスト回路，エージング装置などでは，ディジタル信号を供給するためにHレベルとLレベルの振幅をプログラムできる高速なパルス発生回路が必要な場合があります．

● 出力レンジ0～±12Vの高速パルス・ドライバ

図19に示すのは，0～5Vのパルス信号を高速クランプ・アンプAD8037(IC_1)で，±1.2Vの立ち上がりの速いパルスに作り直し，さらに出力バッファAD811(IC_2)で5倍に増幅して，最大±12Vの高速なパルス出力を得るものです．最高スルー・レートは2500V/μsです．

0～5Vに振幅するパルス信号をR_1とR_2によって減衰させます．また0V中心に触れるようにレベル・シフトします．IC_1の入力レンジは1.2V以下に制限されます．

IC_1のゲインは2倍です．IC_1の出力信号は，V_H端子とV_L端子に入力する直流電圧によってクランプされます．V_H端子とV_L端子に入力する直流電圧は，D-Aコンバータなどを使ったプログラマブル電源で供給します．

IC_2の出力にストリップ・ラインや同軸ケーブルを接続する場合は，出力抵抗を付加して特性インピーダンスに合わせます．高速回路なので，配線は最短にしてデカップリングを十分に施します．

● 出力レンジ-2～+6Vの専用ICによる高速パルス・ドライバ

図20の回路は専用IC AD53500を使用した例です．図19より高速でタイミング精度の高いアプリケーション向けの回路です．出力レンジは-2Vから+6Vで，V_HとV_L入力により振幅を設定します．

内部のH/Lスイッチは，ECL，CMOS，TTLの差動信号で切り替えます．シングル・エンド信号を入力する場合は，二つある差動入力端子(12番と13番)のどちらかを入力信号の中点電位に接続します．INH端子は出力ハイ・インピーダンス切り替え入力です．出力インピーダンスは2.5Ωです．

AD53500は，3V振幅で2.5nsの立ち上がり時間で動作します．容量性負荷にも強く，1000pFの負荷を接続しても安定に動作します．C_3とC_4は，立ち上がりと立ち下がりのときに必要なダイナミック電流を供給するパスコンです．チップ・セラミックをデバイス直近に接続します．

〈藤森 弘己〉

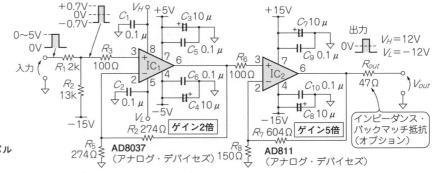

図19
出力レンジ0～±12Vの高速パルス・ドライバ

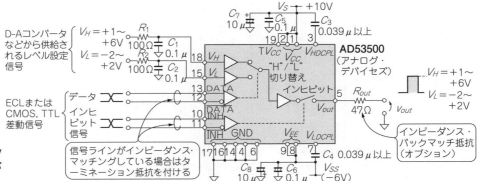

図20
出力レンジ-2～+6Vの専用ICによる高速パルス・ドライバ

10-16 電源OFFでインジケータLEDを確実に消灯する回路
～電源を切ったのにLEDがうっすらと点いてしまうときの対策～

図21のような電源装置の出力をOFFしたとき，運転中であることを示すLEDインジケータをキレ良く消灯したい場合があります．でも，内部回路の一部が動作していると，LED回路をOFFしてもLEDが薄く点灯し，明るいところではわからなくとも，暗い部屋では薄く点灯していることがバレることがあります．これは，内部で動作しているパワー回路や補助電源回路のスイッチング・ノイズがLED回路に流れてしまうのが原因です．対策として，LEDに逆バイアスを加えることで完全にOFFできます．

● 原因

スイッチング回路で発生するノイズは，コモン・モード電流となって，水のように電位の高いところから低いところに流れます．回路と切り分けても，どこからどのようにノイズ電流が流れているか判別が難しいこともあります．仮に原因がわかっても簡単に対処できません．

LEDは応答性と感度がよいので，順方向に電流が流れると，スイッチング・ノイズのような高周波で不連続な電流でも薄く点灯します．LED回路にノイズ電流が流れても，逆電圧を加えて点灯しないようにします．

● 具体的な回路

図22の回路のようにトランジスタがOFFしたときLEDに逆電圧を加えます．しかし，LEDの逆耐電圧はせいぜい5V程度なので，大きな逆電圧を加えると壊れてしまいます．そこで，LEDの両端に逆導通ダイオードを接続して，必要以上に逆電圧が加わらないようにします．このようにして，LEDは完全にOFFできます．

▶応用

図23(a)のようにフォトカプラを使って信号を伝送することがよくあります．この場合も，フォトカプラのダイオード側にノイズ電流が流れると，内蔵トランジスタが動作することがあります．そこで図23(b)の回路にすると，フォトカプラのダイオードに逆バイアスを加えられ，誤動作を防止できます．

〈田本 貞治〉

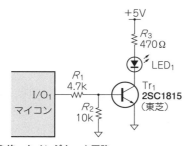

図21 LEDを使ったインジケータ回路
マイコンからトランジスタを駆動してLEDを点灯する．ノイズなどで電源OFF時もうっすらLEDが点いてしまうことがある

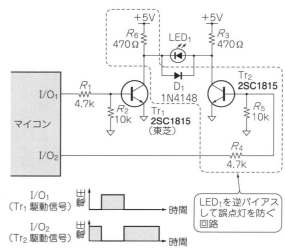

図22 電源OFFでインジケータLEDを確実に消灯する回路
Tr_2には，Tr_1と逆の動作になる信号を加える．Tr_1がOFFし，Tr_2がONすると，$R_6 \to D_1 \to Tr_2$の順に電流が流れてLED$_1$を逆バイアスし，LEDを確実に消灯する

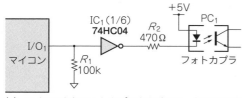

(a) マイコンからフォトカプラを駆動する一般的な回路

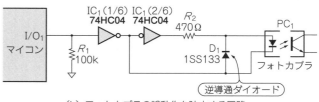

(b) フォトカプラの誤動作を防止する回路

図23 信号伝送に使われるフォトカプラも逆バイアスで確実にOFFできる
ダイオード側にノイズ電流が流れたときにトランジスタが動作するのを防ぎたい

10-17 大電流リレーのON動作が3倍速まる回路
～他の回路タイミングが合わないときに有効～

● 大電流リレーの動作時間は比較的に遅い

リレーの動作時間は，電流容量が小さい小形リレーは数msと短いですが，20Aや30Aのような大電流を流すリレーは10msや20msと遅いです．

他の半導体回路と協調動作をさせるため，リレー・コイルに電圧を加えてから素速く接点を閉じたい場合は，トランジスタを使った半導体スイッチにします．しかし，半導体スイッチにすると発熱し放熱板を使う必要があり，スペースが必要になるので実装できないことがあります．

● 一般的なリレーの駆動方法

図24に一般的なリレーの駆動回路を示します．リレーの接点を速く閉じるには，図25のようにコイルに加える電圧を2倍にして定電流駆動します．

リレーは電線を巻いて作られた電磁石の磁気吸引力で接点を閉じます．つまり，コイルに流れる電流で吸引力が発生して，接点が閉じています．

コイルにはインダクタンスと抵抗があり，一定電圧を加えても電流の立ち上がりはゆっくりで，接点を吸引する電流に達するまでに時間がかかります．

コイルに流す電流の立ち上がりを速くすれば，素早く接点が閉まります．電流を早く立ち上げるには高い電圧を加えればよいですが，リレー・コイルに加えられる電圧は，コイル電流が増加してリレーが過熱してしまうので制限されています．

リレーに流す電流を変えないで動作を速くするには，リレーを定電流駆動します．

● 定電流駆動によるリレーONの高速化の方法

図25に，シンプルな定電流回路を示します．駆動トランジスタのエミッタに電流検出抵抗を入れ，トランジスタのベース-エミッタ間電圧（約0.6V）を利用して定電流動作にします．リレーの駆動電流を40mAとすると，エミッタ抵抗は $0.6V/40mA = 15Ω$ となります．

定電流駆動回路にしたのち，コイルに加える電圧を今までの2倍程度にしてコイルの電流の立ち上がりを速くすることで，リレー動作も速くなります．そして定常状態では，コイル電流は規定値に抑えられているので，コイルは過熱しません．

● 温度変化が少ないリレーONの高速化の方法

トランジスタのベース-エミッタ間電圧で電流検出をしましたが，この電圧は温度により大きく変わるので，リレーのコイル電流も温度により変わります．

そこで，より安定な駆動方法は図26のように定電圧ダイオードを使います．これにより温度変化による検出電圧の変化は小さくなり，電流変化が少なくなります．このように定電流駆動にすると，接点の吸引力が増すので，接点のチャタリング（振動）と機械的な摩耗が増えます．

〈田本 貞治〉

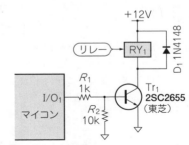

図24　一般的なリレーの駆動方法
電圧を加えてから早く接点を閉じたい

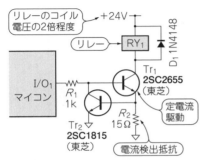

図25　簡単なリレーONの高速化回路
定電流駆動とし，リレーにコイル電圧の2倍程度を加えてコイルに大きな電流を流せるようにする

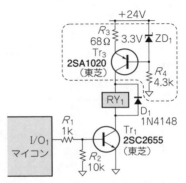

図26　温度変化が少ないリレーONの高速化回路
定電流回路をリレーと直列に接続して定電流精度を上げた

10-18 大電流リレーのOFF動作が3倍速まる回路
～他の回路とタイミングが合わないときに有効～

20Aや30Aのような大電流を流すリレー動作は10msとか20msと遅いのですが，他の半導体回路との協調動作をするため，リレー・コイル電圧をOFFしてから速く接点を開きたい場合があります．

一般的なリレーの駆動回路に，図27のようにコイルと並列に接続しているダイオードと直列に抵抗を入れます．

抵抗を入れたぶんコイル電圧は跳ね上がりますが，電流の減少は速くなります．

または，図28のようにダイオードを定電圧ダイオードに換えます．ダイオードの電圧ぶんコイル電圧は跳ね上がりますが，電流の減少は速くなります．コイル電圧と定電圧ダイオードの電圧の和が駆動トランジスタに加わるので，この電圧がトランジスタの耐圧を越えないようにします．

〈田本 貞治〉

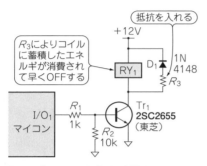

図27 ダイオードと直列に抵抗を入れてリレーOFFを速くした回路
R_3 をコイル抵抗と同じ値にするとOFF時間は約半分になる．ただし，コイル電流により電圧が跳ね上がるので，トランジスタにはその分の耐圧が必要

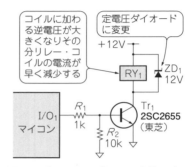

図28 ダイオードの代わりに定電圧ダイオードを使ってリレーOFFを速めた回路

10-19 アナログ・メータを誤差1%以内で駆動するアンプ回路
～オーディオ用のVUメータやセンサの検出値の微妙な変化を見る～

図29に示すのはメータ・アンプ回路です．可動コイル型のアナログ・メータを定電流で駆動します．

オーディオ用のVUメータやセンサで検出した値の微妙な変化を目視するために，現在でもアナログ・メータが使われています．アナログ・メータは，DCモータと同じ原理で針を90～180°の角度で動かします．通常100μ～1mAでフル・スケールを指します．温度係数が $3～7×10^{-3}$ Ω/℃と大きいので，電圧駆動では温度が上がると感度が落ちます．温度の影響をなくすには，定電流で駆動します．

入力 V_{in} には正の直流電圧を加えます．負電圧の入力は禁止です．OPアンプの＋入力と－入力は，動作時に同電位になるので，5V（＝5k×1mA）の関係で電圧-電流変換されドレインから出力されます．次段のデュアルPNPトランジスタを使ったカレント・ミラー回路から出力された電流でアナログ・メータを駆動します．

過電圧や過電流からアナログ・メータを保護するためシリコン・ダイオード（0.65V）を並列に接続します．また，アナログ・メータの針の動き具合を見てコンデンサ C_3 の値を決めます．

電源電圧は±5Vにしてもかまいません．動作レンジが確保できるようにピンチオフ電圧 V_P の低いJFETとレール・ツー・レールの低電圧OPアンプ，モノリシック型のデュアルPNPトランジスタを使います．

〈堀 敏夫〉

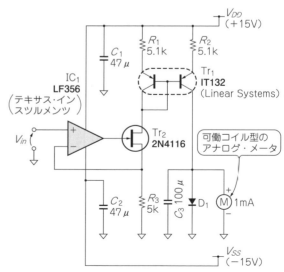

図29 アナログ・メータを駆動するアンプ回路
可動コイル型のアナログ・メータを誤差1%以内で駆動できる

10-20 プラスとマイナスの両方を駆動できる電流ブースタ
～オーディオ・パワー・アンプやサーボモータ・ドライバとして使える～

図30に示すのは，スピーカを駆動するオーディオ・パワー・アンプやサーボモータ・ドライバのように，プラスとマイナスの両極性の信号を出力できるタイプの電流ブースタです．

過電流保護回路と容量性負荷に対する位相補償回路とクロスオーバーひずみを軽減するためのバイアス回路を付加しています．

クロスオーバーひずみを低減するには，Tr_1とTr_2のベースに入れたダイオードに少し電流を流しておく必要があります．トランジスタのV_{BE}とダイオードの順電圧降下は，ほぼ同じ電圧ですから，トランジスタTr_1，Tr_2のベースにも電流が流れてコレクタ電流が少し流れます．この電流はNPNとPNPの切り替わり点でも流れますから，両方のトランジスタが同時にOFFになることはなくなります．

大電流を駆動できる「パワーOPアンプ」というICもありますが，コストや設計の自由度を考えると，電流ブースタに関しては，まだまだディスクリート部品の出番はありそうです． 〈登地 功〉

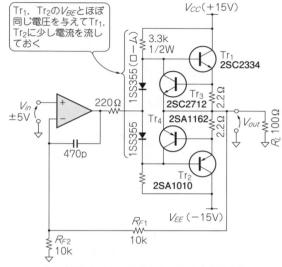

図30 両極性を出力できる電流ブースタ

基本的に非反転アンプなので電圧ゲインG_Vは，
$$G_V = 1 + \frac{R_{F1}}{R_{F2}}$$
ほかにもいろいろな型がある

10-21 ハイ・サイド用ゲート・ドライブ回路
～数個の外付けコンデンサでマイコンからMOSFETを駆動できる～

TC4627（マイクロチップ・テクノロジー）は，チャージ・ポンプによる高電圧発生回路，レベル・シフト回路，ゲートを駆動するためのトーテムポール出力をもっており，5V電源で動作します．数個の外付けコンデンサを接続するだけで，ロジック・レベルでFETを駆動することが可能です．回路を図31に示します．

ピーク出力電流は1.5Aのため，ゲート容量の大きな大電流FETも駆動することができます．負荷容量（ゲート容量）が1000pFのときの遅延時間は120ns以下，最大スイッチング周波数は750kHzと高速です．

〈石島 誠一郎〉

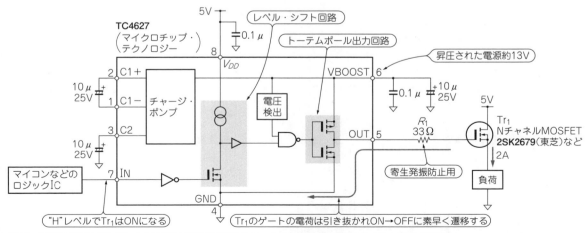

図31 数個の外付けコンデンサと専用ICで構成できるNチャネルMOSFETハイ・サイド・ドライバ回路

10-22 駆動電圧0〜20V，最大駆動電流2AのDCモータ駆動回路
〜定番のフル・ブリッジ・ドライバIC1個で動かす〜

DCモータは，回転方向が一方向だけであれば，トランジスタを1個だけ使った回路で駆動することができます．

しかし，正転と逆転を切り替えたい場合，モータ電圧を逆転させる必要があるため，トランジスタを4個使ったブリッジ・ドライバを使う必要があります．

ここでは，フル・ブリッジ・ドライバを内蔵するTA7291(東芝)を使ったDCモータ駆動回路を紹介します．

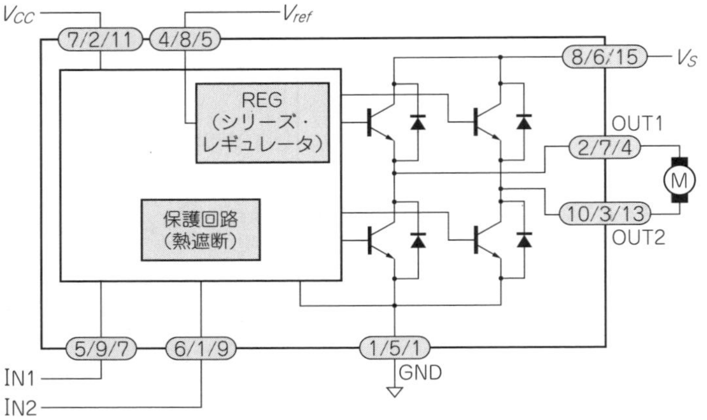

● DCモータ用フル・ブリッジ・ドライバTA7291の概要

TA7291P/SGは，DCモータのフル・ブリッジ・ドライバICです．正転，逆転，そしてストップとブレーキの4モードをコントロールできます．

出力電流は1.0/2.0A(平均/ピーク)で，各種DCモータの駆動に使うことができます．電源端子は，制御側V_{CC}と出力側V_Sの2系統あり，出力側にはモータ電圧を制御できるV_{ref}端子があります．

動作電源電圧範囲は，$V_{CC} = 4.5 \sim 20V$，$V_S = 0 \sim 20V$，$V_{ref} = 0 \sim 20V$です．ただし，$V_{ref} \leq V_S$となるようにします．保護回路としては，熱遮断回路，出力端子プロテクタ回路，誘導起電力吸収用ダイオードが内蔵されています．

図32にブロック図を示します．IN1，IN2はノイズに強いヒステリシス入力です．モータ電圧はREG回路によりV_{ref}で制御することができますが，シリーズ・レギュレータなので上側のトランジスタにおよそ$(V_S - V_{ref})I_{out}$の電力が消費されます．したがって，$V_S \gg V_{ref}$の条件で使う場合，ICの発熱に十分注意する必要があります．

電源ON時は，V_{CC}をONした後にV_SをONするか，V_{CC}とV_Sを同時にONします．電源OFF時は，V_Sの後にV_{CC}をOFFするかV_SとV_{CC}を同時にOFFしてください．V_{CC}投入時はIN1 = IN2 = 0(ストップ)とします．

● 回路の概要

図33に回路例を示します．$V_{ref} = V_S$としましたが，発振防止のためにR_2(3kΩ以上)を付けます．

R_1は過電流保護のための電流制限抵抗です．DCモ

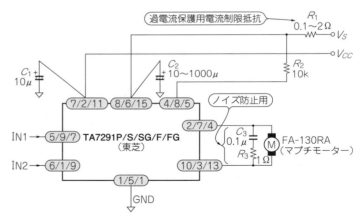

図32 DCモータ用フル・ブリッジ・ドライバIC TA7291のブロック図
(端子番号a/b/c：aは7291P, bは7291S/SG, cは7291F/FG)
IN1, IN2はノイズに強いヒステリシス入力．モータ電圧はV_{ref}で制御できるが，シリーズ・レギュレータなので発熱に注意

図33 DCモータ用フル・ブリッジ・ドライバIC TA7291によるDCモータ駆動回路($V_S = V_{CC} = 5V$)
R_1は過電流保護用の電流制限抵抗．C_3, R_3はノイズ防止用抵抗

ータの駆動で大きな電流変動が生じ，電源電圧が影響を受けないようにするために，C_2は大きな容量値にします．C_3, R_3はDCモータからのノイズ防止用抵抗です．

● 応用上の注意点

DCモータは，電源投入時に大きな突入電流が流れたり，回転により大きなノイズを発生したり，負荷により電流が大きく変化したりなど，制御は簡単ではありません．特にマイコンと電源を共用する場合には細心の注意が必要です．

〈渡辺 明禎〉

10-23 BCD-7セグメントLEDデコーダ/ドライバ回路
～表示桁数が少ないときに適したスタティック駆動方式～

● BCD-7セグメントLED表示器の駆動方式

BCD-7セグメントLED表示器は，0～9の数字を表示するために使います．駆動方式によって，「スタティック駆動」と「ダイナミック駆動」があります．

前者は，一つのLED表示器に一つの駆動回路を接続し，常に点灯する駆動方式です．動作原理は簡単ですが，桁数に応じて回路が大規模になります．

後者は，n桁の表示器の各桁を時分割で$1/n$時間だけ駆動しながら，表示する桁を順次切り替え，目の残像を利用してn桁の数字を表示する方式です．動作原理は前者より複雑ですが，桁数が増えても部品点数はさほど増えません．

● 回路

図34は，BCDで表現された0～9のデータを10進にデコードし，さらに表示用7セグメント・データに変換するスタティック駆動方式の1桁分の回路例です．表示桁数が少ない場合に適しています．BCD(2進化10進数)で表現された0～9のデータを表示用7セグメント・データに変換する標準ロジックICを使いました．標準ロジック・ファミリには，LEDドライバ内蔵の74LS47/247や74HC4511などがあります．

図34(a)に示す74LS47は出力端子が"L"アクティブでオープン・コレクタなので，アノード・コモンのLED表示器を駆動できます．コレクタに流せる最大電流は24 mAです．一方，図34(b)に示す74HC4511は"H"アクティブで，最大駆動電流が20 mAなので，カソード・コモンのLED表示器を駆動できます．

● 74LS47/247と74HC4511の特徴

74LS47/247の特徴としては，リーディング・ゼロ・サプレス(多桁表示時に不要な0を消灯する機能)が可能なこと，16進表示(10～15に対応して，a～fの文字を表示)が可能なことなどがあります．

また，74HC4511の特徴としては，データ・ラッチを内蔵していることがあります．

なお，74LS47と74LS247の違いは，6と9の字形が異なるだけです．　〈宮崎 仁〉

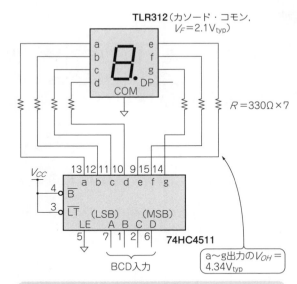

(a) 74LS47とアノード・コモンLED　　(b) 74HC4511とカソード・コモンLED

図34　BCD-7セグメントLEDデコーダ/ドライバ回路

電圧/電流モニタから警報/保護回路まで

第11章 検出・計測用回路

11-1 ロー・サイド電流モニタ
～モータ電流や充電電流検出するときに使える～

● 回路の概要

交流モータなどに供給される電流や，バッテリ回路などに流れる電流をモニタするときに，電源のソース側を計測するハイ・サイド・モニタがよく使われています．図1に示す回路は，電流が戻ってくる経路側を測定するローサイド・モニタと呼ばれる回路です．

ロー・サイド・モニタの特徴は，被測定回路の電圧が高いときでも分圧回路が不要なことと，低オフセットで高精度の測定ができることです．

AD8551は，+2.7～+5Vの単電源で動作する高精度OPアンプです．オフセット電圧は1μV，CMRRは140dBです．R_Sによってモニタしたい電流I_Lを検出し，R_1とR_2の比によって増幅して出力します．

● 注意点

OPアンプICには，0Vまで入力可能なレール・ツー・レール特性のOPアンプを使ってください．

オフセット電圧は，センス電圧に直接誤差として加算されるため，できるだけ小さい必要があります．例えば，I_{sense}が100mAのとき，R_Sには10mVの電圧が発生しますが，もし1mVオフセットのアンプを使うと，10%の測定誤差になってしまいます．AD8551のオフセット電圧は1μVであるので，誤差は0.01%となります．同じ理由で，バイアス電流もR_1やR_Sに流れて誤差になるので，小さいほど精度が上がります．

この回路の出力インピーダンスは低くないので，A-Dコンバータなどに入力する場合には，バッファ・アンプを出力に追加する必要があります．

〈藤森 弘己〉

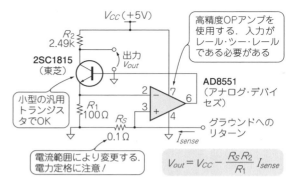

図1 モータ電流や充電電流を検出できるロー・サイド電流モニタ

11-2 専用ICで作るハイ・サイド電流モニタ
～ライン電圧60V$_{max}$，最大電流10A，精度1%～

変動する電源の電源電流を測定したいとき，電源のリターン側が接地されていたり，ケースやフレームに接続されていてシャント抵抗を挿入できない場合があります．こんなときは，電源の正端子側(ホット側と呼ぶ)にシャント抵抗R_Sを挿入し，電流I_{out}が流れたときにR_Sの両端に生じる電圧V_Sを検出して，電流検出を行います．

図2に示すのは専用のICを使ったハイ・サイド電流検出回路です．仕様を次にまとめます．

- 電源電圧 V_{in}：30～60V
- 検出電流 I_{sense}：最大10A
- 電流検出出力 V_{out}：4V@I_{sense}=10A
- 精度：1%以下(内部の抵抗R_1の精度が0.1%程度と仮定)

電源電圧V_{in}が低ければ，OPアンプによる差動アンプやインスツルメンテーション・アンプが使えますが，電源電圧V_{in}が高く，差動アンプの入力電圧範囲を越えるような場合に役に立ちます．

〈瀬川 毅〉

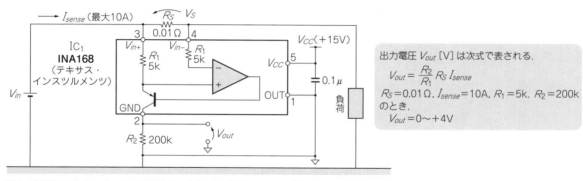

図2 専用ICで作るハイ・サイド電流モニタ(ライン電圧60V$_{max}$，最大電流10A，精度1%)

11-3 ディスクリート部品で作るハイ・サイド電流モニタ
〜専用ICを使わない再現性の良い回路〜

図3に示すのは，ディスクリート部品とOPアンプによるハイ・サイド電流検出回路です．専用ICを使わないので，部品の調達に困ることがありません．入出力の仕様は図2と同じです．

OPアンプIC_1は，バイアス電流がIC_1に対して流れ込む方向のタイプのものであればOKです．

Tr_1は，ベース電流がエミッタ電流I_1に加算されて，$V_{out}(=R_2 I_1)$の誤差要因になるので，できる限りh_{FE}が大きいものを使います．I_{sense}が0Aになる付近では，トランジスタのコレクタしゃ断電流I_{CBO}が，V_{out}の誤差要因になります．Tr_1をPチャネルのJFETにすると精度は格段に向上します．現状では高耐圧のJFETは少ないですから，PチャネルのMOSFETに置き換えてもよいでしょう．使用する抵抗の精度も精度を上げるポイントです．

〈瀬川 毅〉

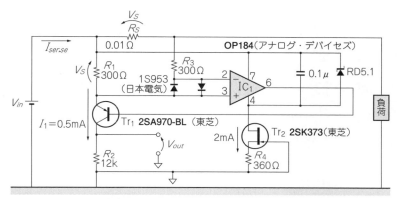

次式が成り立つ．
$V_S = R_S I_{sense} = R_1 I_1$
$V_{out} = R_2 I_1$
この二つの式から出力電圧V_{out}[V]は，
$V_{out} = \dfrac{R_2}{R_1} R_S I_{sense}$
と表される．
$R_S = 0.01 \Omega$，$I_1 = 0.5$mAのとき，
$V_{out} = 0 \sim +4$V

図3 ディスクリート部品で作るハイ・サイド電流モニタ

11-4 数百Vの高圧ラインに使えるハイ・サイド電流モニタ
〜トランスを利用したアイソレーション・アンプで作る〜

図2や図3は，測定できる電源ラインの電圧の上限が，半導体の耐圧によって制限されます．図4に示すのは，この問題を解決したハイ・サイド電流検出回路です．これは，トランスを使って絶縁したアイソレーション・アンプです．入出力の仕様は図2と同じです．

この回路では，電源電圧V_{in}の最大値はアイソレーション・アンプの耐圧で決まります．AD202は750Vまで使用できるので，実用上十分でしょう．

シャント抵抗R_Sの両端に発生する電圧$V_S(= R_S I_{sense})$を仕様に合わせて増幅して出力します．数式で表現すると次のようになります．

$V_{out} = (1 + R_2/R_1) R_S I_{sense}$

V_{out}の精度を決めるAD202のオフセット電圧が15mVと少し大きく，精度に関しては専用ICを使ったタイプに軍配が上がるでしょう．

〈瀬川 毅〉

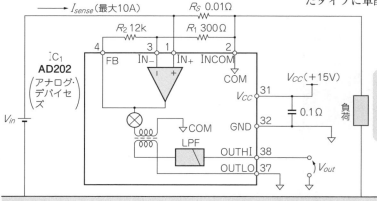

出力電圧V_{out}[V]は次式で表される．
$V_{out} = \left(1 + \dfrac{R_2}{R_1}\right) R_S I_{sense}$
$R_S = 0.01 \Omega$，$R_1 = 300 \Omega$，$R_2 = 12$kのとき，
$V_{out} = 0 \sim +4$V

図4 数百Vの高圧ラインに使えるハイ・サイド電流モニタ

11-5 簡易アナログ位相検波回路
～OPアンプ1個とアナログ・スイッチ1個で作る～

図5に示すのは，OPアンプとアナログ・スイッチ1個ずつで構成した位相検波回路です．PLL回路やロックイン・アンプに利用できます．

電源電圧は±5V，入出力信号レベルは±4V以下，周波数特性は10Hz～100kHzです．

正弦波とそれと同一周波数でデューティ50%の方形波を各端子に入力すると，両信号の位相差によって，図6に示す信号が点Ⓐに現れます．

IC_{1b}とその周辺は，点Ⓐの信号を平均化するフィルタです．ゲインはR_5/R_4で，周波数特性はR_5とC_1で設定できます．C_1にはtanδの小さいフィルム・コンデンサが適します．入出力レール・ツー・レールOPアンプを使うと入出力範囲が広がります．IC_{1b}はCMOS入力タイプが良いでしょう．〈北村 透〉

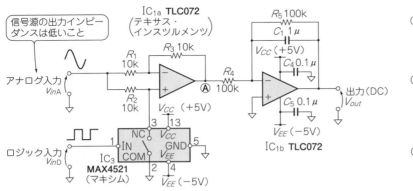

図5 OPアンプ1個とアナログ・スイッチ1個で作る簡易アナログ位相検波回路

図6 点Ⓐの波形

11-6 ゲイン精度0.1%のアナログ位相検波回路
～OPアンプ2個とアナログ・スイッチ1個で作る～

図5に示す位相検波回路は，2個のICで構成できるメリットがありますが，IC_3のオン抵抗が温度や電源電圧によって変化し誤差が発生します．

図7に示すように，OPアンプを1個追加して回路構成を変えると，0.1%オーダのゲイン安定度が得られます．IC_{2a}によるボルテージ・フォロワがあるため，IC_3のオン抵抗は出力に影響を与えません．

IC_{1a}は，信号源のインピーダンスが十分低ければ不要です．74HCシリーズは，ブレーク・ビフォー・メイクを保証していませんが，IC_{1a}とIC_{1b}の出力がIC_3で短絡されても，R_3とR_6を追加しているため実用上問題はありません．〈北村 透〉

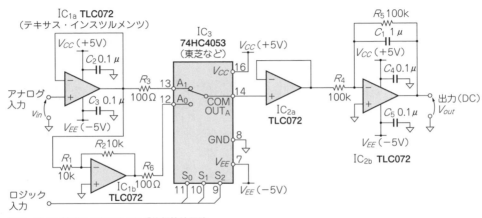

図7 ゲイン精度0.1%のアナログ位相検波回路

11-7 50 Hz/60 Hzの電力量測定回路
～CTとΔΣ型ADCを内蔵した専用ICで作る～

電源ラインの電力量は，電流のモニタ信号と電圧のモニタ信号を乗じることよって得られます．

図8に示すのは，50 Hz単相ラインの電力量計の回路です．汎用のΔΣ型A-Dコンバータを使ってもよいのですが，ここでは，電力測定の機能を内蔵した専用ICを利用しました．

● 電力量計用A-Dコンバータ　AD7750

電流と電圧のモニタ信号は，どちらもハイ・サイド（フェーズ側）からとります．本回路は，電流信号をCT(Current Transformer)を使って，電圧信号を分圧器を使って検出します．

AD7750には，電流信号用(V_1)と電圧信号用(V_2)の入力端子があり，各入力端子の内部処理が多少異なります．電流信号のV_1側は小振幅信号を扱えるよう，可変ゲイン・アンプ(PGA)があり，2番ピンの設定により，1倍または16倍に設定できます．電圧信号用のV_2側は2倍固定です．どちらの入力もデバイスのAGND端子を基準にして±1 V以下に収めます．また内部のA-Dコンバータ入力は，±2 V以内に収めます．

両入力信号は，A-D変換された後，ディジタルによる乗算とフィルタリングなどの処理が行われて，電力値が算出されます．結果はパルス列となって出力されます．出力パルスの速度には，低速(F_1, F_2)と高速(Fout)の2種類あり，どちらも内部レジスタのプログラムにより周波数レンジを可変できます．低速側はカウンタなどの表示機器やCPUなどへのデータ，高速側は瞬間電力の周波数データとして校正などに使います．

● 60 Hzに対応させるには

AD7750は，内部HPFによる位相進みを補正するために，143 μsのディレイを内蔵していますが，これは50 Hzの場合の定数です．60 Hzの場合は，図9に示すように位相補正回路を電圧入力側に設けます．これらの回路を内蔵したAD7755というデバイスがあります．

〈藤森 弘己〉

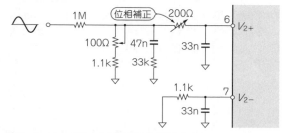

図9　60 Hzに対応させるための位相補正回路

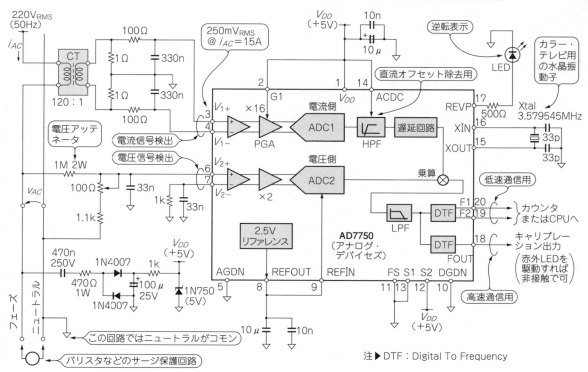

図8　50 Hzに対応した電力量測定回路

11-8 AC100Vラインの交流電流測定回路
～カレント・トランスで絶縁して安全に測る～

大きな交流電流は，カレント・トランス(CT)を使って測定するのが一般的です．しかし，市販のCTは大きく，また入手困難で高価です．

そこで，二つに分割される不要輻射防止用フェライト・コアを使った交流電流モニタを紹介します．ワンタッチで導線に取り付けられ，価格も数百円と手ごろです．

● 回路の概要

図10に回路を示します．フェライト・コアは線に挟むだけなので，1次側は1ターンとなります．2次側は$\phi 0.12$のUEWを500回巻きました．

1次側の電流が$10\,A_{RMS}$のとき，2次側電流は，$1/N = 1/500$から$20\,mA_{RMS}$です．負荷抵抗を$3.3\,\Omega$としたので電圧は$66\,mV_{RMS}$です．増幅器のゲインは$330\,k\Omega/20\,k\Omega = 16.5$です．したがって，得られる出力は$1.09\,V_{RMS}/10\,A_{RMS}$ですが，実際は$1\,V_{RMS}$程度でした．

OPアンプの非反転入力端子の電圧は$2.5\,V$としました．ここにCTのコールド側を接続しているので，ちょうど差動増幅器となり，OPアンプの出力から$2.5\,V$を中心とした交流電圧が得られます．OPアンプのゲインは，測定したい最高電流値に合わせて，適当に変更してください．

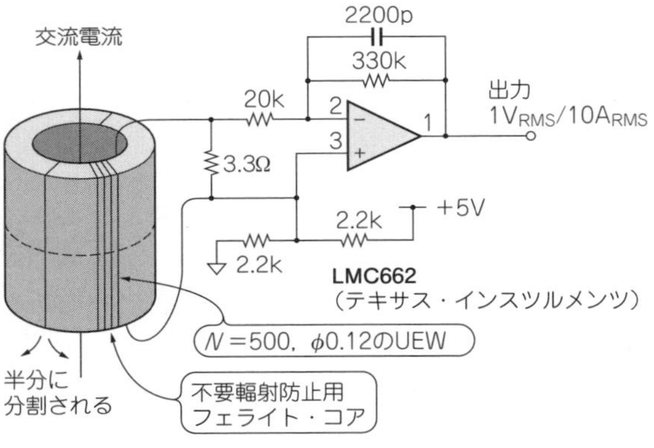

● フェライト・コアの仕様

表1に今回用いたフェライト・コアの仕様を示します．形状の違いにより，大，中，小としました．

コアに導線を巻く場合，巻けば巻くほど性能が良くなりますが，巻き数は1000ターン以下が現実的だと思います．

● 入力電流対出力特性とCTの周波数特性

この回路の入力電流対出力の関係を図11に示します．コアの断面積が小さいほど1次側に流す電流により磁気飽和しやすくなります．

コア大は$48\,A_{RMS}$程度までは使えます．ただし，最近は負荷としてスイッチング電源のように波形のひずみが大きく，波形のピーク値と実効値の比，すなわちクレスト・ファクタ(波高率)が大きい場合があるので，ピーク時にも磁気飽和しない範囲で使ってください．

巻き数の違いによるCTの周波数特性を図12に示します．巻き数が多いほどインダクタンスが大きくなるので，CTの低域カット周波数は低くなります．

〈渡辺 明禎〉

図10 交流電流測定回路

表1 フェライト・コアの仕様

形状	コアの内半径 [mm]	コアの外半径 [mm]	コアの厚さ [mm]	比透磁率 (50Hz)
大	6.5	13.1	29.3	877
中	5	9.5	29.5	507
小	4.5	8	28	586

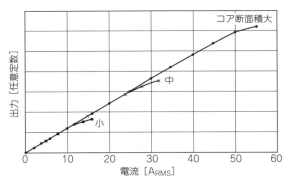

図11 CTの入力電流-出力特性

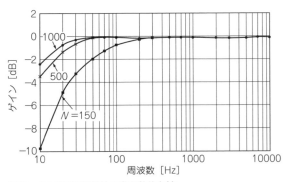

図12 CTの周波数特性の巻き数依存性

11-9 PWMを利用した簡易型電圧自乗回路
～交流電圧の検出などに便利～

図13はのこぎり波によるPWMを利用した電圧自乗回路です．IC_3, Tr_1によりのこぎり波を生成します．一方，V_{in}はIC_{1a}により全波整流され，IC_{1b}によりのこぎり波と電圧比較されてPWM波に変換されます．

IC_{1b}の出力はD_3を通してIC_{2a}を制御し，V_{ab}がのこぎり波の電圧よりも高いときだけ出力され，低いときは0Vになります．IC_{2b}はV_pを平均値化してV_{out}に出力するLPFです．

次式のようにV_{out}にはV_{in}の自乗に比例した直流電圧が得られます．

$$V_{out} = \frac{G^2}{V_{SP}} V_{in}^2 = \frac{0.52}{3.5} V_{in}^2 = 0.07576\, V_{in}^2$$

ただし，G：全波整流回路のゲイン，V_{SP}：のこぎり波のピーク電圧

図14は直流入力と直流出力の関係をグラフにしたものです．計算値と実測値がほぼ一致していることがわかります．

この回路に交流電圧vを入力すると出力には自乗平均値が得られます．さらに平方根演算回路を通すことによって交流電圧の実効値に変換できますが，固定電圧や電流を制御するための実効値検出部に使用するのであれば，特に平方根の演算回路は必要ありません．

図15は，実効値2.5Vの正弦波を入力したときの入力波形とV_pの波形を観測したものです．入力電圧によってパルス幅とピーク電圧が同時に変化しており，この波形を平均化することによって自乗電圧を得ています．

〈木下 隆〉

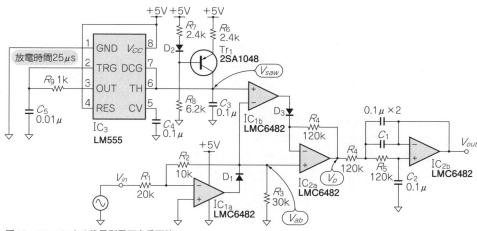

図13 PWMによる簡易型電圧自乗回路

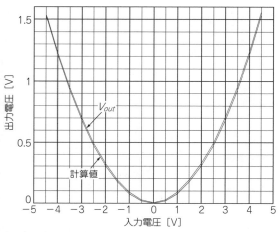

図14 直流入力と直流出力の関係

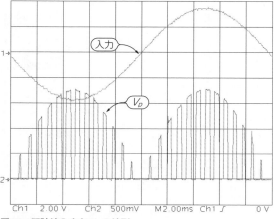

図15 正弦波入力とV_pの波形
(ch1：2 V/div., ch2：500 mV/div., 2 ms/div.)

11-10 テスタの交流電圧の測定範囲が広がるアダプタ
～数百Hzの周波数や，1V以下の微小交流電圧が測れる～

テスタでも交流信号の電圧を測定できますが，数百Hz以上の周波数や，1V以下の微小交流電圧を測定するときは，信頼できないものが多いようです．

そこで，交流電圧をテスタで測れるようにするアダプタを考えてみました．入力された交流信号の電圧を直流電圧に変換して出力します．DC電圧をテスタで測れば，交流信号の電圧がわかります．

仕様を**表2**に，回路図を**図16**に示します．この回路は無調整で働きます．

▶性能はOPアンプによって決まってしまう

次のような条件が必要です．
① 入力オフセット電圧が小さい
② ゲイン帯域幅積が高い
③ レール・ツー・レール入出力
④ 全帰還で安定

入手性を考え，テキサス・インスツルメンツのOPA2350PA（8ピンDIP型）を採用しました．

特性は以下のとおりです．
- 入力オフセット電圧：最大 ± 500 μV_{max}
- 入力バイアス電流：最大 ± 10 pA_{max}
- ゲイン帯域幅積：38 MHz
- スルー・レート：22 V/μs
- 1ユニットあたりの消費電流：5.2 mA

IC_2は，入手可能ならば消費電流がOPA2350PAの約1/7と少ないOPA2340PAを推奨します．なお，IC_1にOPA2340を使うと周波数特性が悪化します．

▶信号経路の抵抗には高精度なものが必要

R_2, R_3, R_5, R_6, R_8, R_9は必ず±1%（F級）の金属皮膜型を使います．R_7はリプル除去にかかわるだけで，測定精度には関与しないので，±5%で問題ありません．

▶電解コンデンサの容量に注意

C_3は無極性（バイポーラ）電解コンデンサを使います．C_3の静電容量を必要以上に増やすと，リーク電流が増え，直線性が悪化します．指示値が整定するまでの時間も伸びます．4.7 μFを守ってください．

▶DC電圧計

ディジタル・テスタのDCレンジを利用します．

▶電源

006Pを使いました．OPA2350の耐圧は5.5Vなので，5VのLDO（Low Drop-Out）3端子レギュレータAN8005で安定化します．電池電圧が6Vになるまで使用可能です．10DDA10は電池を逆につないだときの保護用です．

〈黒田 徹〉

表2 交流電圧測定用アダプタの仕様

項　目	値
測定レンジ（アッテネータ1/1）	0.03 ～ 1 V_{RMS}
測定レンジ（アッテネータ1/10）	0.3 ～ 10 V_{RMS}
周波数特性（-0.5 dB），入力電圧1 V_{RMS}	10Hz ～ 1 MHz
周波数特性（-0.5 dB），入力電圧0.1 V_{RMS}	10Hz ～ 300 kHz
入力インピーダンス	10 kΩ //10 pF
測定誤差	± 5%
電源電圧	+ 9 V（006P）

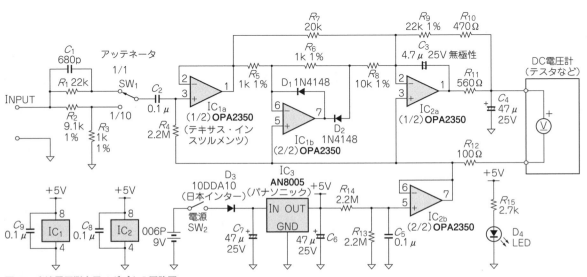

図16 交流電圧測定用アダプタの回路図

11-11 瞬断を検出するAC電源モニタ
～ACラインを監視してマイコンに異常を知らせる～

落雷などで突然AC電源が切れると，マイコン制御回路などの電源が落ちて，重要な設定データなどが消えてしまいます．

図17に示すのは，AC電源の瞬断を検出する回路です．AC100 Vを全波整流した信号をタイマに入力し，AC電源が正常な間は常にタイマIC_1がリセットされます．AC電源がなくなると，15 ms後にタイマの出力が"H"から"L"に変化し，マイコンに知らせます．フォト・カプラとその駆動回路には安全規格認定品を使います．

〈河内 保〉

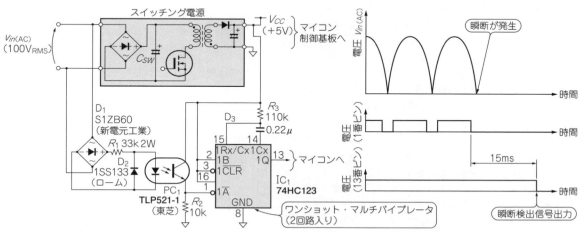

図17 瞬断を検出して異常信号を出力するAC電源モニタ回路

11-12 AC入力フォト・カプラによる商用交流電源のゼロ・クロス検出
～抵抗の耐電圧マージンを確保し発熱しにくい～

1次側のLEDが逆並列接続されたAC入力対応のフォト・カプラを使うと，図18のように商用交流電源のゼロ・クロス検出回路を簡単に構成できます．

この回路は，電源の電圧変動を±10%とすると，ピークで$200 \times \sqrt{2} \times 1.1 \fallingdotseq 311$ Vの高電圧がR_1に加わることや，危険なホット・ラインを直接フォト・カプラまで引き込まなければならないなどの欠点があります．

図19は，直列抵抗R_1を二つに分けることによって部品が1個増えますが，次のようなメリットがあります．

- 低インピーダンスのホット・ラインを受端部にまとめられる．
- 大電力で高抵抗の抵抗器は入手しにくいが，R_1の抵抗値を半分にできるので入手しやすい部品を使える．
- 抵抗に加えられる電圧を低減でき，抵抗器の耐電圧規格に対してマージンを大きく確保できる．
- 発熱を分散できる．

〈木下 隆〉

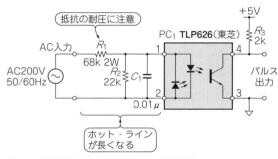

図18 商用交流電源のゼロ・クロス検出回路

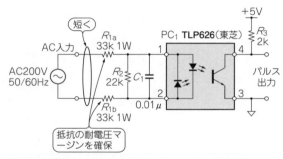

図19 直列抵抗R_1を二つに分けたゼロ・クロス検出回路

11-13 パワーMOSFETが壊れているとLEDが消える回路
～テスタでは判別できない故障判定に使える～

バイポーラ・トランジスタが破損しているかどうかは，テスタのダイオード測定機能を使って簡単に判別できますが，パワーMOSFETの生死判別は簡単にはできません．ここでは電源回路やモータ・ドライブ回路を作るときに使うことの多いNチャネル・パワーMOSFETの故障を判定できる回路を紹介します．本回路では完全に破損しているパワーMOSFETを検出できます．例えばゲート-ソース間のショートはわかりますが絶縁劣化は検出できません．

図20に回路を示します．パワーMOSFETとOPアンプで16.7 mAの定電流回路を構成しています．

パワーMOSFETが破損していなければ所定のドレイン電流が流れるはずなので，電流値を電圧として取り出してウィンドウ・コンパレータで判別し，LEDを点灯させます．

定電流回路はソース抵抗の電圧降下が基準電圧2.5 Vになるように制御しています．

ウィンドウ・コンパレータは，OPアンプ1個で動作させます．なぜなら全回路を2個入りOPアンプ1個でまかなうためです．また破損の判別用ならば精密な閾値レベルは必要ないからです．

ドレインに入れた抵抗R_5はドレイン-ソース間がショートしている場合の保護抵抗です．

D_1は電源の逆接続保護用です．直接外部電源を接続するとき以外は不要です．

図21に，ウィンドウ・コンパレータ部分を抜き出して，動作チェックしたときの波形を示します．D_2とD_3の接続点に直接バイアスされた三角波を入力して出力（IC_1のピン7）を見ています．波形から，パワーMOSFETが破損していない場合の閾値レベルは，1.84 V（電流換算12.3 mA）～3.16 V（電流換算21.0 mA）となっていて，破損の判別に使うならば十分に使える値です．破損しているときの出力電圧は次のようになります．

- 0 V（電流換算0 mA）：ドレイン-ソース間がオープンかゲートが破損していてパワーMOSFETが動作できない場合
- 6 V（電流換算40 mA）：ドレイン-ソース間がショートしている場合

本回路は電源電圧12 Vで動作するように設計しています．8 V程度まで下げても動作しますが，その場合にはR_1，R_7，R_{11}の再設計が必要です．

Pチャネル・パワーMOSFETのチェックを行いたいときには，極性を逆にして再設計すれば可能です．

〈馬場 清太郎〉

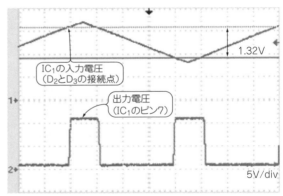

図21 ウィンドウ・コンパレータ部の波形（1 ms/div）

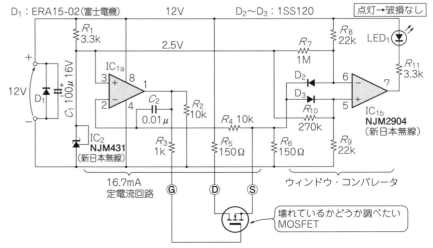

図20 パワーMOSFETが壊れているとLEDが消える回路

11-14 パワー・トランジスタの耐圧の実力値がわかる回路
～短時間高圧を加えて波形観測！メーカの公称値に対する余裕がわかる～

耐圧900Vのパワー MOSFETの耐圧を実測したくとも，そんな高電圧の電源が手元にあることはまれでしょう．半導体回路にこのような高電圧電源が使われることは少なく，もし用意しても耐圧測定にしか利用されず，もったいない話になります．

バイポーラ・トランジスタやMOSFETの耐圧を安全に測定するには，短時間のみ，しかも電流が制限された状態で高電圧を加える必要があります．

たとえ定電流リミットがある電源を使っても，なだれ崩壊のように負荷が急変した場合，瞬時に大電流が流れ，安全な測定はできません．そこで，安全に，小さな電源を使って高電圧半導体の耐圧を測定する方法を紹介します．

この耐圧測定は，個々の部品の実力を選別するためにも有効ですが，メーカの規格に対してどれだけ余裕があるか，つまり，安心して使える範囲に入っているかを把握するのに役立ちます．

図22に，フライバック・コイルを利用した短時間のみ高電圧を発生する回路を示します．被測定デバイスそのものに高電圧を発生する機能を担ってもらいます．

ファンクション・ジェネレータでMOSFETをON/OFFさせ，ON時にコイルにエネルギを貯め，OFF時に高電圧として開放します．

今回フライバック・コイルとして使ったトランスOUT-41-357（春日無線）は真空管用としては最も小さく，使用可能な範囲は1000V（筆者の判断）程度です．これを超える電圧を測定したい場合は，よりハイ・パワーのトランスで対応します． 〈中野 正次〉

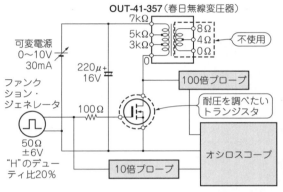

図22 パワー・トランジスタの耐圧実力値がわかる回路

11-15 熱電対用冷接点補償回路
～ワンチップ温度センサICで作る～

図23に示すのは，電流出力型（$1\mu A/K$）の温度センサAD592を使って熱電対の測定端側の温度を測り，冷接点補償を行うとともに，OP1177で測定信号を増幅する回路です．100℃程度なら，精度良く測定できます．熱電対の面倒な点は，2点間の温度差を絶対値温度に変換するために，必ず冷接点（コールド・ジャンクション）補償という補正が必要なことです．正式には0℃を基準に補正しますが，実際には計測回路への入力部分の端子台などの温度を測定し，その値で補正します． 〈藤森 弘己〉

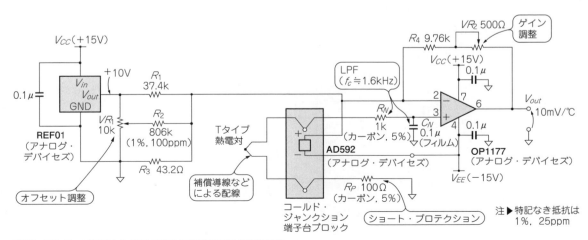

図23 ワンチップ温度センサICで作る熱電対用冷接点補償回路

11-16 熱電対効果をキャンセルする高精度温度測定回路
～測温抵抗体(RTD)を用いたA-D変換器として使える～

RTD(測温抵抗体)は，温度測定に使用されるセンサとして熱電対やサーミスタと並んでポピュラなものです．センサとして頑丈で，信号線の接続点での熱電対効果による誤差を適切に処理できればたいへん高精度の測定が可能です．

図24の回路は，RTDに流す励起電流の方向を周期的に反転し，その差電圧を測定することにより熱電対効果をキャンセルするA-D変換回路です．AD7730は，24ビット分解能のΔΣ型A-Dコンバータで，レシオメトリック動作が可能です．

この回路では，A-Dコンバータのアナログ電源を負側にシフトして使用していることに注意してください．そのため，ディジタル電源は+3Vまでで，+5Vのロジック回路は直接には使用できません．

〈藤森 弘己〉

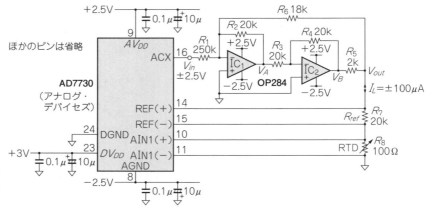

図24 熱電対効果の影響をキャンセルするRTD測定用A-D変換回路

11-17 検出時だけ励起電圧を印加するセンサ用ブリッジ回路
～消費電流を抑えた発熱による誤差が小さい～

ブリッジ回路を励起する場合，一般的なストレイン・ゲージなどでは抵抗値が比較的低く，連続的に励起していると意外に消費電流が大きくなってしまい，自己発熱による誤差も考えられます．

図25の回路は，測定時だけ励起電圧を加え，それ以外のときはスタンバイ状態になるブリッジ回路です．

ブリッジは，一般的な350Ωのストレイン・ゲージを想定していますが，励起電圧が+5Vでも，およそ14mAの電流が流れます．

この電圧源にシャットダウン機能付きの+5V基準電源IC REF195を使用しています．このICは基準電源としては大きな電流容量(最大30mA)をもち，低いドロップアウト電圧で安定した電圧を出力します．

この+5V出力は，ブリッジの励起とその出力アンプである計装アンプAMP04の電源として使われます．

〈藤森 弘己〉

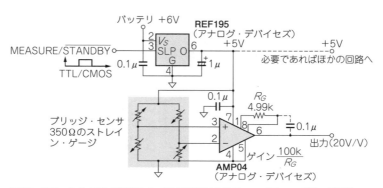

図25 リファレンスICを利用したパルス励起によるロー・パワー・ブリッジ回路

11-18 多チャネル焦電センサ回路
～人の侵入を知らせるセキュリティ・システムに使える～

焦電型赤外線センサは焦電効果を利用した赤外線検出器で，人体から発している赤外線を検知できます．これを利用すると，人の侵入を知らせるセキュリティ・システムなどに使うことができます．

この用途には複数の設置箇所が必要で，ここでは多チャネルの赤外線検出器用回路を紹介します．

● 焦電型赤外線センサの信号電圧の変化

図26は，人が焦電型赤外線センサに近づいたときの出力電圧の変化です．焦電型赤外線センサは，平常時①では電極間には特に電圧が発生していません．

ここに人が近づくと，人から発生している赤外線により電圧が発生します②．

この状態で時間がたつと再び平衡状態となります③．人が離れると，再び平衡状態がくずれ④，時間がたつともとの状態⑤になります．

● 回路の概要

焦電型赤外線センサの出力電圧は5mV程度と小さいので，検出回路にはアンプなどが必要になります．OPアンプによる増幅器を使った多チャネル焦電型赤外線センサ回路を図27に示します．

ゲインは1MΩ/10kΩ=100なので，出力電圧は数百mVとなり，H8/3069などの内蔵10ビットA-Dコンバータで高感度な検出が可能です．

検出器に含まれる雑音を取り除くために，増幅器にはLPF(1MΩと0.047μFで構成，f_C = 3.4 Hz)，HPF(10kΩと100μFで構成，f_C = 0.16 Hz)を付け，BPFを構成しています．

これによりハム成分はLPFで，直流によるドリフト成分はHPFで除去でき，焦電型赤外線センサの応答時間である1～3秒程度の成分だけを増幅できます．

● 外付け増幅器を使わない方法

図28は16ビットA-Dコンバータを用いた場合の回路です．

A-DコンバータにMAX1169を使うと，その基準電圧は4.096Vなので，最小分解のLSB = 4.096 V/65536 = 0.0625 mVとなり，焦電センサの出力を外付け増幅器なしで高分解能に検知できます．

● 多チャネル化の方法

多チャネル化はCMOSアナログ・スイッチの74HC4051を使いました．焦電センサからのノイズを除去する目的で，f_C = 3.4 HzのLPFを付けました．

A-Dコンバータの出力は直流ドリフト成分，雑音などを含んでいるので，マイコンのソフトウェアによるディジタル・フィルタで信号成分だけを取り出します．

〈渡辺 明禎〉

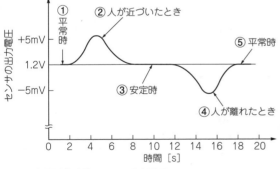

図26 焦電型赤外線センサの出力電圧

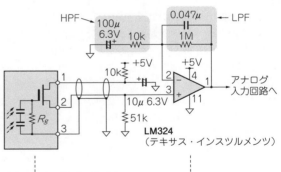

図27 多チャネル焦電型赤外線センサ回路

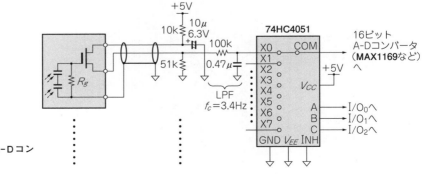

図28 アナログ・スイッチと16ビットA-Dコンバータを使った回路

11-19 ON/OFF機能付きの1～2A出力定電流回路
～電池の放電試験に使える～

● 概要

図29は電池の放電試験などに利用できる定電流回路です．1～2A程度の放電に使用することができます．

使用したパワーMOSFET 2SK2232は4V駆動，ドレイン-ソース間電圧60V，ドレイン電流25Aの仕様です．発熱するので放熱器が必須です．

5V電源で動作させる場合，出力がフルスイングできるOPアンプを選びます．出力電流は小さくてもかまいません．

この回路を電池で動作させるのであれば，NJU7001，NJU7002，NJU7004（以上，新日本無線）を推奨します．1回路当たり15μAと低消費電流で，最低動作電圧1Vとなっています．ただし，ここまで電源電圧が低くなるとパワーMOSFETのゲートが駆動できないので，3V以上で使用します．

● 回路の動作

R_5は電流検出抵抗で，V_1とV_2は同じ電圧になるように制御されます．図の回路では，LM385BZ-1.2とVR_1で基準電圧を作っており，R_5が0.1Ωのとき，1Aなら0.1Vに，2Aなら0.2Vに設定します．

V_1にD-Aコンバータの出力を加えると，マイコンなどで出力電流を可変できる電流源になります．しかし，ここを0VにしてもOPアンプのオフセット電圧のために出力電流は0になりません．

出力をON/OFFするために付加したのがD_1とR_2です．"H"にするとOPアンプの反転入力の電圧が上昇し，パワーMOSFETのゲート電圧が0Vになります．

C_1とR_3は発振止めです．OPアンプの品種によっては発振してしまう場合があり，最初から対策を考えておくほうが無難です．R_2とR_3の値により発振の状態は変化しますが，10kΩまでにしておきます．

● 回路の注意点

この回路には，注意点が三つあります．

(1)4端子法による電圧測定：放電経路による電圧降下の影響を受けないように，電圧測定のための配線を分離します．

(2)電池の逆接続：電池の正負を逆にするとTr_1のソース-ドレイン間にある寄生ダイオードに電流が流れます．長時間この状態が続くとR_5が焼損するかもしれません．

(3)電源OFF時：放電する対象物をつないだまま回路電源を切ったときの挙動にも注意する必要があります．使用するOPアンプによっては（NJU7001，NJU7002，NJU7004が該当），図30のように出力保護ダイオードが入っているものがあります．このダイオードがあれば，電源OFF時にパワーMOSFETのゲートがR_3を通して0Vに落ちた電源につながり，OFF状態で安定します．

出力保護ダイオードがないOPアンプ（TLC271，TLC272，TLC274など）では，ゲートがフローティング状態のまま放置されることになり，外乱により電流が流れてしまうかもしれません． 〈下間 憲行〉

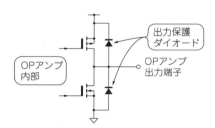

図30 NJU7001, NJU7002, NJU7004の出力段
出力保護ダイオード内蔵タイプの場合，電源OFF時にゲートがOFF状態となり安定する

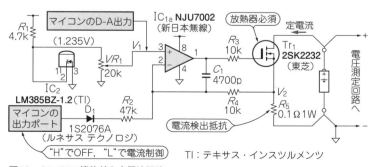

図29 ON/OFF機能付き定電流回路

11-20 低抵抗値測定用アダプタ
～1Ω以下の接触抵抗や配線抵抗がわかる～

図31は低い抵抗値を精度良く測定できる定電流出力のアダプタです．

直流電圧レンジにしたディジタル・マルチ・メータといっしょに使います．測定対象の抵抗に10 mA一定の電流を出力し，抵抗値R_X [Ω]はR_X両端に生じる電圧V_R [mV]から次式で算出できます．

$$R_X = V_R/10$$

温度の影響を減らすために，電流検出抵抗R_2には金属皮膜タイプを使います．VR_1は多回転型のトリマ・ポテンショメータです．電流の調整は，出力に電流計をつないだ状態でVR_1を回し，10 mA流れるようにします．調整が終わると，被測定抵抗の値が変わっても，$V_1 = V_2 = 1$ VとなるようにIC_{1a}の出力電圧(V_3)が追従して，10 mA一定の電流が出力されます．

〈下間 憲行〉

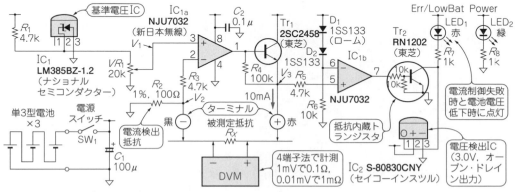

図31 10 mA一定の電流を出力する定電流回路

11-21 電気化学式ガス・センサを使った一酸化炭素濃度の測定回路
～燃焼型暖房機器の一酸化炭素検知器として使える～

フィガロ技研の電気化学式ガス・センサTGS5042は，化学反応（酸化還元反応）によって発生する電子を電流という形で取り出すことができます．そのときの化学反応式を次に示します．

$$CO + H_2O \rightarrow CO_2 + 2H^+ + 2e^-$$

この一連の反応によって発生する電流は，検知電極側のガス濃度に比例するため，この電流を測定することでガス濃度を検知することができます．

COガス中出力電流は1.00〜3.75 nA/ppmと小さいので，使用するOPアンプには注意が必要です．ガス・センサの寿命は5年以上ですが，5年を経過したら交換することが推奨されています．

図32にTGS5042の基本測定回路図を示します．ガスによって発生するセンサの出力電流I_sは，OPアンプと抵抗R_1の組み合わせによって電圧$V_{out} = I_s \times R_1$に変換されます．

注意点として，電圧がセンサ出力端子にかかると，センサがダメージを受ける可能性があります．したがって，センサにかかる電圧は±10 mV以下に抑えてください．

使用するOPアンプの特性により，正しく電流-電圧変換がなされない場合もあるので，紹介した回路以外を使う場合は注意してください．

〈渡辺 明禎〉

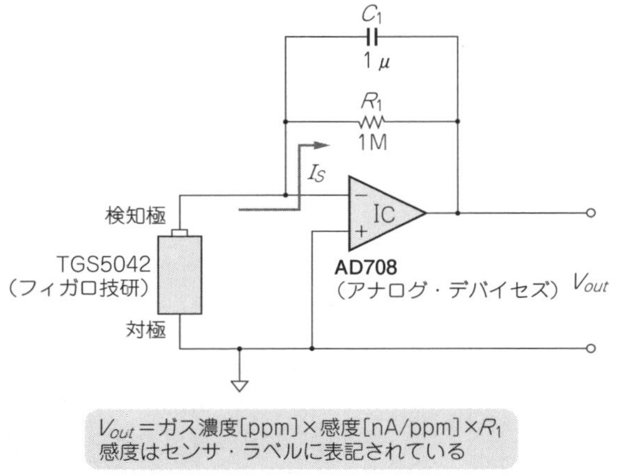

V_{out}＝ガス濃度[ppm]×感度[nA/ppm]×R_1
感度はセンサ・ラベルに表記されている

図32 TGS5042[1]を使った一酸化炭素測定回路

◆参考文献◆
(1) TGS5042 電気化学式COセンサ，フィガロ技研㈱．
http://www.figaro.co.jp/

11-22 トランジスタの裸ゲインを測れる高負荷回路
～数百kΩもある出力インピーダンスを測れる～

● トランジスタの出力インピーダンスはどうやったら測れる？

トランジスタの出力インピーダンスは，超音波や高周波でのゲインを決定する重要なパラメータです．トランジスタには，並列に寄生容量（出力容量C_{out}）がくっついているので，高周波では出力インピーダンスが下がります．

出力インピーダンスは純抵抗分なら，直流電圧を変えて電流の変化を測定すればわかります．

ところが，ここには問題があります．トランジスタの出力インピーダンスが極めて高いということです．出力インピーダンスは，電圧ゲインを電流ゲインで割れば得られますが，通常は出力インピーダンスより負荷抵抗の方が低いので，電圧ゲインは正しく測定できません．

10MΩの抵抗を負荷に接続すれば電圧を測定することで電圧ゲインを得られそうです．しかし，例えば1mAでの動作を測定したいときは，1万V以上の電源が必要になり，事実上無理です．

実際には耐圧の範囲内でしか測定できないので，ほんのわずかな電流変化しか得られず測定誤差が大きくなります．

しかも，電流値は温度変化にも大きく影響されるので，出力特性を測っているのか温度特性を見ているのかわからなくなってしまいます．

これとは別の大きな問題もあります．それは，直流での抵抗値が，高周波での純抵抗分とは一致しないということです．したがって，実際の使用周波数付近での出力インピーダンスの純抵抗分を測定しないと，設計に役立ちません．

● 高インピーダンスを実現するには…

コイルの自己共振を利用して高インピーダンスを実現し負荷に使います．

種々のコイルを試した結果，大きめのフェライト・コアで数十kHzでのインピーダンスが10MΩにせまるものがありました．

そのコアは，TDKのH5AP45/29A630です．このコアにφ0.3ポリウレタン線を735回巻いたところ，自己共振周波数でのインピーダンスが9.7MΩになりました．インダクタンスは348mHと実測されました．ただし，ここではインダクタンス値は重要ではありません．

コア入りコイルでは，コアが飽和しない電流範囲を知っておく必要があります．

先述のコイルが280mAまでの直流で9MΩ以上のインピーダンスを示すことを確認して使うこととしました．

● 使ってみる…MOSFETの電圧ゲインを測ってみる

図33の回路で，入出力電圧を見ながらMOSFETのゲインを測定します．MOSFETには大きな出力容量（C_{out}）があり，これをキャンセルするのに苦労します．今回は，負荷のコイルの自己共振を利用するので，共振周波数が下がるだけで，動作はほとんど変わりません．

測定条件として電圧V_{DS}と電流I_Dを設定し，シグナル・ジェネレータの出力を0.1V程度にして周波数を変化させ，出力電圧が最大になる周波数を探します．

出力電圧が最大になった点が共振周波数なので，出力電圧を入力電圧で割れば，ほぼ正確な電圧増幅率が得られます．

図33では，入力電圧を1001分割しているので，ゲインは電圧比の1001倍になります．ここで，負荷のコイルと並列に1kΩをつないで，電流ゲインを測定します．トランスコンダクタンスg_{fs}の値は電圧比の1倍あたり1mSになります．

この測定値，電圧ゲインと電流ゲインの比が出力インピーダンスの純抵抗分となります．

〈中野 正次〉

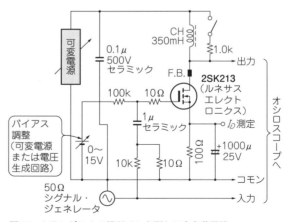

図33 トランジスタの裸ゲインを測れる高負荷回路
自己共振時のインピーダンス約10MHzを負荷としてMOSFETの出力インピーダンスを測定する

11-23 太陽電池の出力特性が丸見え！電子負荷装置
～μAオーダの電流が出力できる～

市販の電子負荷はμAオーダの電流を設定できません．図34は汎用OPアンプLM358と定番のNPN小信号トランジスタ2SC1815(東芝)を使った電子負荷装置です．

OPアンプのプラス入力に入力した基準電圧とトランジスタのエミッタに挿入した電流検出抵抗の両端電圧をマイナス入力に入力し，両者を比較します．エミッタ電圧が基準電圧より低ければOPアンプの出力が高くなり，トランジスタのベース電流I_Bが増え，コレクタ電流I_Cも増えます．

基準電圧とエミッタ電圧が同じになるようにコレクタ電流I_Cが制御されて定電流動作をします．つまり，コレクタ電流I_Cは基準電圧÷エミッタ抵抗となります．エミッタ抵抗が100Ωなので基準電圧を100mVとすると，コレクタ電流I_Cは1mAとなります．この回路で基準電圧を可変抵抗などで変化させれば可変型定電流電子負荷装置ができます．

〈並木 精司〉

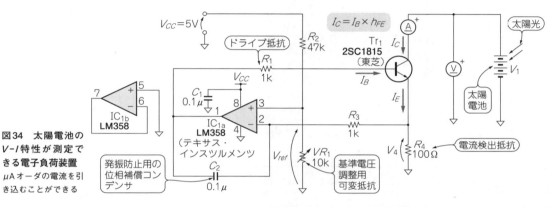

図34 太陽電池のV-I特性が測定できる電子負荷装置
μAオーダの電流を引き込むことができる

11-24 リチウム・イオン蓄電池用過放電防止回路
～コンパレータと3端子レギュレータで作れる～

電池の電圧が降下して使用範囲以下になったら，電池を保護するために電源を切る必要があります．

しかし，電池は負荷が無くなると電圧が再び上昇するので，検出電圧にヒステリシスを設けないと，電源が切れるとすぐに電圧が上昇しすぐにONになり，電流が流れるとまたすぐにOFFになる，という動作を繰り返し動作が不安定になります．

図35に，1個のコンパレータと3端子レギュレータを使った電池電圧降下時の保護回路例を示します．

電池電圧が下がりR_1，R_2で分割した電圧が2.5V付近に来ると，コンパレータの出力がOFFからONとなり出力電圧はゼロになります．

R_5とD_1は，ヒステリシスを決定するためのものです．出力がOFFのときはD_1のために動作しませんが，出力がONになるとR_5を通してコンパレータのプラス側の電圧を下げるために入力電圧が上昇してもONにならないためにヒステリシスが生じます．

ヒステリシスの幅はR_5を変えて希望する値にします．

コンデンサC_1は，瞬間的に大きな電流が流れ電池電圧が降下した場合に反応しないようにするためのものです．

〈成田 藤昭〉

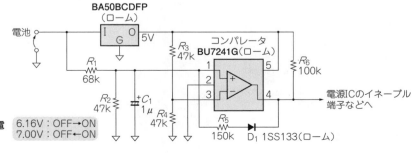

図35 コンパレータを使った電池電圧降下時の電源切断回路
6.16V：OFF→ON
7.00V：OFF←ON

11-25 鉛蓄電池用過放電防止回路
～コンパレータと基準電源ICで作れる～

2次電池には，電池電圧の下限値である放電終止電圧があります．この値を超えて放電すると，劣化や最悪の場合は発火を起こすことがあります．放電回路には過放電を防止する回路が必要です．

図36に示すのは，鉛蓄電池の放電による電圧低下を検出したら，充電回路と電池を切り離す回路です．検出回路は，1個のコンパレータと基準電圧回路で構成され，放電検出時にはリレーで完全に回路を遮断します．回路電源は，監視対象のバッテリから得ているので，外部電源は不要です．鉛蓄電池を充電した後，回路動作を復帰させるには，SW_1を操作して放電検出回路が起動することで，リレーがONして動作を再開します．

〈下間 憲行〉

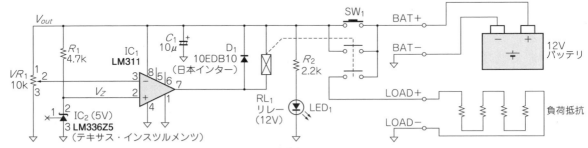

図36 充電電圧が設定値まで低下したら負荷と電池を切り離す放電停止回路

11-26 確実に動作する過電圧検出回路
～電源電圧以上の高い電圧が印加されることを監視する～

● 回路の概要

電源電圧以上の電圧を監視するためには，抵抗分割によって降圧した電圧をコンパレータやOPアンプに加えますが，回路によっては電源電圧よりも高い電圧がICに印加されることがあります．

図37は，48Vの電圧を監視する回路で，R_1，R_2で降圧してコンパレータIC_1に加えています．

C_2は誤動作防止用に挿入していますが，容量が小さいとIC_1の電源の立ち上がりよりも速く充電されるので，R_1を通して電源電圧以上の電圧がIC_1の入力に印加されます．

また，容量が大きいと，入力電源を切ったときにC_2に蓄えられていた電荷がIC_1を通して放電されます．いずれにしても，このままではあまり安心できる状態ではありません．

図38は，R_3を挿入することによって上記の問題を改善した回路です．起動時や+48V入力が過大になったときでも，IC_1の入力に過電圧が印加されることはありません．

● ワンポイント

入力電源を切ったときは，C_2の電荷がR_3を通して放電されるため，IC_1の入力を保護することができます．

〈木下 隆〉

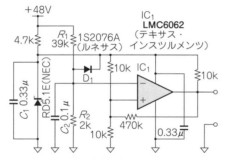

図37 48Vの電圧を監視する回路

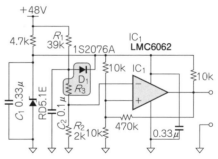

図38 過電圧保護を行った回路

11-27 スピーカを破壊から守る高信頼性保護回路
～機械式リレーを使うよりも信頼性が高い～

機械式リレーを使う保護回路よりも信頼性が高いMOSFETによるスピーカ保護回路を図39に示します．

MOSFETは直流動作のため2個を直列にして交流・直流両方のON/OFFを行います．この回路のON/OFF動作スピードは10 ms程度です．

制御用電源はアンプのプラス側電源よりも12 V程度以上の電圧が必要です．チャージ・ポンプ回路や別の小型トランスで昇圧します．ゲートの電圧は10 kΩ×1 mA＝10 Vです．この1 mAはMOSFETの寄生ダイオードを流れてアンプに吸収されます．

〈田尾 佳也〉

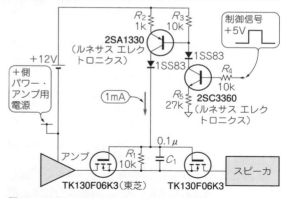

図39　MOSFETによるスピーカON/OFF回路

11-28 サーミスタを使った温度警報回路
～リニアライズ化が必要ない設定温度検出器～

● サーミスタの感度の高さを生かした応用回路

パワー半導体を使った装置は，加熱防止のため温度警報回路が必要になるときがあります．サーミスタの応用例として温度警報回路を図40に示します．サーミスタの温度が上限（図40では80℃）を超えると，コンパレータIC LM393の出力が"L"から"H"に変化して過熱状態であることを知らせます．この回路の特徴は温度センサにサーミスタを使っているところです．サーミスタの電気抵抗の変化は，温度に対してリニアではありませんが，感度が非常に高いという利点を生かします．ここでは直線性が良好である必要はありません．

● 上限温度と下限温度は抵抗 R_3 と R_4 の値で決める

抵抗 R_1 ～ R_4，サーミスタの電気抵抗 R_T はブリッジ回路を構成しています．R_1 と R_2 の値は電源電圧が12 Vなので22 kΩにしていますが，もっと大きくてもよいです．

R_3 は上限温度を設定するための抵抗です．設定したい温度のときのサーミスタの電気抵抗と同じ値にします．たとえば，サーミスタ103AT（SEMITEC）が80℃のときの電気抵抗は，データシートから1.69 kΩです．上限温度を80℃に設定したいときは R_3 を1.69 kΩにします．

R_4 は警報回路が復帰する下限温度を設定するための抵抗です．これがないと上限温度付近でコンパレータの出力がハンチングするので，ヒステリシスを付けています．下限温度を50℃に設定したいときは，R_3＋R_4 の抵抗値をサーミスタが50℃のときの電気抵抗4.161 kΩと同じになるようにします．R_3 を1.69 kΩとしたので，R_4 は2.471 kΩ（＝4.161 kΩ－1.69 kΩ）にします．

● フォトMOSリレーで警報状態から復帰させる

IC_2 はフォトMOSリレーです．サーミスタの温度が80℃より低いときに R_4 を短絡するために入れています．温度が80℃以下のときコンパレータの出力は"L"なので，IC_2 に電流が流れ，その結果 R_4 が短絡されます．

温度が80℃を超えるとコンパレータの出力が"H"になり，IC_2 には電流が流れなくなるので，R_4 の抵抗値が R_3 に加わり，下限温度が設定されます．

IC_2 にはフォトMOSリレーを使いましたが，メカニカル・リレーやアナログ・スイッチを使ってもかまいません．

〈松井 邦彦〉

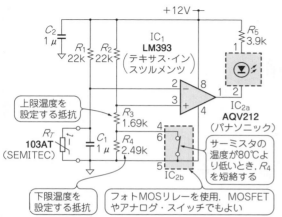

図40　上限温度と下限温度は抵抗 R_3 と R_4 の値で決め，フォトMOSリレーで警報状態から復帰させる
サーミスタを使った温度警報回路

11-29 光計測用高感度アンプと高速応答アンプ
～微弱な光の強度や高速な光の変化を計測できる～

フォト・ダイオードを使った光の計測には大きく分けて2通りあります．

一つは，それほど高速の応答性は必要ありませんが，できるだけ高感度で，しかも広ダイナミック・レンジで微弱な光の強度を計測する応用です．

一方，逆にダイナミック・レンジを犠牲にして，できるだけ高速に光の変化を計測する応用があります．

● 広ダイナミック・レンジで微弱な光の強度を計測する回路

図41の回路は0.001 fCの微弱光（晴れた日で，新月の夜の明るさ）から0.33 fCの明るさ（晴れた日で，満月の夜の明るさ）までの計測を可能とする応用回路です．

フォト・ダイオードのアノード端子はグラウンドに接続されているので，理論的に真っ暗な状態での暗電流はゼロとなります．この状態で，出力がゼロとなるように100 kΩのトリマでオフセット校正がかけられるようになっています．

この回路では，フォト・ダイオード電流が10 pAのときに出力電圧が10 mV，10 nAのときに10 Vの出力が得られる増幅率をもったI-Vコンバータ回路となっています．

前述のように微弱光の計測のため1000 MΩという大きなフィードバック抵抗を使っていますが，より明るい光の計測（大きなフォト・ダイオード電流）の場合，抵抗値を小さくして応用することもできます．

この回路を実現するための実装にはいくつかの注意点があります．それは，OPアンプの入力端子に流れ込むリーク電流を最小限にする実装，フィードバック抵抗に使われる抵抗器もできるだけリークの少ないパッケージのものを選びます．また，この回路は0℃から70℃の温度範囲で動作させることを考慮した設計となっています．非反転端子の100 ΩはFETトップのOPアンプのバイアス電流とフォト・ダイオードの内部抵抗値の全温度範囲での変化を考慮した値となっています．

また，1000 MΩに並列につながれている10 pFはノイズ除去と回路の安定性を考えたうえでの値となっています．さらに，後段のフィルタは所要帯域外の高域ノイズ除去の役割を担います．

● 高速な光の変化を計測する回路

図42の回路は高速応答を可能とする回路です．フォト・ダイオードのアノードは−10 Vにバイアスされているため，光がない状態でも暗電流が発生します．

この暗電流を簡単にキャンセルする方法として，同じ特性をもったフォト・ダイオードを図のように接続して光が当たらないように実装し，同じ値の暗電流をダミーとして発生させてキャンセルすることができます．

最大100 μAのダイオード電流で出力が10 Vとなるように設計されており，フィードバック抵抗は設計上100 kΩですが，実装上は33.2 kΩを3個直列に使っています．これは，抵抗器の浮遊容量をできるだけ小さく抑えるためのくふうです．

C_2はセラミック可変キャパシタ（1.5 pF）で，パルス応答出力がもっとも優れた結果となるように校正します．

この回路の帯域は約2 MHzとなっており，高速な光の変化を約90 dBのダイナミック・レンジで計測します．

〈服部 明〉

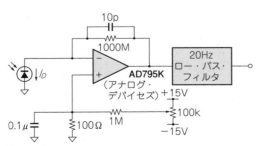

図41 AD795Kを使った微弱光計測用フォト・ダイオード・アンプ

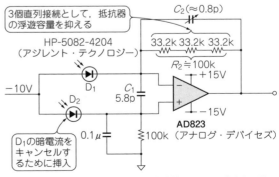

図42 AD823を使った光計測用高速応答フォト・ダイオード・アンプ

11-30 低周波用の正極性ピーク・ディテクタ
～最大 100 μV/s のホールド性能が得られる～

図43に示すのは，低周波信号用のピーク・ディテクタです．入力信号の正の最大値をホールドして出力します．A-Dコンバータの前段に使用すると，変換タイミングを気にせずに，最大信号レベルの正の最大値を収集できます．

出力電圧は，C_2 から電荷がリークし，次第に降下します．定数の設定しだいでは最大 100 μV/s のホールド性能が得られます．IC_1 には，大容量のホールド用コンデンサ負荷（図では 0.01 μF）を接続し，さらにゲイン1で動作させても発振しないものが望まれます．D_1 と D_2 はリーク電流の少ないダイオードであれば何でもかまいません．Tr_1 は，C_2 から電荷を逃がさないため，できるだけゲート漏れ電流 I_{GSS} の小さいものを選びます．

〈中村 黄三〉

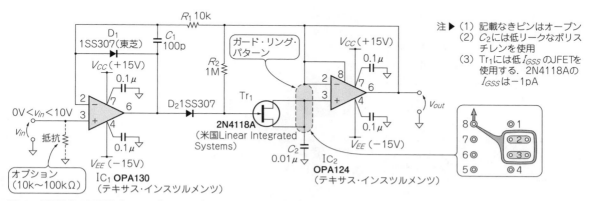

図43 低周波用の正極性ピーク・ディテクタ（最大ホールド時間 100 μV/s）

11-31 電池が消耗するとLEDが点滅する回路
～電圧検出ICと3ゲート発振回路を利用して作る～

図44は，電池が正常であればLEDが点灯し，電池が消耗するとLEDが点滅する回路です．点滅したら電池の交換時期であると報知する，電源表示パイロット・ランプ（LED）として使用することができます．定数は，乾電池2本を使う場合を想定しています．

S-808 xxC シリーズ（セイコーインスツル）は，検出電圧固定の電圧検出ICです．精度±2.0%で0.1 V単位で検出電圧を選ぶことができます．

NチャネルのオープンドレインꞏN出力とCMOS出力の2タイプが用意されており，マイコンのリセット回路などのコンデンサを放電してタイミングを作るような用途では，オープン・ドレイン出力タイプを選びます．今回の回路ではCMOS出力タイプを使います．

図44は3ゲート発振回路をベースにしたもので，電圧検出ICの出力で発振を制御します．図示したS-80820CLYは，検出電圧2.0 VのCMOS出力，TO-92パッケージ品です．R_1 はオープン・ドレイン品（S-808 xxCNY）を使うときに付加し，図のCMOS品では不要です．

電源ONでLEDが点灯，電池が消耗して検出電圧以下になると回路が発振し，LEDが点滅します．C_1 と R_3 で点滅周期が決まり，図の定数でおよそ0.2秒です．R_2 はゲート入力の保護抵抗で，発振周波数には関係ありません．R_4 でLEDの明るさが決まります．2Vまで電圧が低下すると，LEDに電流が流れにくくなり暗くなってしまいます．

〈下間 憲行〉

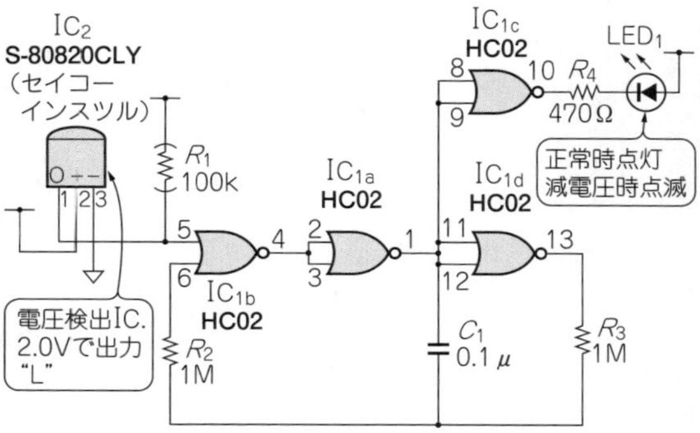

図44 3ゲート発振回路を利用した電池消耗表示回路
定数は乾電池2本を使う場合を想定している

11-32 リチウム・イオン電池の残量表示回路
～コンパレータで判定してLEDインジケータでモニタする～

電池の残量表示には使用者にとっては，ぜひ欲しいものですが，ニカド電池の場合は電圧が安定しているために作りにくく，以前はマイコンで電流と時間の積で表示していました．

リチウム・イオン電池の場合は，消費に対して電圧が直線的に変化するため端子電圧を測定するだけで容易に表示できます．

1ユニットを4.2～3Vを4分割すると，4.2～3.9V，3.9～3.6V，3.6～3.3V，3.3～3.0Vとなり，2個直列の場合充電が進むと，6V，6.6V，7.2V，7.8Vで順次点灯していきます．このような動作を，図45に示すようにOPアンプで簡単に作ることができます．

電池が満充電時に四つのLEDが点灯し，消費するに従って順次消灯します．

〈成田 藤昭〉

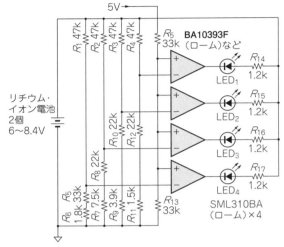

図45 リチウム・イオン電池の残量表示回路

11-33 アナログICだけを使用したピーク・ホールド回路
～パルス状の入力信号のピーク値を検出する～

ピーク・ホールド回路とは，パルス状の入力信号のピーク値を保持する回路です．図46にアナログICだけを使用したピーク・ホールド回路を示します．

次の入力信号を処理し続けるためには，一定時間後にリセットする必要がありますが，そのタイマ回路にコンパレータICを使っているのが特徴です．ロジックICを使用する方法もありますが，別途+5Vが必要になります．

〈飯田 文夫〉

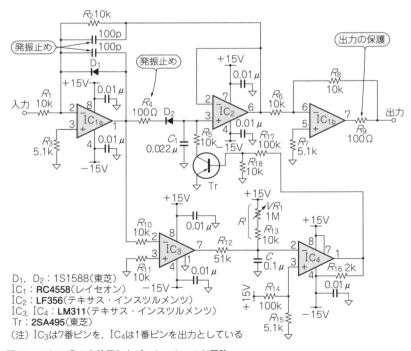

図46 アナログICを使用したピーク・ホールド回路

アナログ演算,波形整形,電子負荷,セレクタ,電圧調整回路など

第12章 各種機能回路

12-1 過大入力信号の電圧を制限する電圧リミッタ
～汎用のOPアンプで作る～

図1に示すのは，反転タイプのリミッタです．過大な電圧レベルの入力信号に対して，出力を一定の電圧範囲以内に制限します．過大入力によって回路が飽和し，リカバリが遅れるのを回避したり，入力電圧範囲の仕様を満足したいときに有効な回路です．

リミット電圧は，D_1とD_2のツェナ電圧V_Zと順方向電圧で決まります．$V_Z = 4.3$ V，400 mWの一般的なツェナ・ダイオードを使うと，約+4 V／-4 Vでリミットがかかります．リミット電圧の精度はあまり良くありません．周波数特性も，R_2とツェナ・ダイオードの並列容量で制限されるため，150 kHz程度です．リミット動作していないときは，反転アンプとして動作します．ゲインは，R_1とR_2の比（$-R_2/R_1$）に等しくなります．

図2は，ボルテージ・フォロワを利用したゲイン1の非反転タイプのリミッタです．リミット電圧と周波数特性は，図1の回路とほぼ同じです．OPアンプは，汎用のものでOKです．

〈北村 透〉

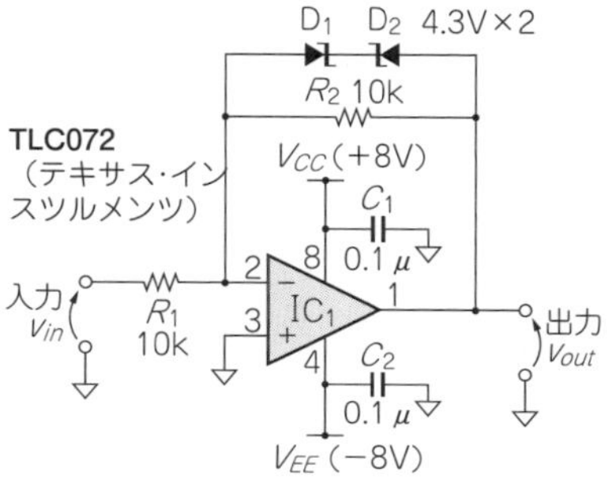

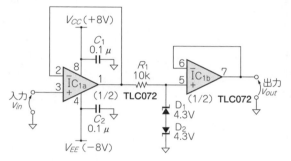

図1 反転型電圧リミッタ（±4 V_{max}）

図2 非反転型電圧リミッタ（±4 V_{max}）

12-2 スルー・レート可変回路
～電圧信号の立ち上がり速度をコントロールできる～

ロボットなどでは，加速度の大きい信号でモータ制御を行うと，動作がスムーズでなくなるだけでなく，駆動回路に過大な充電が行われて故障したり，バッテリの能力が低下したりします．

図3に示すのは，信号の立ち上がり速度を調節できるスルー・レート・コントローラです．電圧信号でモータの回転数を制御するシステムに採用すると，スムーズな加減速が可能になります．スルー・レートは，D_1とD_2の順方向電圧（約0.6 V）と（$VR_1 + R_3$）とC_1の乗算値（時定数）で決まります．VR_1，R_3とC_1の値を大きくするほど，出力の変化率つまりスルー・レートが小さくなります．

IC_{1a}の非反転入力に，出力信号を帰還していますが，これはミスプリントではありません．IC_{1b}で反転するので非反転入力でも負帰還動作します．

〈飯田 文夫〉

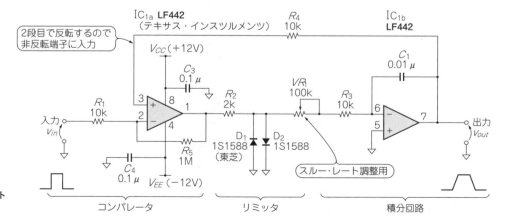

図3 スルー・レート可変回路

12-3 アナログ・マルチプライヤを使用した乗算回路
～絶対値増幅や周波数逓倍が可能～

図4に示すのは，アナログ・マルチプライヤの基本接続である乗算回路です．図中の伝達式に従い，アナログ信号X_1とY_1の積を出力します．

入力レンジは工業標準である±10 V，出力が－3 dBとなる演算帯域幅は10 MHzです．一般的な応用はAM変調回路で，X_1に搬送波を，Y_1に変調波を入力します．Y_1に信号を，X_1に可変の直流電圧を入力すると，電子アッテネータやAGCを構成できます．

自乗接続による正弦波の逓倍も可能です．X_1とY_1に同じ信号を入力すると，出力は入力信号の極性にかかわらず，常に正になり絶対値増幅されます．

〈中村 黄三〉

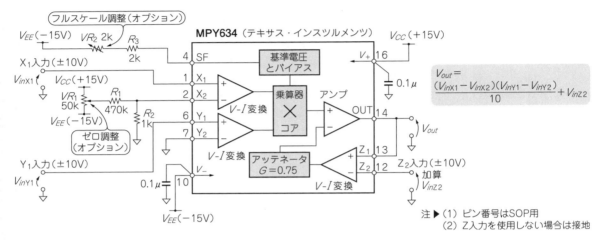

図4 絶対値増幅や周波数逓倍が可能な乗算回路

12-4 アナログ・マルチプライヤを使用した除算回路
～最大100：1の信号レベル間での演算が可能～

図5に示すのは，アナログ・マルチプライヤを使った除算回路です．例えば，基準光量Aを吸光度kをもつ液体に透過して得られる透過光量kAは，Aに対して比例関係にあります．$kA \div A$を算出できれば，Aが変化してもkを知ることができます．分母がゼロに近づき，分母と分子の比が大きくなると演算誤差が増大します．実用上は分子10 Vに対し分母0.1 Vの最大100：1が限界です．大幅なゲイン制御が必要なAGC回路には，制御入力電圧の低いほうで制限のない乗算回路が適します．分母電圧が0になると，電卓では「エラー」と表示されるように，出力がふらついたり発振したりします．

〈中村 黄三〉

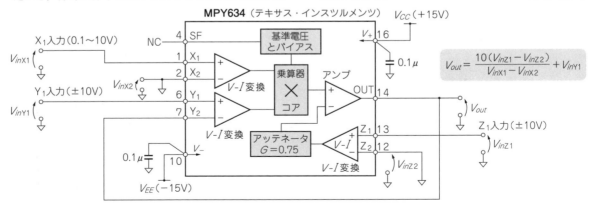

図5 最大1/100演算が可能な除算回路

12-5 アナログ・マルチプライヤを使用した平方根回路
～2次の係数補正に有効～

図6に示すのは，アナログ・マルチプライヤを使った平方根回路です．

2次の係数補正に有効です．例えば，測温抵抗体(以下，RTD)と通常の抵抗を直列にして(RTDの片側は接地)電圧を加えると，RTDの両端に温度に比例した2次の係数をもつ電圧が得られます．この電圧の平方根をとることで，RTD出力が直線的になります．

〈中村 黄三〉

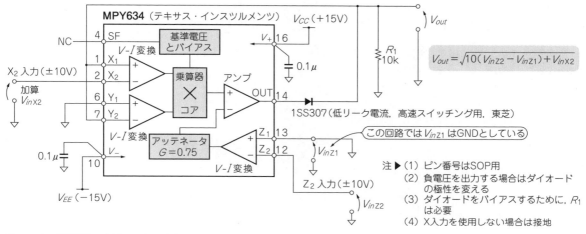

図6 2次の係数補正に有効な平方根回路

12-6 OPアンプ反転増幅器による半波整流回路
～片方向の電圧波形を出力する～

この回路の場合は一見するとD_2はなくてもよいように見えますが，D_2がないとうまく動作しません．なぜこのような回路にしなければならないかは，D_2の動きを理解すれば自然とわかります．

図7の回路において入力がマイナスならば出力はプラスとなり正常な動作をし，また入力がプラスの場合もOPアンプの出力が-0.6Vとなり，やはり正常な動作をします．

入力がマイナスの場合はD_2がなくても正常に動作します．

入力がプラスの場合は，入力に入ってきた電流の行き先がなくなってしまいます．最悪の場合は図8のように入力電圧がそのまま出てきます．

〈飯田 文夫〉

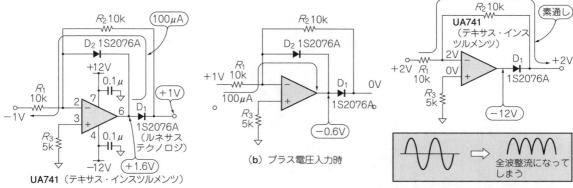

図7 OPアンプを使った反転増幅器による半波整流回路

図8 D_2がなくなると，入力がプラスのときに入力電圧がそのまま出力に出てくることもある

12-7 OPアンプ反転増幅器による全波整流回路
～入力電圧の絶対値を出力できる～

図9の回路は全波整流回路としてよく使われますが，半波整流回路が一つしかありません．この回路のポイントは，R_4とR_5の抵抗値にあります．つまり，R_4には入力信号による本来の電流が流れていますが，それをR_5に流れる逆極性の2倍の電流で，出力に流れる電流の極性をむりやり反対にしてしまおうというものです．

R_5の抵抗値は，R_4の抵抗と同一のものを2本並列にすると，2倍の利得をかなり正確に作ることができます．

この回路においてR_2を2倍にすることによって打ち消す側の利得を作ることもできますが，この場合はIC_1の出力が先に飽和してしまうため，途中から出力が折り返されてしまいます．

この方式の場合，片側の極性の波形だけが半端整流回路を通るため，高い周波数になると出力がアンバランスになります．

〈飯田 文夫〉

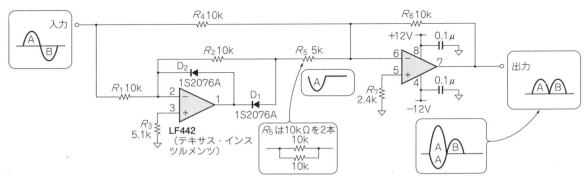

図9 OPアンプを使った反転増幅器による全波整流回路

12-8 OPアンプ差動増幅器による全波整流回路
～入力電圧の極性による周波数特性の差が出にくい～

図10の回路は全波整流のもう一つの例です．図9の回路に比べると上下対称でなんとなくスッキリしています．この回路ではR_5，R_6が何のためにあるのかがポイントです．図11にR_5，R_6がないときの動作を示します．経路②が動作するのは入力がマイナスのときです．このとき出力からのフィードバック電流がIC_{1a}の入力まで戻ってしまい，入力を打ち消す方向になり正しく動作しません．

差動増幅による全波整流回路は，プラス電圧入力時とマイナス電圧入力時ともに信号が同一ICを通過しているのでプラス／マイナスによる周波数特性の差が出ません．

〈飯田 文夫〉

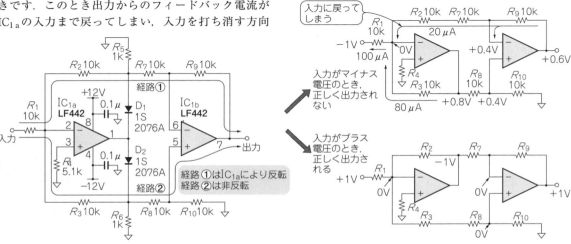

図10 OPアンプを使った差動増幅器による全波整流回路

図11 R_5，R_6がないときの動作

12-9 OPアンプ反転増幅器による上下限リミッタ
~過大な入力信号を抑えたり，ギター用エフェクタにも使える~

図12の回路は三つの経路の信号が合成されています．経路①は通常の信号が通過します．反転回路を組み合わるため，IC_{1a}によって一度反転させて入出力の位相を一致させています．

IC_{1b}とIC_{2a}は半波整流回路ですが，入力へ強制的にオフセット電圧を加えて動作点をずらし，リミット・ポイントを設定します．

マイナス電圧を出力するIC_{1b}側で上限，プラス電圧を出力するIC_{2a}側で下限を設けます．

〈飯田 文夫〉

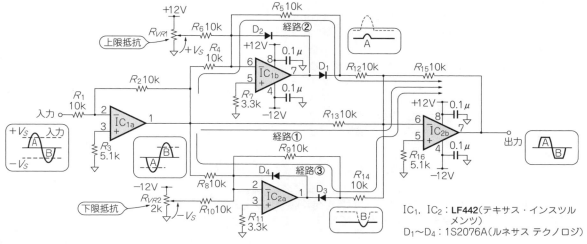

図12 OPアンプを使った反転増幅器による上下限リミッタ

12-10 周波数特性が良好な電子アッテネータ
~0/－20/－40/－60dBの切り替え機能付き~

図13の回路は初段の仕上がり利得をアナログ・マルチプレクサ4052によって0/－20/－40/－60dBに切り替えます．問題は高域カットオフ周波数です．3dB高域カットオフ周波数f_Cは，C_2がないとき帰還率βに依存して変わります．次式に示します．

$$f_C = \beta f_T$$

ただし，β：帰還率$R_1/(R_1+R_2)$，f_T：OPアンプのユニティ・ゲイン周波数

〈黒田 徹〉

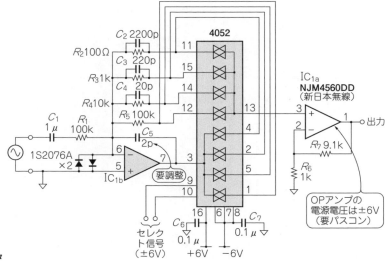

図13 周波数特性が良好な電子アッテネータ

12-11　4051によるアナログ・マルチプレクサ/デマルチプレクサ
～8入出力の切り替えスイッチとして使える～

図14の回路はアナログ・スイッチなので，端子はそれぞれ入出力として使用できます．

したがって，X_0～X_7を入力とした場合は1：8のマルチプレクサ，Xを入力とした場合は1：8のデマルチプレクサとして，それぞれ使用できます．

例えばC/B/Aの各端子がそれぞれ"L""H""L"の場合，X_2とXが接続された状態になります．

V_{CC}とV_{EE}間の電圧が定格を越えない範囲で，V_{EE}に負の電圧を加えることができ，$-V_{EE}$からV_{CC}の信号を切り替えることができるアナログ・スイッチとなります．

HD14051を使うと，V_{CC}とV_{EE}間には最大15Vの電圧を加えられ，±5Vの交流信号の切り替えに使用できます．

〈渡辺 明禎〉

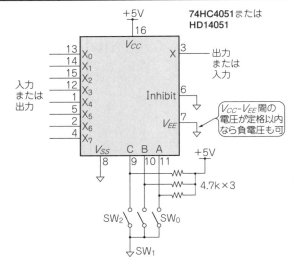

図14　4051によるアナログ・マルチプレクサ/デマルチプレクサ

12-12　OPアンプを破壊や誤振動から守る回路
～外部から侵入してくるノイズを逃がす～

混入してくるノイズを除去するには，フィルタが有効ですが，接触不良などが原因で過大電圧が発生して入力される可能性がある場合は，図15に示すようにダイオードで対策します．入力電流は，R_2を通過してダイオード（D_1, D_2）を通して電源に流れます．OPアンプの入力電圧は，電源電圧＋ダイオードの順方向降下電圧V_F（約0.6V）以上にはなりません．

ここでダイオードD_1, D_2の特性が重要です．ダイオードが逆バイアスされたときにカソードからアノードに流れる逆方向電流（I_R）が少ないほど良いのです．

図15のD_1, D_2のダイオード1SS380（ローム）はI_R＝0.01μA（最大値）ですから，保護回路であるダイオードによるオフセット電圧は最大でも1mV以下になります．

OPアンプの出力側が機器の出力となっている場合，その出力に他の機器から大きな電圧が加わったときの保護回路が図16です．C_1, R_3は，OPアンプの出力に容量性に負荷が接続されたとき発振を防止する回路です．

〈瀬川 毅〉

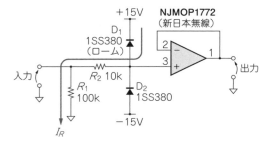

図15　ダイオード（D_1, D_2）によるOPアンプの入力保護
I_Rによるオフセット電圧は低いほど良い

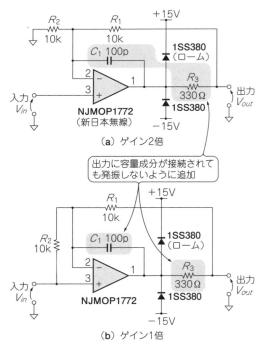

図16　出力の保護回路

12-13 許容電力数Wの大電流ツェナー・ダイオード回路
～レベル・シフトや過電圧クランプに使える～

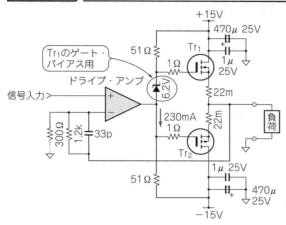

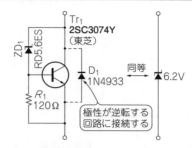

図17 ツェナー・ダイオードの使いどころ例
絶えず変動する信号のレベル・シフトをシンプルに構成できる．回路例は低インピーダンス・アンプ

図18 許容電力数Wの大電流ツェナー・ダイオード回路
ツェナー電圧6.2V，ツェナー電流1A程度（ちゃんと放熱すれば）．実際には10A程度までは使えるが，特性が暴れる

高性能のICが続々発売される今でも，電源が不要なディスクリートのツェナー・ダイオードの方が有利な用途があります．

例えば，絶えず変動する信号のレベル・シフト（図17）や過電圧クランプなどです．

パワー・アンプ最終段のドライバ回路で6V，250mA程度のレベル・シフトを行おうとすると，2W級のツェナー・ダイオードが必要です．

このためだけに数Wクラスの製品をそろえなくとも，図18のようなごくシンプルな回路を使って，ツェナー・ダイオードにトランジスタの下駄を履かせて使います．

図19に，図18の回路の，ツェナー電圧V_Z-ツェナー電流I_Z特性を示します．

ツェナー電流が小さい領域ではTr_1はOFF状態で，ZD_1とR_1の直列回路として動作します．ツェナー電流I_Zが増えてR_1両端の電圧が約0.6V付近に達すると，Tr_1のベース-エミッタ間にわずかな電流が流れ始めます．

コレクタ-エミッタ間にはその直流電流増幅率h_{FE}倍のバイパス電流が流れるように平衡し，ZD_1のツェナー電圧V_ZとTr_1のベース-エミッタ間電圧V_{BE}の和（$V_Z + V_{BE}$）の，大電流ツェナーとしてふるまいます．

切り替わりの領域ではいくぶん肩が丸まったV_Z-I_Z特性を示しますが，Tr_1が動作する領域では平坦度が良くなります．

図18の例では切り替わりのポイントがZD_1のツェナー電流I_{Zout}である5mAになるよう，R_1の値を次式のようにしています．

$$R_1 = V_{BE}/I_{Zout} = 0.6\,V/5\,mA = 120\,\Omega$$

また大電流領域のツェナー温度係数には，約$-2\,mV/℃$であるV_{BE}の温度係数が上乗せされますが，図17のZD_1は同程度の正の温度係数を持っているので，ちょうど相殺されます．

いっぽう図18の回路を，極性が逆転するタイミングがあるような用途に使う場合は，図18に点線で示したようにトランジスタのコレクタ-エミッタ間にダイオードを逆並列接続してください．

大電流域では，回路損失$P_Z = (V_Z + V_{BE})I_Z$のほとんどをTr_1が負担します．I_Zの最大値は，頻度が少なく幅の狭いサージ制限用などに使う場合はTr_1の最大コレクタ電流で決まります．それ以外の場合はTr_1の発熱によって制限されます．このような場合はTr_1をTO-220型などの放熱しやすいパッケージのものに変更し，熱抵抗の低いフィンなどでじゅうぶん放熱してください．

〈三宅　和司〉

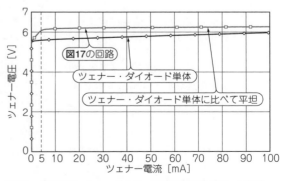

図19 大電力ツェナー・ダイオード回路（図18）のV_Z-I_Z特性

12-14 100V，50mA出力の電流増幅回路
～最大で十数mAの定電流ダイオードの電流値をアップできる～

定電流ダイオード(CRD；Current Regulative Diode)はシンプルで使いやすい素子ですが，現在のところ単体での電流量は18mAまでで，光量の多い照明用LEDには物足りないケースが増えています．CRDは複数個を並列接続して簡単に電流量を増やせますが，意外に本数が増えたり，耐圧が不足したりで頭を悩ませてしまいます．

こういったときに便利なのが図20のシンプルな電流アンプです．ピンチオフ電流I_Pが約50mA，耐圧100VのCRDとほぼ等価です．

回路全体のI_Pに対する電流ゲインは，Tr_2の直流電流増幅率をh_{FE}とすると，次式で求まります．

$$G_A = \frac{(1 + h_{FE})R_1 + h_{FE} R_2}{R_1 + h_{FE} R_2}$$

図20の定数では$h_{FE} = 180$のとき約18倍となります．つまりCRDのピンチオフ電流I_Pが2.7mAならば約49mAに増幅されます．

このようにCRD自体の動作条件は単体のときと変わらず，電流増加分はTr_2に流れるので，その分Tr_2は発熱します．したがってTr_2には熱抵抗の小さなパッケージの製品を選び，フィンなどを取り付けて十分な放熱を行います．

この回路の不利な点は，見かけのピンチオフ電圧が高くなることです．CRD本来のピンチオフ電圧である約2.7Vに加え，温度補償用のTr_1の電圧降下分である約0.6Vと，R_1の電圧降下分である約1.4Vが加算されます．

使用電圧幅に余裕のない場合にはLEDドライバなど，別の定電流手段を検討してみてください．

〈三宅　和司〉

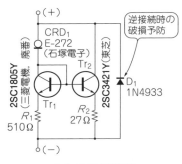

図20　100V，50mA出力の電流増幅回路
トランジスタでCRDの電流を増幅する．ピンチオフ電流約50mA，耐圧100VのCRDとほぼ等価

12-15 数十秒の長時間リセット信号を出力する回路
～機械の原点復帰やアナログ積分器の初期化に使える～

電源投入時の機械系の原点復帰やアナログ積分器の初期化など，ときどき数十秒単位の長時間リセット信号が必要な場合があります．このようなときは，タイマIC555(LMC555など)を使えば，回路もシンプルで確実に長時間リセット信号を出力できます．図21に長時間リセット回路を示します．

電源投入直後から555タイマを確実にトリガさせる必要があるので，電源が立ち上がってLMC555Cの最低動作保証電圧の1.5Vに達したときに，2番ピンのトリガ端子の電圧が電源電圧の1/3，つまり0.5V以下になるようにしなければなりません．

このためR_1とC_1で構成する遅延回路で2番ピンの電圧がゆっくり上がるようにしています．図21ではこの時定数$\tau_D = R_1 C_1 = 1.0$sと通常の電源の立ち上がり時間よりじゅうぶん大きく設定しています．D_1は，電源瞬断が起きた際に，C_1に溜まった電荷を素早く放電させ再トリガに備えるためのダイオードです．

一方リセット・パルス幅t_PはR_2とC_2だけに依存し，次のように求まります．

$$t_P = 1.1 \times R_2 C_2 \fallingdotseq 11.4 \text{ s}$$

D_2はIC_1がパルスを出力中に電源瞬断が起きた場合C_2に溜まった電荷を素早く放電させIC_1を保護すると共に，電源復旧時のパルス幅が不当に短くならないための対策です．

出力は正論理("H"でリセット)なので，汎用CPUなど負論理リセットのICにはワンゲートのインバータや小信号用MOSFETなどを介して反転させます．

〈三宅　和司〉

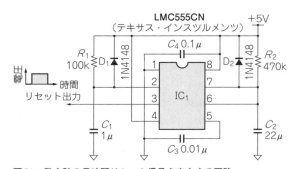

図21　数十秒の長時間リセット信号を出力する回路
この回路のリセット信号の出力時間は11.4ms

12-16 20Aの方形波電流を引ける簡易電子負荷回路
~電源やアンプの安定性は負荷を急変させるとわかる~

アンプや電源の安定度や応答特性を見るには，方形波パルスが有効です．でも，市販の電子負荷装置やファンクション・ジェネレータは，オーバースペックで高価です．

そこで，汎用ロジックICで簡単に製作できる最大20Aの方形波の負荷を引ける負荷回路を紹介します．電源の安定度と応答特性のチェックできます．

● 回路

回路を図22に示します．CMOSインバータIC TC74HC14で作る方形波発生回路（フリーラン・マルチバイブレータ）と，パワーMOSFETで構成されています．パワーMOSFET Tr_1 は，50V/20A程度のスイッチングができます．

周波数可変用にコンデンサ切り換え用スイッチと可変抵抗器を備えています．

出力には周波数固定のOUT_1と周波数可変のOUT_2の方形波発生出力もあります．発振周波数範囲は10Hz~数百kHzとし，出力電圧は固定出力OUT_1が$5V_{peak}$固定，可変出力OUT_2が$0~5V_{peak}$まで連続可変です．例えば，アンプ回路の安定度のチェックには周波数可変出力OUT_2を使います．アンプ入力に方形波を入力し，必要ならコンデンサで直流分をカットして，アンプ回路の出力波形に大きなオーバーシュートやリンギングのないことを確認します．

D_1は電源の逆接続保護用です．直接外部電源を接続するとき以外は不要です．

● 使ってみる

DC-DCコンバータの出力に本器をつないで負荷電流を0.1A⇔0.7Aと変動させて確認してみました．負荷電流の切り換えに使った負荷抵抗は図22に点線で示した$R_L = 50Ω$と$R_H = 8.25Ω$です．

最高発振周波数f_{max}は，次式のとおりです．

$$f_{max} ≒ 1/(2.2\,C_1\,R_2) = 2.07\,MHz$$

大きすぎる$R_1 = 68kΩ$とピン13の寄生容量での遅れに加え，インバータに遅れ時間が標準インバータTC74HC04の約2倍あるシュミット・インバータTC74HC14を手持ちの都合で使ったことから，実測では730kHzと約1/3でした．回路の安定度のチェックに支障はありません．

● 応用

方形波出力をディジタル回路のクロック信号発生器として使いたい場合は，R_1とVR_1の抵抗値を低くし，

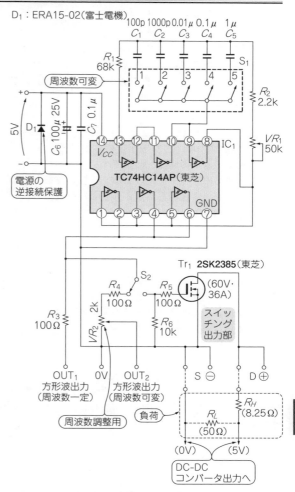

図22 20Aの方形波電流を引ける簡易電子負荷回路
50V/20Aまでスイッチングできる．方形波出力は，10Hz~数百kHz．固定出力OUT_1：$5V_{peak}$固定，可変出力OUT_2：$0~5V_{peak}$の連続可変．電源電圧2~6V

インバータICを遅れ時間の短いTC74HC04，あるいはさらに高速なTC74AC04にします．またコンデンサも1-3.3の系列すなわち10pF-33pF-100pF-330pF-1000pFと切り換え，VR_1の抵抗値を低くしても発振周波数の設定に支障のないようにします．

方形波出力の電圧レベルを$15V_{peak}$まで大きくしたいときには，CMOS4000シリーズのインバータIC 4069を使えば可能ですが，R_1とR_2，VR_1，VR_2を大きくする必要があります．

本回路は電源電圧2~6Vで動作しますが，パワーMOSFETによるスイッチング出力を使うときは，5V以上にします．

〈馬場 清太郎〉

12-17 数W～数十Wを消費できる大電力可変抵抗器と定電流負荷回路
～パワー素子の放熱特性（熱抵抗）を調べられる～

放熱器のデータシートには熱抵抗の値が示されていて，大まかにはパワー素子の放熱特性を把握できますが，これにファンを付けてケース内に納めた場合は…と考えると，要素が多く，予測は難しくなります．しかし，実際に調べるには数十Wの可変抵抗器が必要です．

● 回路

図23に示すのは，パワー素子の放熱特性を調べるときに利用できる擬似抵抗回路です．

使用状態での許容損失だけでなく，放熱器を含まない絶縁物までの熱抵抗も測定できます．熱抵抗のわかっている放熱器との組み合わせでの放熱特性が予測できます．

図23の回路は，電源のテストをする負荷装置として利用できます．ただし，一定電流にはなりませんし，抵抗値も完全に一定にはなりません．

この回路は，放熱器にパワー素子を取り付けて作ります．必要なら絶縁物をはさみます．実験では，実際に使う状態に近づけるのがポイントです．ファンも，考えられる最低電圧でまわします．

▶動作

その動作は，可変抵抗器と同じようにV_{CC}が上がると電流も増えるという単純なものです．ただし，電流設定のバイアス回路は，抵抗分割のみでは温度によって電流が大きく変動するので，ダイオードで温度補償を行っています．

電力を消費するだけなら定電流動作でも可能ですが，電圧と電力が比例関係になり（$P = I_V$），わかりやすい反面，電力の可変範囲が狭くなります．

一方，抵抗動作にすると，電力が電圧の2乗に比例するので（$P = V^2/R$），電圧を3倍変えれば電力は9倍になります．抵抗値も可変なので，広範囲の電圧，電流，電力の負荷を実現できます．

トランジスタの放熱特性を見るには，トランジスタと放熱器の温度を放射温度計などで監視しながら，電源の電圧を上げていきます．

トランジスタの損失は，電源の電圧×電流から抵抗（主にエミッタの0.56Ω）による損失を減算したものなので，電源には電圧と電流が表示されるものが便利です．

図24に，負荷装置専用として一定電流にした回路を示します．即席なので完全な定電流にはなっていませんが，1-11（p.14）の簡易レギュレータのテストには実際に十分使えました．

図24の回路ではR_1によって電流の範囲が決まります．図中の470Ωでは200μAから14.69mAに可変できました．200μAは定電流ダイオードのみの電流で，これ以下には設定できません．

また，260Vは定電流ダイオードの耐圧で制限されています．直列ダイオードの数を増やせば900Vまで対応可能です．

R_1を小さくすれば電流は増えますが，同時に発熱量も増えますから，放熱器も大きくする必要があります．この回路も放熱テストに使えます．

〈中野 正次〉

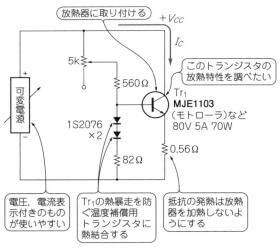

図23 大電力可変抵抗器
トランジスタの放熱特性の確認に使える．I_CはV_{CC}が大きくなると増大する

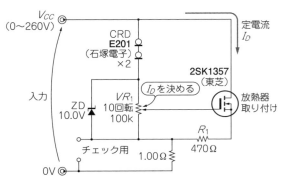

図24 定電流負荷回路
R_1で電流範囲が決まる．470Ωで200μ～14.69mA可変．電源回路の負荷特性の確認に使える．I_DはV_{CC}によらず一定

12-18 電流精度0.1％以上の定電流発生回路
～負荷によらず数十μAから数Aの一定の電流を流せる～

図25に示すのは，定電流発生回路です．電圧リファレンスで作られた基準電圧 V_{ref} を抵抗 R_C に印加し，そこに流れる電流 $I_{out} = V_{ref}/R_C$ を出力として取り出します．出力電流は負荷が変わっても安定です．出力電流の精度は，抵抗 R_C の精度（安定度）と電圧 V_{ref} の安定度でほぼ決まり，0.1％以上です．

Tr_1 で消費される電力は，出力電流 $I_{out}V_{CE}$ です．出力負荷電圧が低く V_{CE} が大きいときは，Tr_1 の接合温度が高くなります．ヒートシンクなどの熱対策が必要です．逆向きの出力電流（吸い込み）が必要なときは，図26の回路を使います．

〈藤森 弘己〉

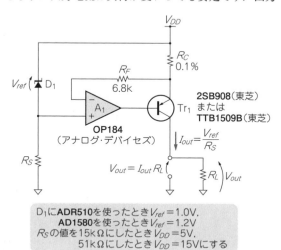

図25 高精度定電流発生回路①
負荷が変わっても安定した電流を0.1％以上の精度で出力する

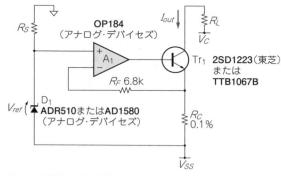

図26 高精度定電流発生回路②
図25の出力電流の向きを逆にしたいときはこの回路にする

12-19 電源の軽負荷時の不安定動作を解消する定電力負荷回路
～可変電源の出力電圧が高いときには電流消費を絞ってくれる～

スイッチング電源回路は，方式にもよりますが出力が無負荷や軽負荷になったときに電圧の安定化が難しくなり，出力電圧が上昇することがあります．

原因は回路各部の遅延などによって最小ON時間が制限されるからです．例えば，降圧型チョッパやフォワード・コンバータで平滑チョーク・コイルの臨界電流以下になったときに起こります．各部のスピード・アップには限界があるため，最小負荷条件を満たすブリーダ回路（抵抗）を付加することが一般的だと思います．

固定出力電圧の電源なら固定抵抗器で良いのですが，可変出力電圧の場合は，最小出力電圧で安定動作をするよう抵抗値を設定すると，最大出力電圧ではロスが増大します．定電流回路でもその傾向は残ります．

そこで，常に一定に近いブリーダ電力を消費する「定電力的ブリーダ回路」（図27）を紹介します．

負帰還型の定電流回路に電圧制御ループを追加したものです．ブリーダ電流の検出値（電圧）と印加電圧を加算して一定条件に保ちます．完全な定電力にはなりませんが，目的とするブリーダ回路としては効果があります．電源出力電圧の最大値と最小値にて電圧が安定化し，なるべく少ない消費電力になるように回路定数を設定します．

〈冨士 和祥〉

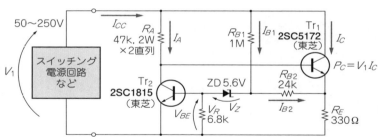

$I_{B1} = (V_1 - V_Z - V_{BE})/R_{B1} \fallingdotseq I_{B2}$
$I_C = (V_Z + V_{BE} - I_{B2}R_{B2})/R_E$
$I_{CC} = I_C + I_A (\gg I_{B1})$
$\qquad (V_1 - I_C R_E - 0.6)/R_E$

図27 電源の軽負荷時の不安定動作を解消してくれる定電力負荷回路（定電力ブリーダ回路と呼ぶ）

12-20 充電できる2次電池の容量がわかる定電流放電回路
～放電開始から停止までの時間を測って割り出す～

いろいろな電池の放電特性を調べるのに便利な放電回路です．電池をセットして放電開始スイッチを押せば一定電流で放電を続けます．電池の電圧が設定電圧まで低下すると自動的に放電を停止します．放電持続時間を測ることで，電池の劣化判断などに使えます．

ニッケル水素蓄電池の場合，購入直後など長期間放置したあとに使うと，本来の性能（放電維持電圧や放電持続時間）が現れません．充放電を2～3回繰り返さないと調子が出てこないのです．こんなときのリフレッシュ放電にも利用できるでしょう．

図28に回路を示します．IC_{1a}周辺が放電用定電流回路で，**図28**の点Ⓐでの$R_7(0.1\Omega)$による電圧降下が一定になるよう制御されます．Tr_1で発生する基準電圧(2.5V)をVR_1で分圧した電圧で電流値が決まり，0.1Vで1Aの放電電流となります．

D_1のアノードの"H"/"L"で，定電流部の停止・動作を制御します．D_1のアノードが"H"になると，IC_{1a}の反転入力電圧が上昇しIC_{1a}の出力が0Vになります．するとMOSFETがOFFして電流が流れなくなり放電停止状態となります．D_1のアノードが"L"ならR_5が切り離され（逆バイアス状態），R_6を通して定電流制御が行われます．

IC_{1b}は電圧比較です．VR_2で設定した電圧より図28の点Ⓑの電圧が低下するとIC_{1b}出力が"L"になり，放電状態維持フリップフロップIC_{2c}とIC_{2d}をリセットします．

R_{13}とR_{14}で電池電圧を分圧し，基準電圧である2.5Vより高い電池（リチウム電池など）も扱えるようにしています．1.5V定格の電池だけしか使わないならR_{13}は不要です．そのかわりIC_{1B}の非反転入力をGNDレベルにするための$R_{15}(100k～1M\Omega)$をつないでおきます．

SW_1を押しっぱなしにすると電池電圧に関係なく放電が行われます．VR_1による放電電流の調整はこの状態で行います．

放電停止電圧はLED_2を見ながら調整します．設定したい放電停止電圧に合わせた外部電源を電池ホルダにつなぎ，VR_2を調整してLED_2が点灯から消灯するところに合わせます．

〈下間 憲行〉

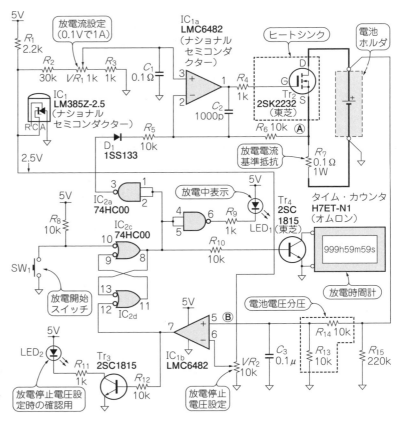

図28 充電できる2次電池の容量がわかる定電流放電回路
放電電流はVR_1で設定できる．分圧値0.1Vで1Aの定放電

12-21 雑音に対する強さを調べられるサージ・パルス発生器
～50Vを供給するとピーク90Vのパルス信号が発生する～

図29に示すのはコモン・モード雑音などの耐性をチェックするときに利用できるサージ・パルス発生器です．直流電圧をC_1に充電し，被測定機器に放電します．

キーパーツは水銀リレーとコンデンサです．水銀は有毒なので，最近水銀リレーを製造するメーカが減り，入手が難しくなっていますが，ネットで探すと海外製が手に入るようです．水銀リレーを使うとチャタリングが発生せず，立ち上がりの速いパルスが得られます．水銀リレーは使用方向の制限があり，このサージ・パルス発生器では立てて使用しないと水銀リレーが誤動作します．

コンデンサは瞬間的に大電流を流せるHACシリーズ（日本ケミコン）やMPEシリーズ（ルビコン）が適しています．

● コモン・モード雑音と誤動作のしくみ

機器間で信号を受け渡すとき，コモン・モード雑音などで誤動作するのを防ぐために，図30に示すフォトカプラが使われます．安全のためにいずれの機器もグラウンドに接続します．しかし，2点のグラウンド間に雑音電圧が発生すると，コモン・モード雑音になり，各機器の浮遊容量（C_{s1}，C_{s2}）を経由して雑音電流が流れてしまいます．この結果，回路各部分のインピーダンスとで雑音電圧になり，誤動作が発生する危険が生じます．

● 使いかた

図31に示すのは，装置の雑音耐性を調べるときの結線図です．R_3とC_1を追加すると，雑音耐性がどのくらい変わるかを実験で調べてみました．図32に実験結果を示します．$R_3 = 0\,\Omega$，C_1なしの場合では誤作動を引き起こしました．$R_3 = 10\,\text{k}\Omega$，$C_1 = 1000\,\text{pF}$を追加すると誤作動しないことがわかりました．

〈遠坂 俊昭〉

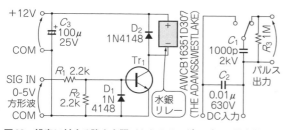

図29 雑音に対する強さを調べられるサージ・パルス発生器

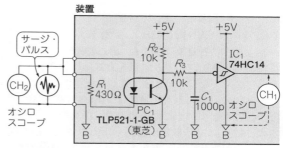

図31 装置にサージ・パルスを加えるときの接続
装置内のC_1，R_2，R_3などの定数を変えながら誤動作のようすを調べてみる

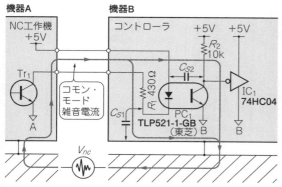

図30 機器同士を接続したときの誤動作の原因「コモン・モード・ノイズ」の流れる経路

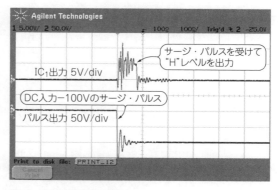

図32 図31の各部の波形
$R_3 = 0\,\text{k}\Omega$，C_1なしだと誤動作を引き起こす

12-22 長寿命・高安定のディジタル・テスタ校正用基準電圧発生回路
～単三形アルカリ電池2本で4年以上連続で使える～

● 正しい測定を行っているのがどのディジタル・テスタかわからない

一カ所の電圧を複数個のディジタル・テスタで測定したときに、最下位桁の表示が大幅に異なっていて正しい測定を行っているのがどのディジタル・テスタかわからないことがあります。そこで、簡単にできるディジタル・テスタ用チェッカ(基準電圧源と基準電流源)を紹介します。

● 回路とキーパーツ

図33に示すのは、電池動作で低消費電流の1.5V基準電圧回路と電流計のチェックもできるように追加した100μA定電流回路です。

▶定電圧回路部

多くの基準電圧回路は、電源をON/OFFするたびに出力電圧が少しずつ変化します。この変動を防ぐため、単三形1.5Vアルカリ乾電池2個を電源として常時動作させています。消費電流を徹底的に抑えた設計で、4～5年間程度の動作寿命を期待します。

OPアンプIC(NJU7002)は、動作電源電圧範囲が1～16Vで、消費電流は20μA、出力電流は10μAです。

電源電圧3Vのときの同相入力電圧範囲が0～2Vと非常に低くなっています。電池電圧が2Vまで低下したときの同相入力電圧範囲は、0～1V程度になると予想できます。そこで同相入力電圧を約0.3Vとするように、1.5V基準電圧回路では出力電圧範囲を狭めず、出力電流増大のためエミッタ接地のPNP型トランジスタ(Tr_1)を追加しました。

基準電圧素子としてカソード電流が最小0.7μAでも安定な1.2V基準電圧のNJM2825を、カソード電流3μAで使用しました。基準電圧回路の構成方法は各種ありますが、同相入力電圧が0.3Vとなる図の回路としました。出力に入れたC_Rスナバ(C_5とR_{11})は発振防止用です。

▶定電流回路部

100μA定電流回路ではNPN型トランジスタを追加しました。

定電流回路もできるだけ同相入力電圧を低くするように構成しています。

Tr_2のベース直列抵抗が1MΩと異常に大きいのは、定電流回路の使われかたに理由があります。定電流回路はほとんどの場合に電流計が接続されず開放状態です。そのときにOPアンプ出力はほぼ0Vとなり、ベース電流は最大出力電流の10μAが流れます。図のようにベース直列抵抗として1MΩを入れるとベース電流を3μA程度に抑えることができます。

▶低雑音増幅用トランジスタを使用

トランジスタTr_1とTr_2はそれぞれ、高h_{FE}(350～700)の低雑音増幅用である2SA970BLと2SC2240BLとしました。低雑音増幅用の良い点は、コレクタ電流が小さなときでもh_{FE}がほとんど低下しないことです。

NPN型トランジスタを使用した100μA定電流回路はh_{FE}の温度変化が誤差になりますが、高h_{FE}のためほとんど影響しません。

製作上の注意事項として、トリマ・ポテンショメータは調整の容易さから多回転のものを使用します。ここでは15回転のものを使用しました。

調整は、校正された精密なディジタル・マルチメータを用意して行います。

〈馬場 清太郎〉

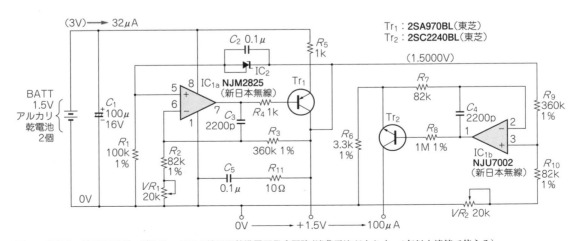

図33 長寿命・高安定のディジタル・テスタ校正用基準電圧発生回路(消費電流が小さく、4年以上連続で使える)

12-23 スイッチやリレーのON/OFF信号を確実に取り込む回路
~機械接点で発生するチャタリングを回避する~

チャタリングはCRによる時定数回路で取り除くことができます．図34の回路は，接点が閉じたときはR_2を通してC_1の電荷が素早く放電しますが，接点が開いたときはR_1を通してC_1を充電するので，立ち上がりはゆっくりです．接点が閉じてC_1が放電すると，少しくらい接点がばたついてもC_1の電圧は上昇しません．

U_1にはCD4000シリーズの4584や74HC14といったシュミット・トリガICを使います．

接点のON/OFF時に，数十mAの電流を流すと，酸化被膜などが破壊されて接触状態が良くなるので，R_2の値を小さめにしてC_1の放電電流をある程度大きくしています．

〈登地 功〉

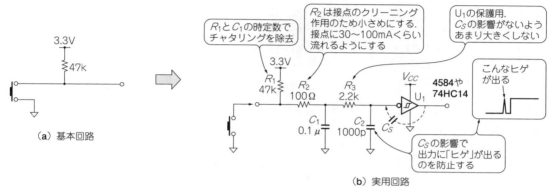

図34 スイッチやリレーなど機械接点のON/OFF信号が確実にマイコンに入力される回路

12-24 無停電直流電源を作れる電池セレクタ
~電池Aの充電量が減ってくると，満充電の電池Bに自動的に切り替わる~

図35に示すのは，電池が消耗しても，回路の電源を落とさないまま，満充電状態の電池に交換できる充電電圧検出＆セレクタ回路です．放電検出回路とフリップフロップ回路にLEDを組み合わせただけです．

片方の電池が消耗すると，自動的に電池が切り替わり，使っている電池がLEDで表示されるアイディア回路です．

〈成田 藤昭〉

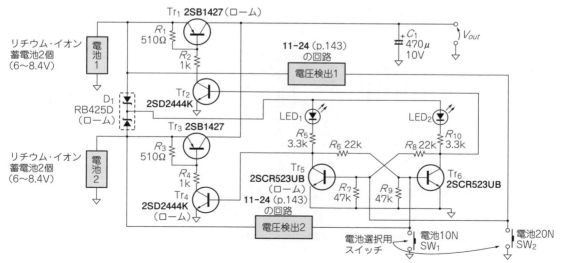

図35 回路を動かしたまま電池を取り替えられる回路

12-25 監視電圧を調整できる低電圧ロックアウト・スイッチ回路
～バッテリ・セルの充放電性能試験や過放電による劣化防止に～

● タイマICで電圧の監視とリレーをON/OFF制御する

高インピーダンスの入力でモニタしている電圧の低下をある程度正確に検出し，リレーやパワーMOSFETをOFFさせたいことがあります．この動作をマイクロプロセッサを使わずに実現したいとき，リセットICやMAX951のような基準電圧付きボルテージ・コンパレータとフリップフロップ，リレー・ドライバを組み合わせるよりも上手い方法があります．

TLC555のブロック図を図36に示します．このタイマICは前述した動作の実現に必要な要素を備えているので，TLC555に基準電圧を入れるだけで電圧の監視とリレーをドライブできます．

● TLC555を利用した低電圧ロックアウト・スイッチ

図37にTLC555を利用した低電圧ロックアウト・スイッチの例を示します．TLC555のRESETとCONTを使い，リセットでK_1をONし，V_{mon+}の電圧が制御電圧の約1/2(トリガ電圧)以下になったときK_1をOFFし，V_{mon+}の電圧がトリガ電圧以上に戻っても，再びリセットされるまで状態を保持するという動作を実現しています．

▶回路のポイント

CONT端子はIC内のMOSFETのチャネル抵抗で電源電圧を3等分した箇所(図36参照)ですが，電源電圧の10～80％の範囲で外部から制御電圧を与えることができます．本回路ではIC_1で作った3Vの基準電圧をR_3, VR_1, R_5で分圧して入力しています．このときIC内部の分圧抵抗が影響しないよう，R_3, VR_1, R_5の分圧抵抗がIC内部の分圧抵抗に対して十分低くなるように選んでいます．

TRIG端子の入力バイアス電流は$10 pA_{typ}$と極めて少なく，たいていの監視対象には影響を与えません．

DISCH端子に接続されたMOSFETのオン抵抗は$V_{DD} = 5V$で$20Ω$以下ですので，本回路で使ったような動作電流が10mA程度の小型リレーをドライブできます．TLC555のデータシートには$V_{DD} = 5V$で10mAを超える電流での特性がありませんが，コイル抵抗178Ωの信号用リレーTX2-5V(Panasonic)も特に問題なくドライブできました．

〈細田 隆之〉

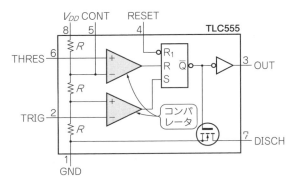

図36 タイマIC TLC555はコンパレータ，SR-フリップフロップ，オープン・ドレインのドライバを備える

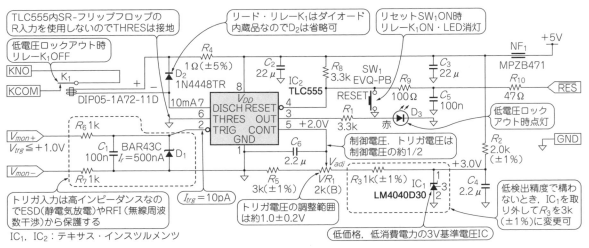

図37 V_{mon+}が制御電圧の約1/2になると動作し，回路に電源を供給しているリレーをOFFする

12-26 AC入力用高インピーダンス・バッファ回路
~広帯域100 kHzまでフラット！~

● 正帰還で見かけの入力インピーダンスを大きくする

AC電圧を測定するとき，入力用の高入力インピーダンス・バッファ回路が必要になることがあります．一般的な回路を図38に示します．

この回路では，過電圧入力時の保護回路を入力に付けています．そのため，OPアンプIC_1の入力インピーダンスは十分大きくしておかないと，抵抗R_3により入力電圧V_{in}が減衰していまい，誤差を生じてしまいます．

この回路の特徴は，コンデンサC_1で若干の正帰還をかけて，見かけの入力インピーダンスを大きくしていることです（ブートストラップという）．そのため，入力インピーダンス Zin は，

$$Z_{in} = j\omega \times C_1 \times R_1 \times R_2 \quad \cdots\cdots (1)$$

で表されます．

例えば，$C_1 = 22\ \mu F$，$R_1 = 1\ M\Omega$，$R_2 = 6.7\ k\Omega$とすると，1 kHz時の入力インピーダンスZ_{in}は式(1)より，

$$Z_{in} = j2\pi \times 1\ kHz \times 22\ \mu F \times 1\ M\Omega \times 6.7\ k\Omega$$
$$\fallingdotseq j1 G\Omega$$

と非常に高い値になります．そのために，$R_3 = 100\ k\Omega$を付けても電圧損失は$100\ k\Omega /1G\Omega = 0.01\ \%$と小さくて済みます．

● 入力保護用ダイオードで入力インピーダンスが低下

ところが，この回路を実際に組み上げて周波数特性を測定してみると，図39のように入力周波数が10 kHzを超えると1 %以上も誤差が発生してしまいました．

この理由は，IC_1に使ったOPアンプの入力容量C_{in}や保護用ダイオードD_1，D_2の端子間容量が大きかったためです．これが回路の入力インピーダンスZ_{in}とパラレルに入り，実際の入力インピーダンスを小さくしていたのです．

● 低入力容量OPアンプと帰還抵抗で周波数特性を改善

この回路はACアンプなので，入力容量の小さなOPアンプを使う必要があります．

しかし，R_1の値が1 MΩと大きいのでオフセット電圧を抑える目的で，低バイアス電流の安価なFET入力OPアンプTL071を使用していました．

ただし，汎用OPアンプ（特にFET入力タイプ）はけっこう入力容量が大きいため，精度が要求される用途では使用が難しくなります．そこでAD711を選択しました．

AD711の入力容量は5.5 pF（同相，差動とも）と汎用OPアンプの中では比較的小さく，ユニティ・ゲイン周波数は4 MHz，スルー・レートも20 V/μsと良好です．

図40にAD711を使ったバッファ回路を，図41に周波数特性を示します．100 kHzまでフラットになっているのがわかります．

この回路のポイントはOPアンプIC_1にも帰還抵抗R_4を付けたことです．R_4を付けたことで周波数特性にピークを持ちますが，逆にこのピークでAD711の入力容量による減衰分を補償します． 〈松井 邦彦〉

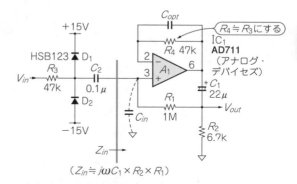

図40 周波数特性を改善したACバッファ回路（AD711を使って図38に帰還抵抗R_4を追加した）

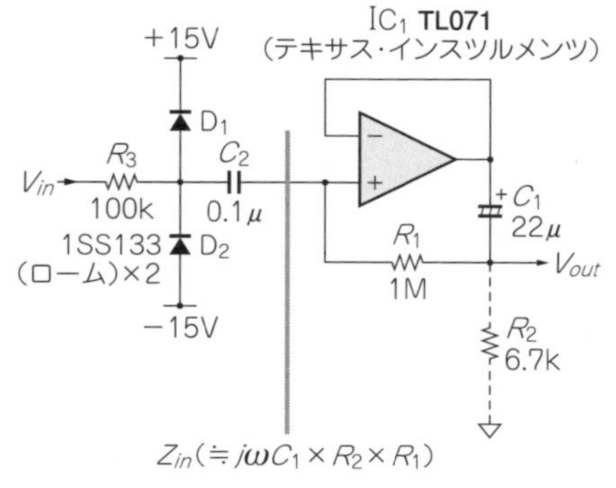

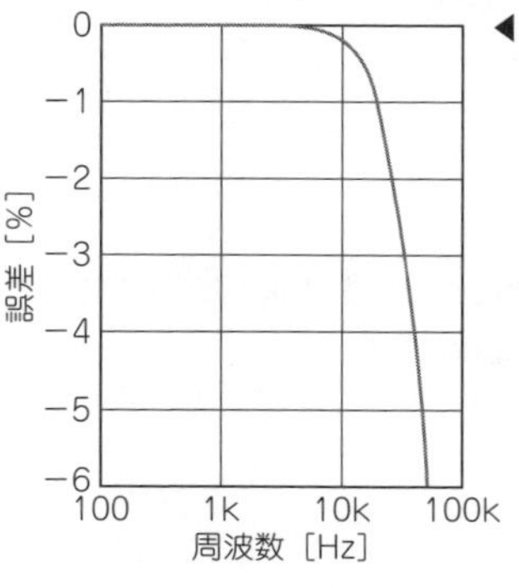

◀図39 図38の周波数特性（実測）

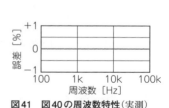

図38 一般的なACバッファ回路

図41 図40の周波数特性（実測）

12-27 OPアンプを使ったアナログOR回路
～2入力いずれか大きな電圧を取り出せる～

● 回路の概要

非反転増幅によるアナログOR回路を紹介します．

図42に回路図を示します．一方のOPアンプIC_{1b}にもう一方のOPアンプIC_{1a}から高い電圧が入ると，OPアンプIC_{1b}では－入力の電圧が上がるので出力をマイナス方向へ出そうとします．しかし，ダイオードD_2は非導通なのでフィードバックがかからず，負の電源電圧まで下がって飽和してしまいます．

また，高い電圧が入力されているOPアンプIC_{1a}では正常なフィードバックがかかり，入力と同等の出力電圧が得られます．このようにして，Y出力からは大きな入力電圧のOPアンプの出力が取り出されます．

図42は，さらに多数の入力にすることも可能で，その場合は同一の回路を入力の数だけ増やします．

● ワンポイント

R_0がない場合，図43のように電圧が下降するときの行き先がなくなり正しく動作しません．

R_0は，グラウンドに接続することもできますが，マイナス電源へ接続したほうが良い性能が得られます．

〈飯田 文夫〉

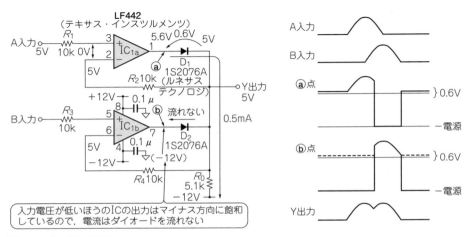

図42 アナログOR回路

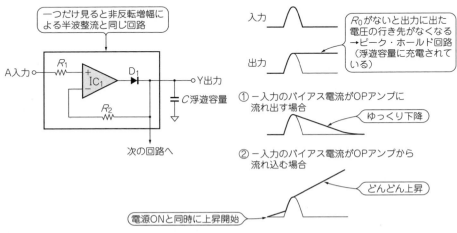

図43 図42のR_0がないときの動作

12-28 OPアンプを使ったアナログAND回路
～2入力いずれか最小の電圧を取り出せる～

AND回路は前述したOR回路と逆に考えます．**図44**の回路は，**図42**の回路のD_1，D_2の向きとR_0の接続先を変えたにすぎませんが，これで入力の最小値を出力する回路になります．

A入力を入力とし，B入力に一定値の電圧を加えると，入力(出力)はBを越えることができず，リミッタとして動作します．

この回路の場合，R_0は必ず＋電源へ接続されている必要があります．また，出力は$R_0 = 5.1\,\mathrm{k\Omega}$で駆動されているだけなので，通常は次段にバッファ回路を接続する必要があります．

〈飯田 文夫〉

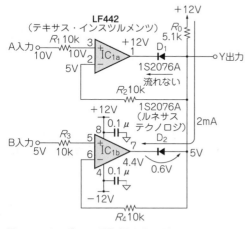
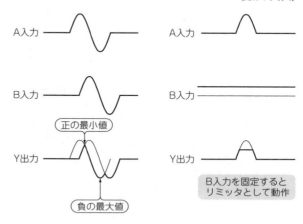

図44 アナログAND回路(最小値回路)

12-29 OPアンプを使ったAND，ORによる上下限リミッタ回路
～ダイオードによるリミッタ回路より正確な電圧で動作する～

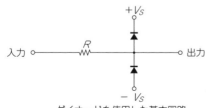

図45は前述したアナログAND，アナログOR回路を応用した，上下限リミッタ回路です．

一定電圧以上になるとダイオードD_1，D_2で抑制されますが，OPアンプを使うことにより正確な電圧で動作します．

IC_{1a}は＋側(上限)，IC_{1b}は－側(下限)を抑制します．IC_{2a}は単なる出力バッファです．

IC_{1a}，IC_{1b}の出力は，通常それぞれ電源電圧に飽和していますが，入力が設定電圧を越えた瞬間にダイオードがONすることで停止しリミットをかけます．

OPアンプの出力は，ダイオードの順方向電圧分だけずれていますが，リミット電圧自体は正確な設定電圧になります．

〈飯田 文夫〉

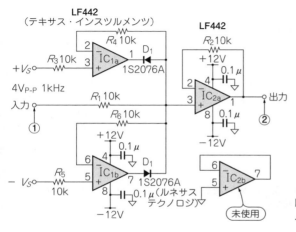

図45 アナログAND，アナログOR回路を使用した上下限リミッタ回路(最小値回路)

12-30 3バンド・グラフィック・イコライザ
～100 Hz, 1 kHz, 10 kHzを調節できる～

3バンド・グラフィック・イコライザ（GEQ：Graphic EQualizer）の回路を図46に示します．100 Hz, 1 kHz, 10 kHzで低域，中域，高域を調節できます．

回路の基本形は図47のようなバンド・パス・フィルタ（以下BPF）をイコライザ素子としたアクティブ加算型GEQです．Bカーブ・ボリュームを使います．素子感度が低く，周波数決定にLを用いずにCの単純な容量値で実現できます．市販のグラフィック・イコライザPRO-G51（アキュフェーズ）を参考にしています．

比較的出力電流が大きく取れ，雑音特性，周波数特性のよいOPアンプNJM5532Dを±15 Vで使います．

VRは2連タイプでL/R同時に可変できるRV24YG20SB203（東京コスモス）です．最大可変量は±10 dBとしました．

VRは10 k～50 kΩです．固定抵抗器はカーボン皮膜抵抗器でもかまいません．周波数決定用コンデンサはフィルムです．100 pFは必ずOPアンプの近くに付けてください．

VRが50％の位置でAMP_1の帰還抵抗とAMP_2の入力抵抗が等しくなるので，フィードバックとフィードフォワード量が完全に一致し，フラットな周波数特性になります．

図48に実測データを示します．10 Hz～100 kHzまで完全にフラットにできます．隣り合う二つのVRを最大または最小にするとゲインの山と谷ができますが，差はほぼ2 dB程度なので実用上はあまり気になりません．

入力インピーダンスが1 kΩと低いので，入力インピーダンスを高くしたい場合はボルテージ・フォロワを前段に設置してください．

〈田尾 佳也〉

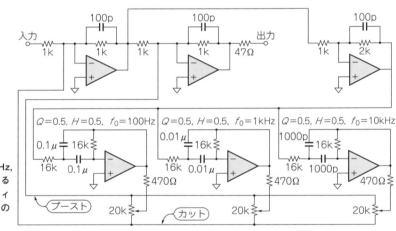

図46 100 Hz, 1 kHz, 10 kHzを調節できる3バンド・グラフィック・イコライザの回路

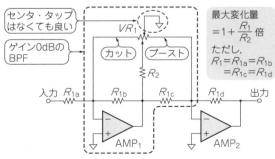

図47 アクティブ加算型グラフィック・イコライザの基本型

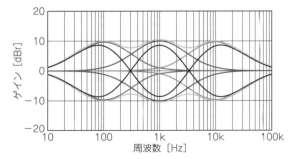

図48 製作したグラフィック・イコライザの周波数特性（実測）

12-31 位相差分波器に使えるオール・パス回路
～振幅は一定，ある周波数帯域で90°位相を変える～

● オール・パス回路とは

フィルタ回路は，ロー・パス・フィルタやバンド・パス・フィルタに代表されるように，通常はゲインに対して操作する機能を持ちますが，**図49**に示すオール・パス回路は，ゲインは一定で，位相だけを変える働きをもちます．これは位相差分波器(ある周波数帯域にわたって90°の位相差の信号を発生させる回路)のキー・パーツとなります．この回路の伝達特性は，

$$T(j\omega) = \frac{1 - j\omega CR}{1 + j\omega CR}$$

となります．これは，周波数に無関係にゲインが1倍となることを意味しています．位相特性は，$\theta = -2\tan^{-1}(\omega CR)$ となります．このことから，この回路は，位相だけを変化させる回路であることがわかります．具体的に位相を計算してみると，直流($\omega = 0$)で $\theta = 0°$，$\omega = 1/CR$ のとき，$\theta = -90°$，十分に高い周波数では $\theta = -180°$ となります．位相差が90°となる周波数 f は，$f = 1/2\pi CR$ となります．

● 周波数特性

図50に周波数特性を，**図51**にリサージュ図形を示します．入力信号は $2V_{P-P}$ の正弦波です．抵抗器には誤差の小さい金属皮膜抵抗(1%)を使い，コンデンサには損失の少ないスチロール・コンデンサを使っています．素子は，LCRメータの測定値が所望値の±1%の範囲に入るものを選別して使いました．理論値と実測値がピッタリと一致していることがわかります．

$C = 0.01\,\mu F$，$R = 10\,k\Omega$ としているので，$-90°$ の位相差となる周波数は，1.59 kHz となります．この周波数における位相は，実測で $-90.1°$ でした．OPアンプは，LF356を用いています．ほかにAD844(アナログ・デバイセズ)などの，より高い GB 積をもつ電流帰還型OPアンプも使うことができるので，この場合には比較的高い周波数領域でも使用できます．

● リサージュ図形

オシロスコープをX-Yモードにすると，リサージュ図形が現れます．図形から信号の振幅比や位相差を，おおまかに知ることができます．特に信号の振幅が互いに等しく，位相差が±90°のときは真円となります．

〈庄野 和宏〉

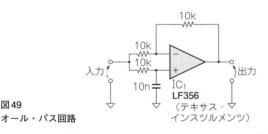

図49 オール・パス回路

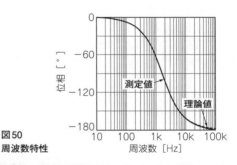

図50 周波数特性

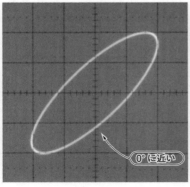

(a) 500 Hz

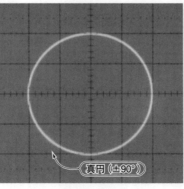

(b) 1.59 kHz

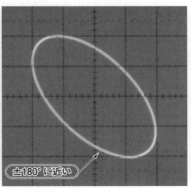

(c) 3 kHz

図51 リサージュ図形
x軸:入力電圧 0.5 V/div，y軸:出力電圧 0.5 V/div

12-32 電源遮断後の一定期間まで再起動しない安全回路
～停電時の回路の保護や電源再投入時の突入電流を抑制する～

電源をOFFした後すぐにON（再起動）できる装置がほとんどですが，図52はAC電源が遮断した後にすぐに復帰したとき，一定時間再起動させないタイマ回路です．

一般には，ACが瞬断して復帰したらすぐに再起動させたいところですが，パワー・サーミスタを用いた突入電流抑制回路や，ヒータやコンプレッサなどを使用している回路では，再投入時に大きな回路電流が流れて部品が壊れたり，製品にダメージを与えてしまうことがあります．

● インターバル時間

この回路は，次のような必ずt［秒］間のインターバル・タイムができる機能をもちます．

> ▶電源が瞬断し一定時間t［秒］内に電源が復帰した場合は，電源遮断後からt［秒］後にリレーをONする
> ▶電源遮断からt［秒］以上停電時間があって再通電したときは，電源復旧ですぐにリレーをONする

インターバル時間は，CR時定数回路にハイ・インピーダンスのJFETスイッチとSCRラッチ回路を組み合わせて作ります．この回路は数十秒のインターバル時間の生成に向きます．

あまり短時間だとJFETを使う価値がなく，長すぎるとCR時定数ではケミコンの漏れ電流が大きいため実現が難しいです．

● タイミング特性

図53にタイミング・チャートを示します．

▶最初に電源がONしたとき

C_2は充電されておらずショート状態なので，V_Gの電位が十分高くJFETがONしてサイリスタ（SCR_1）のゲートをたたき，SCR_1がONしてリレーを駆動します．SCR_1がONした後，C_2はSCR_1を通して瞬時に充電されます．

▶電源が遮断したとき

SCR_1の保持電流が喪失するので，SCR_1はターン・オフします．

SCR_1がONしている間にC_2はほぼ電源電圧で充電されているので，電源が途切れた直後はJFETのゲートはマイナス電位にバイアスされた状態となり，JFETはONできません．

▶電源を再投入したとき

C_2は，R_1によって徐々に放電しますが，ある程度放電が進むまでの間は電源が復帰してもJFETがOFFしたままなので，SCR_1がONせずリレーはONしません．C_2の放電が進みJFETのゲート電圧が上昇すると，JFETがONしてSCR_1がターン・オンし，リレーが再起動します．

C_2が十分に放電された後の電源再投入では，初期状態と同じく即起動します．

〈冨士 和祥〉

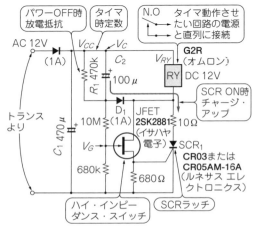

図52 電源遮断後，再起動までに数十秒のインターバル時間を生成する回路

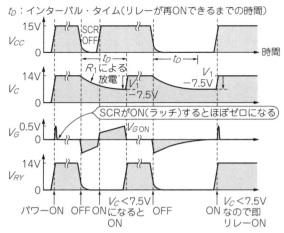

図53 図52の回路のタイミング・チャート

12-33　5V/3.3V電源の電圧低下を検出するリセット回路
～複数の電源電圧を監視できる～

低電圧で動作するICの増加に伴い，複数の電源電圧を必要とする回路が増えてきました．

複数の電源電圧が混在する回路を起動する場合は，すべての電源が規定の範囲内に収まっていることが必要になります．

● 回路の概要

図54は電源電圧監視用IC MB3771（富士通）を使った，5Vと3.3V双方の電源電圧を監視してリセット信号を発生する回路です．

図54の回路定数では5V電源が約4.2V以下のとき，または3.3V電源が約3V以下のときに$\overline{\mathrm{RESET}}$端子が"L"になり，両方の電源電圧が正常な値になってから一定時間後に"H"になります．

● ワンポイント

"L"から"H"になるまでの時間t[s]は，外付けのコンデンサC_t[F]で設定でき，以下の式で求めることができます．

$$t = C_t \times 10^5$$

このため，電源の瞬低や瞬停などがあった場合もリセット信号を引き伸ばすことができます．

〈西形 利一〉

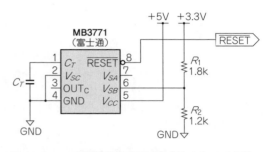

図54　5V/3.3V電源の電圧低下を検出するリセット回路

12-34　オープン・ドレイン出力のリセットICに外部リセット信号を追加する
～汎用トランジスタでノン・インバーティング・バッファを作る～

マイコン内蔵のパワー・オン・リセット（POR）を使わずに，外付けのリセットICを使ってパワー・オン・リセットをかけることがあります．

このとき，オープン・ドレイン（コレクタ）型のリセットICを使用しておけば，外部リセット信号を容易に追加できます．

図55は，トランジスタを使ってオープン・コレクタ型のノン・インバーティング・バッファを構成し，外部リセット入力を追加する回路です．リセット信号に高速スイッチングが要求されることは少ないと思いますので，トランジスタには汎用型が使えます．

R_2は，トランジスタのキャリア蓄積効果を抑えるために必要です．この抵抗が付いていないと，外部リセット入力がハイ・インピーダンスになった場合に，ベースに蓄積された電荷の逃げ場がないため，スイッチング時間が異常に遅くなります．

〈川田 章弘〉

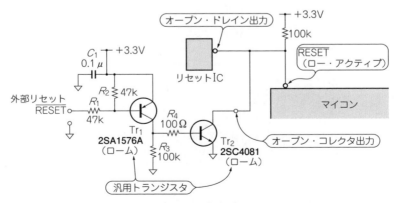

図55　オープン・ドレイン出力のリセットICに外部リセット信号を追加する

12-35 反転アンプのオフセット電圧調整
～サミング・ポイントに電流を流し込んで調整する～

反転アンプを使ってオフセット電圧調整を行いたいときは，サミング・ポイント(summing point)に電流源を使って電流注入を行うのが簡単です．

図56は，電流源の代わりに高抵抗を使って電流注入を行う回路です．電流注入用のR_3は，R_1の100倍以上の値としておくと回路の入出力ゲインへの影響が小さくなります．

入出力ゲイン10倍(20 dB)は以下の式で求まります．

$$G 倍 = -\frac{R_2}{R_1}$$

ゲインを変えるときはR_2を変化させるとよいでしょう．

入力オフセット電圧調整範囲(注：「出力」ではない)は次式で求められます．

$$V_{OS(adj)} = \pm \frac{V_{adj}}{R_2} \frac{R_1 R_2}{R_1 + R_2} \fallingdotseq \pm 10 \text{ mV}$$

入力オフセット電圧換算で約±10 mVです．LMC6482の入力オフセット電圧は最大3 mVなので，十分に調整を行うことが可能です． 〈川田 章弘〉

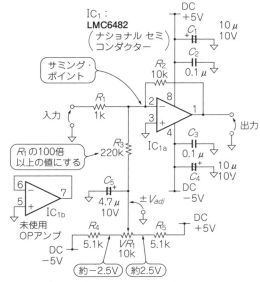

図56 反転アンプのオフセット電圧調整

12-36 非反転アンプのオフセット電圧調整
～反転入力側にオフセット電圧調整用の電流を流し込む～

非反転アンプを使ってオフセット電圧調整を行う方法を**図57**に示します．R_3の抵抗値は，R_1の抵抗値の100倍程度にしておけば，入出力ゲインへ与える影響を小さくできます．

入出力ゲイン10倍(20 dB)は以下の式で求まります．

$$G = 1 + \frac{R_2}{R_1}$$

ゲインを変えるときはR_2を変化させるとよいでしょう．

図57の回路定数の場合，入力オフセット電圧調整範囲は次式で求められ，±8 mVになります．

$$V_{OS(adj)} = V_{adja} \frac{R_1}{R_1 + R_3} \times \frac{R_2}{R_1 // R_3} \times \frac{R_1 // R_3}{(R_1 // R_3) + R_2}$$
$$\fallingdotseq \pm 8 \text{ mV}$$

ただし，$R_1 // R_3 = \dfrac{R_1 R_3}{R_1 + R_3}$

LMC6482の最大入力オフセット電圧3 mVに対して調整範囲は十分です．

〈川田 章弘〉

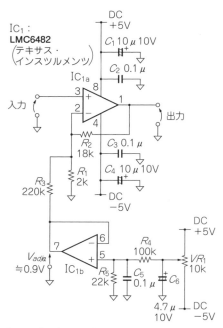

図57 非反転アンプのオフセット電圧調整

初 出 一 覧

本書の下記の項目は，「トランジスタ技術」誌に掲載された記事をもとに再編集したものです．

● 第1章
- 1-1　2003年1月号，p.128
- 1-2　2003年1月号，p.128
- 1-3　2015年6月号，pp.133-134
- 1-4　2015年10月号，p.193
- 1-5　2009年10月号，p.103
- 1-6　2003年1月号，p.129
- 1-7　2003年1月号，p.129
- 1-8　2003年1月号，p.130
- 1-9　2004年1月号，p.165
- 1-10　2004年1月号，p.166
- 1-11　2011年12月号，pp.116-117
- 1-12　2011年12月号，pp.120-122
- 1-13　2003年1月号，p.132
- 1-14　2003年1月号，p.133
- 1-15　2003年1月号，p.134
- 1-16　2004年8月号，p.281
- 1-17　2003年1月号，p.135
- 1-18　2003年1月号，p.138
- 1-19　2004年1月号，p.165
- 1-20　2004年1月号，p.166
- 1-21　2004年1月号，p.168
- 1-22　2004年1月号，p.173
- 1-23　2004年1月号，p.174
- 1-24　2015年5月号，p.85
- 1-25　2003年1月号，p.134
- 1-26　2015年5月号，pp.81-82
- 1-27　2011年12月号，pp.112-113
- 1-28　2011年12月号，pp.113-114
- 1-29　2004年1月号，p.167
- 1-30　2011年12月号，pp.110-111
- 1-31　2010年12月号 別冊付録，p.5
- 1-32　2010年12月号 別冊付録，p.6
- 1-33　2010年12月号 別冊付録，p.10
- 1-34　2010年12月号 別冊付録，p.13

● 第2章
- 2-1　2003年1月号，p.140
- 2-2　2014年1月号，p.76
- 2-3　2011年12月号，pp.140-141
- 2-4　2010年7月号，pp.173-174
- 2-5　2004年1月号，p.167
- 2-6　2010年12月号，p.125
- 2-7　2004年1月号，p.169
- 2-8　2004年1月号，p.169
- 2-9　2010年3月号，p.93
- 2-10　2009年10月号，p.122
- 2-11　2003年1月号，p.141
- 2-12　2015年2月号，pp.124-125

● 第3章
- 3-1　2003年1月号，p.145
- 3-2　2003年1月号，p.145
- 3-3　2004年1月号，p.123
- 3-4　2004年6月号，p.274
- 3-5　2004年10月号，p.127
- 3-6　2004年10月号，p.125
- 3-7　2004年1月号，p.124
- 3-8　2004年6月号，p.275
- 3-9　2004年2月号，pp.264-265
- 3-10　2003年1月号，p.146
- 3-11　2004年1月号，pp.191-192
- 3-12　2003年1月号，p.144
- 3-13　2004年1月号，p.135
- 3-14　2004年1月号，p.135
- 3-15　2009年10月号，p.87

● 第4章
- 4-1　2003年1月号，p.158
- 4-2　2004年1月号，p.126
- 4-3　2004年1月号，p.124
- 4-4　2004年1月号，p.124
- 4-5　2004年1月号，p.147
- 4-6　2004年1月号，p.147
- 4-7　2008年9月号，p.93
- 4-8　2004年1月号，p.187
- 4-9　2011年12月号，pp.131-132
- 4-10　2015年7月号，pp.106-107
- 4-11　2008年9月号，pp.92-93
- 4-12　2010年5月号，pp.110-111
- 4-13　2011年12月号，p.130

● 第5章
- 5-1　2003年1月号，p.159
- 5-2　2011年12月号，pp.123-124
- 5-3　2011年12月号，pp.124-126
- 5-4　2004年4月号，pp.274-275
- 5-5　2004年7月号，p.284
- 5-6　2011年12月号，pp.126-127
- 5-7　2015年5月号，p.74
- 5-8　2004年1月号，p.189
- 5-9　2015年6月号，pp.134-135
- 5-10　2011年12月号，pp.128-129
- 5-11　2004年4月号，p.273
- 5-12　2004年1月号，p.130
- 5-13　2004年1月号，p.130
- 5-14　2004年1月号，p.188

● 第6章
- 6-1　2009年10月号，p.76
- 6-2　2009年10月号，pp.76-77
- 6-3　2011年12月号，pp.89-90
- 6-4　2011年12月号，p.91
- 6-5　2011年12月号，pp.93-94
- 6-6　2004年1月号，p.132
- 6-7　2004年1月号，p.122
- 6-8　2004年1月号，p.187
- 6-9　2004年1月号，p.191
- 6-10　2005年8月号，p.261
- 6-11　2005年8月号，pp.261-262
- 6-12　2005年8月号，pp.262-263
- 6-13　2015年5月号，p.53
- 6-14　2015年5月号，p.57
- 6-15　2003年1月号，p.147
- 6-16　2015年6月号，pp.131-132
- 6-17　2004年1月号，p.122
- 6-18　2004年1月号，p.134

● 第7章
- 7-1　2003年1月号，p.209
- 7-2　2004年1月号，p.136
- 7-3　2006年7月号，pp.266-267
- 7-4　2006年7月号，pp.267-268
- 7-5　2006年7月号，pp.268-269
- 7-6　2006年8月号，pp.266-267
- 7-7　2013年2月号，pp.81-82
- 7-8　2013年2月号，pp.84-85
- 7-9　2013年2月号，pp.90-91
- 7-10　2009年10月号，p.96
- 7-11　2009年10月号，pp.96-97

● 第8章
- 8-1　2003年1月号，p.155
- 8-2　2003年1月号，p.186
- 8-3　2003年1月号，p.186
- 8-4　2003年1月号，p.187
- 8-5　2003年1月号，p.147
- 8-6　2004年9月号，pp.273-274
- 8-7　2004年9月号，pp.274-275
- 8-8　2004年9月号，p.275
- 8-9　2005年6月号，p.171
- 8-10　2005年6月号，pp.170-171
- 8-11　2004年10月号，p.283
- 8-12　2003年1月号，p.187
- 8-13　2003年1月号，p.183
- 8-14　2003年1月号，p.184
- 8-15　2003年1月号，p.189
- 8-16　2003年1月号，p.190

● 第9章
- 9-1　2003年1月号，p.150
- 9-2　2003年1月号，p.150
- 9-3　2003年1月号，p.152
- 9-4　2015年4月号，pp.149-150
- 9-5　2004年1月号，p.123
- 9-6　2015年4月号，pp.148-149
- 9-7　2015年6月号，pp.129-131
- 9-8　2015年7月号，pp.165-166
- 9-9　2008年9月号，pp.101-102
- 9-10　2008年9月号，p.100
- 9-11　2011年12月号，p.98
- 9-12　2009年10月号，p.95
- 9-13　2004年1月号，p.154
- 9-14　2009年10月号，p.91
- 9-15　2004年1月号，p.129
- 9-16　2004年1月号，p.131
- 9-17　2005年3月号，p.275
- 9-18　2003年1月号，p.156
- 9-19　2003年1月号，p.161
- 9-20　2003年1月号，p.164
- 9-21　2003年1月号，p.153
- 9-22　2010年12月号 別冊付録，p.52
- 9-23　2010年12月号 別冊付録，p.53
- 9-24　2010年12月号 別冊付録，p.32
- 9-25　2010年12月号 別冊付録，p.29
- 9-26　2010年12月号 別冊付録，p.30
- 9-27　2010年12月号 別冊付録，p.31

● 第10章
- 10-1　2004年1月号，p.159
- 10-2　2004年1月号，p.159
- 10-3　2015年1月号，pp.77-78
- 10-4　2015年1月号，p.78
- 10-5　2011年12月号，pp.114-116
- 10-6　2011年12月号，pp.119-120
- 10-7　2014年11月号，pp.139-142
- 10-8　2011年12月号，pp.72-73
- 10-9　2004年1月号，p.125
- 10-10　2003年1月号，p.163
- 10-11　2004年1月号，p.161
- 10-12　2004年1月号，p.161
- 10-13　2004年1月号，p.162
- 10-14　2015年6月号，p.127
- 10-15　2004年1月号，p.190
- 10-16　2011年12月号，pp.74-75
- 10-17　2011年12月号，pp.76-77
- 10-18　2011年12月号，pp.77-78
- 10-19　2015年6月号，p.132
- 10-20　2014年4月号，p.79
- 10-21　2008年9月号，p.160
- 10-22　2007年1月号，pp.270-271
- 10-23　1998年1月号，p.308

● 第11章
- 11-1　2003年1月号，p.147
- 11-2　2003年1月号，p.148
- 11-3　2003年1月号，p.148
- 11-4　2003年1月号，p.149
- 11-5　2003年1月号，p.155
- 11-6　2003年1月号，p.156
- 11-7　2003年1月号，p.162
- 11-8　2005年12月号，pp.268-269
- 11-9　2005年3月号，pp.275-276
- 11-10　2006年7月号，pp.147-148
- 11-11　2003年1月号，p.166
- 11-12　2004年1月号，p.163
- 11-13　2011年12月号，pp.100-101
- 11-14　2011年12月号，pp.103-104
- 11-15　2003年1月号，p.158
- 11-16　2005年8月号，p.263
- 11-17　2005年8月号，p.260
- 11-18　2005年12月号，pp.269-270
- 11-19　2005年9月号，p.268
- 11-20　2006年2月号，p.276
- 11-21　2009年10月号，pp.94-95
- 11-22　2011年12月号，p.106
- 11-23　2015年2月号，p.129
- 11-24　2015年6月号，p.147
- 11-25　2010年6月号，p.222
- 11-26　2004年4月号，p.276
- 11-27　2013年2月号，p.118
- 11-28　2015年5月号，p.168
- 11-29　2015年5月号，p.284
- 11-30　2003年1月号，p.144
- 11-31　2005年9月号，pp.269-270
- 11-32　2008年6月号，p.150
- 11-33　2004年2月号，pp.265-266

● 第12章
- 12-1　2003年1月号，p.143
- 12-2　2003年1月号，p.143
- 12-3　2003年1月号，p.151
- 12-4　2003年1月号，p.151
- 12-5　2003年1月号，p.152
- 12-6　2004年1月号，p.126
- 12-7　2004年1月号，p.127
- 12-8　2004年1月号，p.127
- 12-9　2004年1月号，p.128
- 12-10　2004年1月号，p.129
- 12-11　2004年1月号，p.131
- 12-12　2015年5月号，p.54
- 12-13　2011年12月号，pp.71-72
- 12-14　2011年12月号，pp.73-74
- 12-15　2011年12月号，p.78
- 12-16　2011年12月号，pp.101-102
- 12-17　2011年12月号，p.105
- 12-18　2015年6月号，pp.127-128
- 12-19　2011年12月号，pp.102-103
- 12-20　2011年12月号，pp.108-109
- 12-21　2011年12月号，pp.136-137
- 12-22　2011年12月号，pp.138-139
- 12-23　2015年5月号，p.70
- 12-24　2008年6月号，p.150
- 12-25　2015年9月号，p.170
- 12-26　2009年10月号，p.84
- 12-27　2004年2月号，pp.262-263
- 12-28　2004年2月号，p.263
- 12-29　2004年2月号，pp.263-264
- 12-30　2013年2月号，pp.116-118
- 12-31　2008年9月号，p.96
- 12-32　2011年12月号，p.79
- 12-33　2004年8月号，p.281
- 12-34　2010年12月号 別冊付録，p.63
- 12-35　2010年12月号 別冊付録，p.25
- 12-36　2010年12月号 別冊付録，p.26

索 引

【記号・数字】

3端子レギュレータ ……………… 23, 24, 28, 34, 113, 143
7セグメントLED …………………………………… 127

【アルファベット】

A-Dコンバータ ………………………… 106, 131, 138, 139
AC電源モニタ ……………………………………… 135
AC電流センサ ……………………………………… 98
AGC（Automatic Gain Control） …………………… 47
AND回路 …………………………………………… 167
BEF ………………………………………………… 42, 43
BPF ………………………………………………… 41, 42, 43, 45
C-V変換 …………………………………………… 95
CMRR（Common-Mode Rejection Ratio） ………… 74
CRD（Current Regulative Diode） ………………… 156
CVCC ……………………………………………… 13, 20
D-Aコンバータ …………………………………… 107
DC-DCコンバータ ……………… 16, 17, 20, 21, 23, 34, 37, 114
DCモータ駆動 …………………………………… 126
DDS（Direct Digital Synthesizer） ………………… 55
ECL（Emitter Coupled Logic） …………………… 109
EDLC（Electric Double-Layer Capacitor） ……… 31
EIA-232 …………………………………………… 104
EIA-422 …………………………………………… 120
Fliege型 …………………………………………… 41
FVC（Frequency to Voltage Converter） …… 102, 103
Geffe型 …………………………………………… 39
HEMT ……………………………………………… 89
HPF ………………………………………………… 42, 43, 45
LED駆動 ……………………… 112, 113, 114, 115, 116, 117
LNA（Low Noise Amplifier） …………… 68, 69, 71, 87, 89
LVDS（Low Voltage Differential Signaling） …… 109
MMIC（モノリシック・マイクロ波集積回路）… 15, 86, 89, 92
NFB（Negative Feedback） ………………………… 81
Ni-HM電池 ………………………………………… 35
OR回路 …………………………………………… 166
PINダイオード …………………………………… 92
RMS-DC変換 ……………………………………… 100
RTD（測温抵抗体） ……………………………… 138
SEPP（Single Ended Push Pull） ………………… 81
TTLレベル ………………………………………… 104
USBインターフェース ……………………… 30, 31, 36
V-I変換 ………………………………………… 94
VCO（Voltage Controlled Oscillator） …… 26, 47, 58, 59
VFC（Voltage to Frequency Converter） …… 99, 102

【あ・ア行】

アイソレーション・アンプ …………………… 74, 75, 129
アクティブ・バイアス …………………………… 91
アナログ・フィルタ ……………………………… 43
アナログ・マルチプライヤ ……………… 94, 150, 151
アナログ・メータ駆動 …………………………… 124

アンチエイリアシング・フィルタ ……………… 46
位相検波 …………………………………………… 130
インスツルメンテーション・アンプ …………… 74
インピーダンス・バッファ ……………………… 165
ウィーン・ブリッジ型 ……………… 47, 49, 50, 53
ウィンドウ・コンパレータ ……………………… 136
オープン・ループ極方式 ………………………… 44
オール・パス回路 ………………………………… 169
オフセット電圧調整 ……………………………… 172
温度警報 …………………………………………… 145
温度ドリフト ……………………………………… 10

【か・カ行】

ガード・リング ………………………………… 94, 95
階段波 ……………………………………………… 63
ガス・センサ ……………………………………… 141
カスコード増幅 …………………………………… 12
過電圧検出 ……………………………………… 144
可変抵抗 ………………………………………… 158
過放電防止 ……………………………………… 144
カレント・トランス ……………………………… 132
カレント・ミラー ………………………………… 90
基準電圧 ……………………………… 8, 10, 29, 162
逆対数変換 ……………………………………… 108
矩形波 ………………………………… 56, 58, 62, 65
グラウンド・センス・アンプ …………………… 107
グラフィック・イコライザ ……………………… 168
クリップ回路 …………………………………… 52
ゲート・ドライブ ………………………………… 125
検波 ………………………………………………… 93
高周波スイッチ …………………………………… 92
交流電流測定 …………………………………… 132
コモン・モード雑音 …………………………… 161
コルピッツ発振 ……………………… 48, 49, 51
コレクタ同調 …………………………………… 47
コンポジット・アンプ …………………………… 91

【さ・サ行】

サージ・パルス ………………………………… 161
ザルツァ型 ………………………………………… 48
三角波 ……………………………… 60, 61, 62, 65
弛張発振 ………………………………………… 61
シャント・レギュレータ ………………………… 8, 11
周波数ダブラ …………………………………… 105
上下限リミッタ ………………………………… 153
乗算回路 ………………………………………… 150
状態変数型発振 ………………………………… 53
状態変数フィルタ ……………………………… 45
焦電センサ ……………………………………… 139
照度-電流変換 ………………………………… 101
除算回路 ………………………………………… 150
シリアルI^2C …………………………………… 85

シリアルSPI	85	バターワースLPF	38
シリーズ・レギュレータ	11, 12, 13	パルス・ドライバ	121
ステップ・アップ・コンバータ	23, 25	パルス波発生	57
ステップ・ダウン・コンバータ	16, 17, 18, 19	パルス幅変調	104
スルー・レート可変	149	パワー・アンプ	77, 78, 79, 80, 81, 82
絶対値アンプ	98	反転増幅	67, 151
ゼロ・クロス検出	135	バンド・ギャップ・リファレンス	9
全波整流	105, 152	バンド・パス・フィルタ	41, 42, 43
ソース・フォロワ	14	半波整流	151

【た・タ行】

対数変換	108	ピーク・ディテクタ	147
タイマIC 555	17, 64, 114	ピーク・ホールド	148
太陽電池	37, 143	非反転アンプ	83
多重帰還型LPF	39	ピンク・ノイズ	41, 66
多重帰還型差動出力	70	ファンクション・ジェネレータ	65
単安定マルチバイブレータ	64, 114	ブートストラップ	78
チェビシェフLPF	40, 44, 55	フェライト・コア	132
チャージ・アンプ	95	フォト・カプラ	75, 106, 119, 120, 122, 135
チャタリング	163	フォトダイオード	95, 96, 97, 101, 146
聴感補正フィルタ	46	プッシュ・プル	86
直流ドリフト	38	負電圧	8, 13, 16, 17, 20, 21, 26, 27, 28, 29
ツェナー・ダイオード	29, 33, 47, 53, 155	フライバック・コイル	137
低雑音	68, 69, 71, 87, 89	プリアンプ	68, 69, 70, 73, 87, 101
定電流回路	140, 141, 159	ブリッジ回路	118, 138
定電流ダイオード	156	ブリッジドT型発振	52
定電流負荷	158	プリレギュレータ	10
定電流放電	160	フル・ブリッジ・ドライバ	126
定電力負荷	159	フローティング・レギュレータ	24
低ひずみ	39, 50, 70, 77, 80, 82	プログラマブル・ゲイン・アンプ	76
デマルチプレクサ	154	分圧レギュレータ	14
電圧自乗回路	133	平均値出力回路	105
電圧-周波数変換	99	平方根回路	151
電圧リミッタ	149	ベッセルLPF	39
電気二重層キャパシタ	31, 37	ヘッドホン・アンプ	83, 84
電子アッテネータ	153	方形波	61
電子負荷	142, 157	ボルテージ・フォロワ	110, 111
電子ボリューム	85	ホワイト・ノイズ	41, 65, 66

【ま・マ行】

電流帰還型	83	マルチプレクサ	154

【ら・ラ行】

電流増幅	156	ライン・ドライバ	117
電流ブースタ	117, 125	ライン・レギュレーション	10
電力合成	93	リサージュ図形	169
電力分配	93	リセット回路	156, 171
電力量	131	リチウム・イオン電池	30, 143, 148
同調増幅	86, 105	リニア・レギュレータ	28
トランスインピーダンス・アンプ	96, 97	リミッタ回路	167

【な・ナ行】

鉛蓄電池	31, 32, 33, 34, 35, 144	リレー駆動	123, 124
ニッケル水素電池	35, 36	冷接点補償	137
ノイズ除去	27	レール・ツー・レール	57, 61, 69, 75
のこぎり波	59	ロー・サイド電流	128
ノッチ・フィルタ	43, 45	ロー・ノイズ	26, 27

【は・ハ行】

ハイ・インピーダンス・アンプ	72	ロード・プリング効果	88
ハイ・サイド電流	128, 129	ロックアウト・スイッチ	164

【わ・ワ行】

バイクワッド型LPF	40, 42	ワンショット・パルス	64
バイナリ・カウンタ	56		

〈筆者一覧〉五十音順

飯田 文夫	黒田 徹	高橋 資人	藤森 弘己
石井 聡	河内 保	田本 貞治	星 聡
石井 博昭	坂本 三直	登地 功	細田 隆之
石島 誠一郎	佐藤 尚一	長澤 総	堀 敏夫
市川 裕一	佐藤 裕二	中野 正次	松井 邦彦
梅前 尚	下間 憲行	中村 黄三	美齊津 摂夫
漆谷 正義	庄野 和宏	並木 精司	三宅 和司
遠坂 俊昭	鈴木 正太郎	成田 藤昭	宮崎 仁
川田 章弘	瀬川 毅	西形 利一	森 栄二
北村 透	曽根 清	服部 明	吉岡 均
木下 隆	田尾 佳也	馬場 清太郎	脇澤 和夫
久保 大次郎	高木 円	冨士 和祥	渡辺 明禎

●本書記載の社名，製品名について ── 本書に記載されている社名および製品名は，一般に開発メーカーの登録商標または商標です．なお，本文中では™, ®, ©の各表示を明記していません．

●本書掲載記事の利用についてのご注意 ── 本書掲載記事は著作権法により保護され，また産業財産権が確立されている場合があります．したがって，記事として掲載された技術情報をもとに製品化をするには，著作権者および産業財産権者の許可が必要です．また，掲載された技術情報を利用することにより発生した損害などに関して，CQ出版社および著作権者ならびに産業財産権者は責任を負いかねますのでご了承ください．

●本書に関するご質問について ── 文章，数式などの記述上の不明点についてのご質問は，必ず往復はがきか返信用封筒を同封した封書でお願いいたします．勝手ながら，電話でのお問い合わせには応じかねます．ご質問は著者に回送し直接回答していただきますので，多少時間がかかります．また，本書の記載範囲を越えるご質問には応じられませんので，ご了承ください．

●本書の複製等について ── 本書のコピー，スキャン，デジタル化等の無断複製は著作権法上での例外を除き禁じられています．本書を代行業者等の第三者に依頼してスキャンやデジタル化することは，たとえ個人や家庭内の利用でも認められておりません．

JCOPY 〈出版者著作権管理機構委託出版物〉
本書の全部または一部を無断で複写複製（コピー）することは，著作権法上での例外を除き，禁じられています．本書からの複製を希望される場合は，出版者著作権管理機構（TEL：03-5244-5088）にご連絡ください．

今すぐ作れる！今すぐ動く！実用アナログ回路事典250

編 集 トランジスタ技術SPECIAL編集部	2017年 1月 1日 初版発行
発行人 櫻田 洋一	2023年10月 1日 第3版発行
発行所 CQ出版株式会社	©CQ出版株式会社 2017
〒112-8619 東京都文京区千石4-29-14	（無断転載を禁じます）
電 話 編集 03-5395-2148	定価は裏表紙に表示してあります
広告 03-5395-2131	乱丁，落丁本はお取り替えします
販売 03-5395-2141	編集担当者 島田 義人
	DTP・印刷・製本 三晃印刷株式会社
ISBN978-4-7898-4677-6	Printed in Japan